现代设计集成创新研究丛书 | 方海主编

中国现代家具设计创新的思想与方法

景楠 著

东南大学出版社
SOUTHEAST UNIVERSITY PRESS

南京·2016

内容提要

本书以传统和现代家具在设计原理上存在的共通性为视角,重点对中国传统家具的功能、结构、形式以及"一体化设计"的整体观展开研究,从中提取出蕴含思想规律与方法本质的设计原理。并以此为基础,分析了 20 世纪 80 年代以来中国现代家具对传统设计原理所形成的从沿袭、迷茫到革新的传承演变方式。其目的是在补充传统家具现代化设计理论研究的同时,利用传统设计原理的优势解决现代家具的实践难题。本书提出了针对传统家具现代化设计的系统研究模式、应用途径和评价方法,以及相关家具研究间的比较方法。结论表明,从思想和方法层面展开的设计传承是促进现代家具挣脱符号泥淖、满足多样化风格需求的有效途径。

本书面向的读者主要为高校和科研机构家具理论研究者、企事业单位家具设计师、高校学生等。

图书在版编目(CIP)数据

中国现代家具设计创新的思想与方法/景楠著. —南
京:东南大学出版社,2016.9(2019.1 重印)
(现代设计集成创新研究丛书/方海主编)
ISBN 978 - 7 - 5641 - 6653 - 3

Ⅰ. ①中…　Ⅱ. ①景…　Ⅲ. ①家具—设计—中国
Ⅳ. ①TS666.2

中国版本图书馆 CIP 数据核字(2016)第 179290 号

书　　名:中国现代家具设计创新的思想与方法
著　者:景　楠
责任编辑:孙惠玉　徐步政　　邮箱:894456253@qq.com　　文字编辑:谢淑芳

出版发行:东南大学出版社　　社址:南京市四牌楼 2 号(210096)
网　　址:http://www.seupress.com
出 版 人:江建中

印　　刷:虎彩印艺股份有限公司　　排版:江苏凤凰制版有限公司
开　　本:787mm×1092mm　1/16　印张:13.5　字数:293 千
版　　次:2016 年 9 月第 1 版　　2019 年 1 月第 2 次印刷
书　　号:ISBN　978 - 7 - 5641 - 6653 - 3　　定价:49.00 元

经　　销:全国各地新华书店　　发行热线:025-83790519　83791830

目录

1 绪论

1.1 来源

　　20 世纪 70 年代末和 80 年代初,随着经济的复苏与大众生活需求的逐步多样化,中国现代家具找到了萌芽的土壤与契机。经过 30 多年的发展,中国现代家具经历了沿袭传统、仿制成风、民族文化自省、传统与现代触碰、自主品牌建立等挑战与尝试,普遍意识到传统的文化与思想对于提升中国现代家具国际竞争力的重要意义。然而,由于不同时代间的变迁与鸿沟,无论从形式符号还是从思想理念,不加筛选地对传统加以模仿都无法满足现代生活的需求。因此,如何以现代人的视角去审视传统家具,从中提取和"拿来"什么,以期为传统与现代的融合寻找适宜的契合点,是亟待解决的问题。同时,在以往的相关成果中,中国现代家具积累了很多值得借鉴的经验与方法,对其的系统研究究竟能够为传统家具现代化的理论和方法研究提供哪些参考? 这些都是本书需要解决的难题,也是其主要来源。

1.2 相关概念说明

1.2.1 原理和设计原理

　　《辞海》对"原理"一词的释义为:"通常指科学的某一领域或部门中具有普遍意义的基本规律,是在大量实践基础上通过概括抽象得到的。从原理出发可以推演出各种具体的定理、命题等,从而对有关理论的认识和发展及进一步的实践起指导作用。"《韦氏词典》(*Webster Dictionary*)对"原理"(Principle)的释义主要为:"原理是构建事物基础的思想来源,是揭示事物运行和形成,或者事件发生的本质规律。"维基百科（Wikipedia）认为"原理"（Principle）"是构成（事物）系统的规律和方法"，"这一（事物）系统中的原理能够通过它所体现出的必要特征而被使用者理解，或者原理反映出（事物）系统被设计的目的，一旦原理中的某一部分被忽略，该（事物）系统将无法有效地运行和被使用"。

由此可见，"原理"的含义可归结为以下几点：① 构成事物或事件的思想来源和基本规律；② 经实践验证并能指导实践的；③ 可通过特征显现并维持事物或事件的正常运行。而设计原理可据此描述为：在设计行为（主要为针对造物活动的预先计划）构思、开展、实施和检验的整个环节中起基础和关键作用的设计思想。这些设计思想经不断验证后表现为某种特定的经验和规律，并能指导进一步的实践。家具设计隶属于家具领域内的应用科学，是利用图形和文字等表达家具的色彩和形式、尺度和功能、材料与结构等的计划过程。对其设计原理的理解可从家具功能、家具结构和家具形式这三方面着手，经过对其中诸多设计思想和方法的提炼和总结，便能挖掘到其中存在的核心思想和基本规律，即设计原理。

1.2.2 关于设计原理的传承

中国明式家具研究所的创办人濮安国认为，传统家具（明式家具）"让人们永远感受到一种先进文化的感召力"，具有"进步卓越的造物理念和合理科学的设计原则"[1]。芬兰设计大师约里奥·库卡波罗（Yrjö Kukkapuro）也曾有感于中国传统家具的优秀设计，他提出，"许多的中国样式都是永远不会过时的，它们为当代设计师，如迅速闪现在我脑海中的汉斯·瓦格纳（Hans Wegner）等人提供了许多灵感"[2]。可以说，经过数千年的发展和验证，中国家具已然积累了丰富且优秀的设计思想和经验，进而逐渐形成了来自实践与指导实践的普遍规律，并最终表现为对现代家具具有启发性的设计原理，一度成为西方现代设计师的灵感所在，并激发了颇多"中国主义"家具的创作。因此，当我们有感于西方现代家具的魅力时，也应自豪于一些魅力背后所隐藏着的中国传统设计的影响。"我们的立足之处，是在过去与未来的夹缝之间。创造力的获得，并不是一定要站在时代的前端。如果能把眼光放得足够长远，在我们的身后，或许也一样隐藏着创造的源泉。"[3]正如原研哉所说，传统家具也为中国设计师提供了"创造的源泉"。那么，在西方成果的有效验证下，作为嫡系传人的中国现当代家具设计师，又该如何实现对传统家具设计原理的传承呢？更为重要的是，传承的意义不应只停留在模仿和挪用，而应强调"融合"与"衍生"。"融合"旨在利用传统设计原理所提供的优势来解决现代家具的问题，"衍生"旨在新时代背景下赋予传统设计原理以新的生命力。

1.2.3 基于传统和现代设计原理共通性的研究模式

研究是基于传统与现代家具在设计原理上存在共通性这一基础的，在对传统家具的设计原理进行提炼与归纳、对中国现代家具的设计原理传承进行剖析与论述时，都采用了现代设计的视角去审视传统家具，体现出基于共通性的设计原理传承研究模式。

1.2.4 中国传统家具中的设计原理概述

站在传统与现代家具共通性的基础上，中国传统家具的设计原理可概述如下：

一是存在于传统家具功能、结构和形式中的设计原理。这里的"功能"涉及使用需求，包括提供舒适性的人体工程学和其他实用功能；"结构"包括家具整体的构造和部件之间的连接方式；"形式"的字面解释一般为"形体造型"和"样式风格"，这里包括：① 与功能、结构关联的家具形式；② 与审美思维关联的家具形式。

　　功能、结构和形式是传统家具设计中的核心要素，它们是设计原理的集中体现。中国家具自发展伊始就伴随着对功能的不断追求。道家思想对物用观的"虚实"之说是传统造物中功能主义的理论基础。其中的"虚"统指器物的使用功能和内部结构，而"实"则为器物所表现出的外部形式。老子借"虚实"之说肯定了外部形态是由内部结构和使用功能决定的，即有形之实全凭无形之虚而存在。中国古典家具专家张德祥在其《继承与感恩》一文中赞美了传统家具，尤其是明式家具的结构、比例和实用性[4]。中国传统家具学者陈增弼也从"功能、结构和形式"的角度总结出明式家具的成就，特别提到了其中所蕴含的与现代设计思想共通的启发性：在结构上，"结构科学，榫卯巧妙，创造了世界独一无二的无钉构造体系"；在功能上，"尺寸、曲线符合人体工程学，使用舒适"；在形式上，"造型大度，微细设计完美，与当今现代的美学一致"[5]。濮安国也认为，明式家具形体构合与式样之间全部依靠框架的自立和完备来完成所需的功能作用。他还明确强调，明式家具曾一度成为以包豪斯为代表的西方设计革命的"榜样"，其在民族文化上展现的魅力和精华，有助于现代人创造出先进的物质产品，以实现自身的进步与生活的理想[1]。其次，功能、结构和形式也是现代设计的核心要素。现代设计大师查尔斯·伊姆斯（Charles Eames）的胶合板家具常常表现出舒适、轻便的功能，充分利用材料特性的合理结构以及由胶合板部件的弯曲线条所构成的优雅形式[6]。伯恩哈德·E. 布尔德克（Bernhard E. Burdek）认为，罗马艺术家、建筑家和军事工程师马可·维特鲁威（Marcus Vitruvius Pollio）在《建筑十书》里建立了一个"在设计历史中占有重要地位的指导原则——所有建筑必须满足三个准则：力量（稳固）、功能（实用）和美"[7]。詹姆斯·波斯特尔认为以上三个准则所形成的理论框架同样适用于对家具设计的指导：力量（稳固）——结构整体化，构造和部件，即家具如何被制造和组装起来；功能（实用）——实用和体验，即家具的功能和使用的感觉如何；美——形式，空间组织和美学，即家具外观，家具与空间的匹配和所表达的含义①[8]。与中国传统家具的功能、结构和形式设计在内容和目的上近乎一致。

　　二是存在于传统家具功能、结构和形式关联设计中的设计原理，即功能、结构和形式的"一体化设计"。"一体化"的概念经常在政治、经济和文化等领域被提及，可被解释为："多个原来相互独立的主权实体通过某种方式逐步结合成为一个单一实体的过程。"或者"对两个或两个以上互不相同、互不协调的事项，采取适当的方式、方法或措施，将其有机地融合为一个整体，形成协同效力，以实现组织策划目标的一项措施"[9]。研究引用"一体化"的概念，其目的是为了强调传统家具中功能、结构与形式设计之间的关联性和协同性。而这也是目前相关研究中容易忽略的问题。尼古拉·第弗利曾在对"新艺术"的评价中，提到了它所采用的能够使"整体得到统一"的重要革新理念，即"装饰取决于材料，它要与功能实现和谐，并被包含在结构之中"[10]。柳冠中认为表现功能的"事"具有"特定联系"

的属性,它是作为产品的"物"之间产生关系的"关联要素"。同时他表示,中国古人有着"联系"的设计思维,"天、地、人、物、工"等要素在传统造物中被结合为一个"无限网络结构"的整体[11]。具体到中国传统家具,家具学者许柏鸣曾提及,明式家具的成功源于设计要素的完美统一[12]。陈增弼也认为家具设计须先考虑功能,然后再确定结构,而美的家具形式是建立在功能和结构的基础上的。他进一步解释道:"一件优秀的家具之所以能被人们喜爱和欣赏,是由于它适用、结实以及由此表现出来的最恰当的形式。因此,我们在探讨明式家具的造型问题时,不想孤立地就形式谈形式,或赋予某件家具以某种抽象的品评。外观是内在目的的反映。我们希望把家具的造型与功能尺寸、结构构造结合起来研讨。"[13]这段话无疑是对传统家具尤其是明式家具设计的完整概括,也是对"一体化设计"的最好诠释。

1.3 研究的背景和意义

1.3.1 研究的背景

1) 中国家具产业转型的需求

"形成具有中国特色的现代设计艺术形式,当这个需求不是来自理论论证而是出自市场竞争的要求时,可以认为此要求具有更大的强制性,因为不达要求者就会被市场淘汰。"[14]在持续的经济增长中,中国消费者可能在未来的20—30年内达到西方20世纪70—80年代的生活水平,进而在意识形态上渴望民族文化的复兴,产生对民族特色家具的依恋。作为日常用品,家具也扮演着如何满足大众个性与情感需求的角色,可见,从传统民族家具中攫取灵感将成为解决方式之一[15]。众所周知,中国已经成为全球家具生产中心,2006年家具产业的贸易额就已占到全球家具贸易总量的1/5,产值跃居世界第一位。至2013年,据意大利家具信息咨询研究中心(CSIL)的研究结果显示,全球家具总产值高达约4 220亿美元,发展中国家占到其中的55%,仅中国就占到37%。从图1.1中可以看出,自2005年以后,中国的家具出口量就一直处于领先地位。

然而,出口量占据首位的另一面则是中国家具产业逐年突显的弊端,具体表现如下:① 自主品牌依然弱势,设计模仿现象仍然严重,品牌附加值低,欠缺高端产品及市场竞争力,多以价格战争夺立足之地;② 中国人口红利渐现颓势,劳动密集型产业遭遇用工荒,产业转型势在必行。鼓舞人心的是,中国政府近年来对设计领域的发展给予了多方面的激励和支持。温家宝在2007年做出了"要高度重视工业设计"的重要批示[16]。习近平主席于2012年底参观访问了广东顺德工业设计城,并寄语:"希望我下次再来的时候这里的设计师有8 000名。"[17]可见,由"中国制造"走向"中国设计"是现阶段经济结构转变和家具产业转型的必然需求。中国人民大学文化创意产业研究所的金元浦教授,呼吁与设计相关的创意产业的兴起,以提升综合国力中的文化软实力。这对于"中国道路、中国精神、中国力量"的中国梦的实现具有重要意义[18]。

中国现代家具设计创新的思想与方法

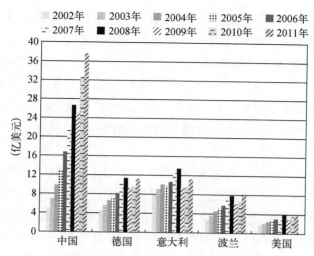

图 1.1   2002—2011 年主要家具出口国出口量、流通量

2）文化交流下的中国现代家具发展

中国现代家具的发展突飞猛进，特别是在传统家具现代化的理论和实践研究层面，业界学者和设计师都跃跃欲试地寻找更为合理和有效的方式和方法。什么是传统家具设计中的核心内容，又将如何利用并最终使其为现代社会和生活服务？这一问题始终萦绕不去，人们迫切需要一种明确且直接的导向，而非宏观的风格概括。特别是当全球化背景下的文化交流愈演愈烈时，中西间的设计文化更是呈现出前所未有的密切性与交融性，这些均构成了中国现代家具发展的重要背景。

事实上，中国家具设计的发展史几乎就是一部丰富多彩的文化交流史。中国家具体系的发展离不开外来文化的贡献。早在汉灵帝时期，胡床作为一种西北游牧民族的家具文化就已传入并得到皇室认可。而由佛教带来的僧侣文化在南北朝时期对中国高型家具的萌芽起到了推动作用。唐朝以来，因佛教信仰的推崇而大力提倡垂足而坐的生活方式，进而迎来了宋朝以后中国框架椅的发展高潮。

鸦片战争以后，西方列强用炮火打开了长期封闭的中国大门，一方面，中国的家具被大量劫掠，引起了西方设计界的广泛关注；另一方面，外国租界、附属地、通商口岸、使馆区等也为西方文化的涌入提供了有利条件。1854 年以后的上海租界开始模仿西方的文化和生活，首先是中上层市民钟情于西式家具，市场上也陆续出现了专门制作西式家具的工厂。例如，在清朝同治十年（1871 年）由宁波籍人士乐宗葆在上海创建的泰昌木器厂，清朝光绪十四年（1888 年）由奉化籍人士毛茂林开办的毛全泰木器公司。1912 年国民政府成立以后，西式家具的流行更为兴盛，大批经营西式家具制造和销售的公司如雨后春笋般出现在诸如上海、天津、宁波和广州等开放城市。在这种西方文化的冲击下，为了适应新的生活方式，一种结合中国传统与西方现代家具思想的设计风格悄然兴起，这就是 20 世纪三四十年代由法国归来的设计师钟晃率先开发并逐渐走向成熟的海派家具，其被称为中国早期现代设计的代表[19]。

新中国成立后，处于国家经济恢复期的家具行业百废待兴，虽在建厂和从业人员方面有了较大发展,但政治上与苏联的结盟影响了欧美发达国家先进文化的输入。同时,由十大建筑引领的公共建筑热催生了新中国最早的办公和公用家具设计,苏联风格的家具虽未形成燎原之势,却也从某种程度上影响了那个时期中国现代家具的设计潮流。而一些大型城市的家具设计,如海派家具,其流行风格迅速传播到中小城市,且影响力一直延续到20世纪70年代。"大跃进"促使众多家具企业改产,之后的"文化大革命"又进一步阻碍了家具企业的发展。此期间的中国家具设计处于自我摸索的创新时期,主要以满足民众的基本需求为主,而西方文化的影响乏善可陈。

自20世纪70年代末改革开放以来,中西方文化的交流达到了前所未有的广泛和深刻,外商投资和市场经济的及时转变促进了中国现代家具工业的长足发展,中国家具由传统的框式结构逐渐向板式家具过渡,企业频繁且大量地从境外引入先进的家具生产设备,20世纪80年代中后期的组合家具也来源于意大利和德国的组合柜设计,成为当时中国市场上的主流产品。总之,各种新技术、新材料和新工艺都以前所未有的汹涌之势输入中国,为中国家具行业提供了较为强劲的现代化革命武器。中国的家具设计也经历了从一开始的进口产品、仿制产品到20世纪90年代早期的生产线改造和90年代末期的创新性发展。近10多年来,中国的家具产业已然从技术、设计和营销等多方面尝试了突破式的改革。

如今,中国经济的大跨步发展亦带动了设计需求的持续增长,诸多颇具远见的西方设计师都将中国作为其施展才华的国际舞台。除2010年上海世博会的建筑荟萃及北京国家大剧院、奥运会鸟巢、央视大楼和无锡大剧院等建筑设计外,西方设计师也将兴趣点投放到中国的现代家具设计领域。"东西方家具"为中芬设计师提供了良好的交流平台,约里奥·库卡波罗引入其成熟的北欧功能主义,并期待在与中国设计师的互动学习中继续他"设计一把最好的椅子"的夙愿。2011年9月15日库卡波罗艺术馆在上海九亭隆重落成,这也成为中国设计师了解芬兰现代设计的直接窗口。另外,频繁举办的国内外家具展也为中国现代家具设计不断注入新鲜的活力。

周宪在《中国当代审美文化研究》一书中曾引用亨廷顿的话来揭示中国民族文化在当下发展的背景:"非西方文明在全球化的进程中,可以接受西方的物质和技术层面的东西,但这绝不会改变非西方社会的文化根性""现代化对于非西方国家来说,是一个回归传统文化认同的过程,也是一个抵制和颠覆西方文化价值的过程"。[20]从当下仿古、复古以及"新中式"的设计潮流中可知,日益加剧的全球化趋势反而成为民族文化崛起的催化剂,而如何合理地应用民族文化成为其能否持久且辉煌的关键,这也是本书研究的宗旨之一。

1.3.2　研究的意义

1) 对传统家具现代化理论研究的补充

中国家具行业在30多年的发展中,始终呈现出"实践走在理论前面的特点"[21]。诚然,多元且深厚的民族文化曾给予中国传统家具复杂而广阔的成长环境,也因此在中国现代设计师头脑中形成一片浩瀚迷茫的汪洋。很长时间以来,针对传统家具设计的研究都单方面着眼于宏观和抽象的思想文化部分,如哲学和艺术,却明显忽略了传统与现代家具设计思想之间有着异曲同工之妙的共通性。曾经,"中国主义"为我们展示了中国传统与西方现代家具在设计思想层面实现融合的伟大成果。而今,本书将站在"中国主义"的肩膀上继续展望中国传统与本土现代家具进一步契合的可能。本书的进行不仅有利于明确传统家具中有关设计原理和方法的精髓所在,也为中国设计师建立了一条更为有效和具体、联结传统和现代设计的理论纽带。

2) 中国传统家具文化的再创造与再利用

回顾历史,放眼世界,中国传统家具曾因舒适的功能性及成熟的装饰性影响着西方家具的设计潮流,在世界家具的现代发展史中占有极其重要的地位,也曾与欧洲家具一道被称为世界两大家具体系。自中国漆家具于 5 世纪进入西方之后,中国传统家具的设计风格就被普遍认可,尤其体现在西方现代家具设计中。一些西方设计师善于从中国传统家具的设计思想中汲取灵感,并创作出大批广受好评的经典之作,大致表现为以下两种:一为"中国风"家具;二为"中国主义"家具。

然而,中国传统文化坎坷的近现代发展使其在继承方面遭受了近乎毁灭性的打击。辛亥革命和五四运动在推翻旧制度和建立全新文化视野的同时也颠覆了以儒学为主的中国传统文化体系,而西方文化的乘虚而入亦使迷失于文化信仰的民众无所适从。新中国的成立为家具业的发展提供了安定和积极的环境,岂料"文化大革命"再次成为传统文化的一大浩劫。不可否认,这些曾对传统文化全盘否定的历史对继承或借鉴产生了负面影响。于是,当我们感慨北欧设计师对传统进行着游刃有余地现代应用时,却很难站在传统文化的肩膀上将中国的家具设计重新推上世界级的重要舞台。幸运的是,改革开放的政策为设计领域再次吹进了春风,西方设计师的卓越成就令我们叹为观止。此时,东西方文化的交流有了前所未有的广阔平台,中国设计师也积极争取在当今的家具设计领域中涂抹上浓重一彩,试图使传统家具这种优秀的文化遗产在新时代下得到诠释,以期赋予传统设计思想以全新的含义,进而实现中国家具优秀文化的再创造与再利用。

3) 对中国现代家具发展的促进

近年来,国家政策大力提倡设计对于经济发展的重要性。在其鼓励之下,中国设计师也有了更明确的职业理想和充满希望的发展前景。更为重要的是,当代中国设计师有义务凭借设计的无限力量为中国的经济与社会建设添砖加瓦。对民族文化极力倡导的今天是中国设计师对传统再审视与再创造的良好契机,而关键是要把握传统与现代的共通性,促进传统家具创新的效率和彻底性,为中国家具的品牌建设提供一条基于传统的发展之路。这正是本书研究的核心宗旨。

1.4 国内外研究现状及综述

1.4.1 国内研究现状及综述

一方面,与本书相关的针对传统家具现代化的研究,自 20 世纪 80 年代末就已展开。特别是 21 世纪以来,产生的大量的文献资料为本书的研究提供了极具意义的参考。20 世纪 90 年代关于传统家具现代化的相关议题主要集中在"现代中国风格家具"和"具有民族特色的中国家具"的探讨上,并提出了一些可行的方法和途径。虽然还未形成一套系统且完整的设计理论和方法,但相关观点的热烈展开已然对当时的中国现代家具设计产生了积极的影响。部分家具产品逐渐走出了仿制的圈圈,追求创新与个性化的表现。

自 21 世纪以来,中国原创家具的实例逐步增多,相关研究人数和资料数量也逐年递增。对于传统家具现代化的相关研究而言,无疑是有了理论与实践结合的良好平台。诸如联邦家私集团和三有家具有限公司等家具企业试图通过对传统家具的创新来寻求产品设计的差异化。其成果主要包括联邦家私集团开发的"现代中式"系列家具,它们是"梦江南"系列、"三味书屋"系列、"荣宝斋"系列、"黄河谣"系列和"敦煌遐想"系列,以及三有家具有限公司研发的"明清风韵"系列家具。此外,研发"翰林"系列的深圳市高帆家私有限公司、研发"明月清风"系列的成都市福晟家具有限责任公司、研发"中国概念"系列的萨汀尼家私厂,以及利用材质纹理及涂装技术等表现古典韵味的中冠家具制造有限公司等都是这一时期相关设计实践的活跃者。表 1.1 是 20 世纪 80 年代以来具有代表性的论文及其主要观点。

表 1.1　国内相关研究的论文及观点

作者	年份	论文	主要观点
朱仲德	1980	《介绍一些传统家具的金属配件》	探讨了传统家具装饰技术中对金属配件的使用,认为对其的学习与借鉴有利于丰富中国现代家具,对体现民族风格具有积极的意义
张炳晨	1987	《现代家具和传统民族文化的根》	提倡与时俱进,担心因过分沉溺于传统家具的成就而裹足不前。他还提出要考虑功能和审美等方面的现代需求,并在传统家具创新的同时学习国外经验
苏东润	1997	《中国家具应该有自己的设计》	提到了"具有中国特色的现代家具",倡导继承和发扬家具的文化传统
张帝树	1998	《现代中国风格家具的开创途径》	提出了发展"现代中国风格家具"的观点,他认为传统明式家具的造型值得借鉴,但材料的种类、结构和工艺的选用等都应以现代产业和技术为基础
张奇等	1999	《初探中国家具的大工业化与民族风格的结合》	提及"中国风格的家具"的设计前提是以人为本,并综合考虑现代生活的使用功能和审美追求等。"中国风格的家具"提倡利用机器大工业生产,同时具备中华民族特征和国际市场竞争力的家具产品
叶翠仙	1999	《中国家具的现代与传统》	建议采用重构理论来实现传统与现代设计的结合。设计师要关注中国传统家具的民族特色,并用民族形式的产品来满足现代社会多元化的需求
胡景初	2000	《迎接家具设计的春天》	倡导"主动开发",开发的路线可展开为现代式、传统式以及传统与现代结合式。其中,传统与现代结合式产品的开发思路为:将传统家具的结构节点和装饰形式应用于现代家具

作者	年份	论文	主要观点
李新明	2000	《中国家具要有民族特色——'99 瓦仑西亚家具展观感》	主张中国家具也要有民族特色。他以"新古典家具"来命名自己的观点,即自主开发与现代工业相结合的具有民族特色的家具
沪言	2000	《对家具设计"大文化"理论的商榷》	期望通过对"文化"的关注与理解来寻求中国家具自主设计的途径。他提倡要把文化提升到艺术角度,而中国的家具设计应当站在中国文化的立场上。具体的实施途径有:① 在对传统地域文化和现代生活理解的基础上,用家具形式来表达文化。② 对传统文化和民族生活习俗等进行思考,形成与其相关的某一种家具风格的设计。③ 在家具中体现出文化与艺术,如音乐、绘画、工业设计等的结合
刘文金	2002	"首届中国家具产业发展国际研讨会"	提出"新中式"家具的概念,具体为:① 基于当代审美对中国传统家具的现代化改造。② 基于中国当代审美现状对具有中国特色的当代家具的思考
彭亮	2003	《明清风韵的现代演绎——三有家具品牌案例剖析》	认为现代家具的民族化或者传统家具的现代化,"已成为推动家具发展与进步的两条主线"
谭文胜	2004	《用心品味生活,追求品质至上——品至系列家具精品展示》	"品至"系列中的概念家具引发了针对"新现代主义"观点的讨论。该观点强调,在家具中融入中国传统文化艺术精华的同时,也应积极引入现代人文精神、生活时尚、审美情趣与西方先进的工艺技术与设计理念,包括人体工程学原理,以期实现"人与自然、传统与时尚协调和统一"的目的
唐开军	2005	《现代中式家具发展态势探讨》	展开了"现代中式家具发展态势探讨",他称"现代中式"家具为"全新的家具风格概念",具体为:"应用现代技术、设备、材料与工艺,既符合现代家具的标准化与通用化要求,体现时代气息;又带有浓郁的民族特色,适应于工业化批量生产的家具。"同时,他认为"现代中式"家具在 20 世纪 90 年代中期就已出现
深圳拓璞家具设计公司研究中心	2010	《2010 中国家具设计主流趋势浅探》	提到了"锐中式"风格:主要采用现代元素来包裹传统灵魂。它结合现代生活的需求将中式家具进行拆分重构,并对其形式进行现代设计的线条化与抽象化的处理。几乎任何种类的民族文化元素,如旗袍、京剧、剪纸等,都可以被"锐中式"利用
张天星	2012	《现代家具设计中的"新中式"与"新东方"》	提出并展开了针对中国"新古典"家具和"新东方"家具的探讨,认为前者是"保守与创新的纽带,(其风格)主要通过造型、功能以及工艺改良和原创设计的融入体现出来";后者是挣脱传统风格束缚的、基于西方现代设计思想的东方风格
林作新	2013	《对深度迷失的文化反思——新中式设计的诞生》	在文化迷失和技艺式微的背景下,中式家具的设计现状值得反思。在对西方家具和中国传统家具的回顾中,他提出了新中式家具的发展需注重对文化的认同和回归这一观点

另一方面,针对中国传统家具本身的研究,为本书的顺利进行提供了基本保障,成为研究中的重要参考,见表 1.2。王世襄在 1985 年和 1989 年分别著有《明式家具珍赏》和《明式

家具研究》,其中后者在成因、设计起源及规律、制作结构和工艺等诸多方面较为全面地对明式家具加以介绍和论证,成为传统家具研究的"宝典"型成果;杨耀在1986年的《明式家具研究》一书中对具体实例进行了严谨细致地测绘,他所提到的传统家具的革新话题是这类专著中较为早期和新颖的。其他代表性著作如表1.2所示。它们涉及中国传统家具中的各个分支,论述角度丰富且内容精彩,包括以阶层划分的官用和民用家具,以年代划分的由宋朝、明朝、清朝至民国时期的家具,以选材和制作工艺划分的硬木家具和漆家具,以地域划分的苏作、京作、广作和晋作家具等。但这些研究多以收藏鉴赏和修复保护为主题,在传统家具现代化的创新研究上显得不足。

表 1.2 国内相关研究著作

作者	年份	著作
胡文彦	1988	《中国历代家具》
胡德生	1992	《中国古代家具》
阮长江	1992	《中国历代家具图录大全》
蔡易安等	1993	《清代广式家具》
濮安国	1996	《中国红木家具》
濮安国	1999	《明清苏式家具》
王连海等	2002	《民间家具》
朱家溍	2002	《明清家具(上)》《明清家具(下)》
田家青	2003	《明清家具鉴赏与研究》
濮安国	2004	《明清家具鉴赏》
姜维群	2004	《民国家具的鉴赏与收藏》
张福昌等	2005	《中国民俗家具》
史树青等	2005	《中国艺术品收藏鉴赏百科全书(5):家具卷》
路玉章	2007	《传统古家具制作技艺》
大成	2007	《民国家具价值汇典》
刘传生	2013	《大漆家具》

1.4.2 国外研究现状及综述

国际上针对中国传统家具的研究,早在漆家具风靡欧洲时便已展开。克雷格·克鲁纳斯(Craig Clunas)认为对中国家具分类的建立应该归功于西方学者,因为"中国家具"的含义随他们所研究类型的不同而不断变化着[22]。总体来讲,可将其中的主要研究划分为两类:一是"中国风"范围的;二是"中国主义"层面的。前者的主要对象为漆家具,这是中国家具研究中的薄弱点。而"中国主义"的研究者大多受到现代设计思想的洗礼,将关注度放在功能质朴和形式简约的硬木家具和民间柴木家具等类型上,这也是中国家具研究中的重要部分。

当漆家具的奢华精美得到欧洲上层人士的认可后,整个欧洲便掀起了竞相追逐"中国风"的浪潮,而相关的设计手册也应运而生,满足了工匠的切实需求。《漆艺宝典》(1688年)、《中国寺庙新设计》(1750年)、《木工手册》(1754年)和《设计旨在提高鉴赏》(1757年)等著作是较早一批用来指导设计和制作的参考资料。到了20世纪,更为系统地针对中国漆家具的著作在现代家具设计领域诞生,其中较有影响力的当属奥迪朗·罗奇(Odilon Roche)于1922年在巴黎出版的《中国家具》一书,其中包括54张家具实例插图。另外,卡尔·克罗斯曼(Carl L. Crossman)《中国贸易中的装饰艺术》(1991年)、道恩·雅各布森(Dawn Jacobson)《中国风》(1993年)等都是20世纪末较为突出的研究成果。

对"中国风"的偏好随着功能主义的大行其道而饱受争议,具备简洁明确的功能性的中国硬木家具成为西方学者和设计师的新宠。约翰·C.弗格森(John C. Ferguson)的《中国艺术研究》一书于1940年在上海出版,他认为没有装饰的木家具与漆家具具有同样地位。古斯塔夫·艾克(Gustav Ecke)在杨耀的协助下于1944年出版了颇具世界地位的《中国花梨家具图考》一书。在包豪斯和其他现代思潮的影响下,艾克对具有极简设计且呈现出几何构造和形式的硬木家具兴趣很大。在20世纪三四十年代,偏爱硬木家具收藏的西方学者还有乔治·盖斯、劳伦斯·希克曼(Laurence Sickman)等[23]。此外,以柴木和竹材为主的传统家具,如民间家具,也早在20世纪50年代就以其质朴的功能和新颖的形式吸引着西方学者的关注。西方针对中国传统家具的研究中具有代表性的其他成果请参见表1.3。

表1.3　西方学者针对中国传统家具的研究成果

作者	时间	著作
乔治·凯特斯(George N. Kates)	1948年	《中国民间家具》
路易斯·霍利·斯托雷(Louise Hawley Store)	1952年	《中国椅子》
菲茨杰拉德(C. P. Fitz Gerald)	1965年	《胡床:中国椅子的起源》
罗伯特·埃尔斯沃斯(R. H. Ellsworth)	20世纪70年代	《中国家具:明及清早期的硬木实例》
米歇尔·柏德来(Michel Beurdeley)	1979年	《中国家具》
吉莲·瓦尔克林(Gillian Walking)	1979年	《古代竹家具》
克雷格·克鲁纳斯	1988年	《中国家具》
南希·伯丽纳和萨拉·汉德勒(Nancy Berliner, Sarah Handler)	1995年	《居室之友:中国乡村家具》
艾斯·沃斯和罗伯特·汉特菲尔德(Ells Worth, Robert Hatfield)	1998年	《风格的本质:晚明至清初的中国家具》
罗伯特·D.雅各布森(Robert D. Jacobson)	1999年	《明尼波利斯艺术院的中国古典家具》
安德鲁·摩卡米克(Andrea McCormick)	2005年	《古老的中国,新的风格:古家具 & 配件 1780—1930》
卡伦·玛祖卡维奇(Karen Mazurkewich)	2006年	《中国家具:古董收藏指南》

随着收藏热的愈演愈烈,西方学者对中国传统家具的研究大多处于收藏和鉴赏的范围

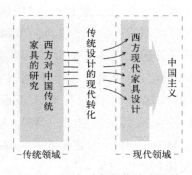

图1.2　西方对中国传统家具的研究及其影响

内。其中包含对家具历史、文化、工艺及制作的广泛探讨，但并未直接涉及中国传统家具将如何在现代生产及生活中再继承或再创造的问题。然而，敏感而善于思考的西方设计师在现代设计理念的启迪下，往往以他们所见到的中国家具本身或者相关著作作为寻求灵感的源头，创作了大批"中国主义"的优秀作品，远到格林兄弟（Charles Sumner, Henry Mather Greene），近到汉斯·维格纳和约里奥·库卡波罗，这些顶级设计大师都曾创作过"中国主义"的优秀作品，为中国设计师提供了绝佳的参考范本（图1.2）。

为了深入理解中国传统家具中的设计思想和工艺技术等，西方学者十分重视与中国学者的学术交流活动，如中国著名家具学者王世襄先生的著作——《中国传统家具：明和清初时期》就曾由作者本人和萨拉·汉德勒（Sarah Handler）合作翻译并广受好评。

硕博学位论文方面，笔者对博硕士论文文摘数据库（ProQuest Dissertations & Thesis, PQDT）进行了中国古典家具（Classical Chinese Furniture）、中国家具（Chinese Furniture）和明代家具（Ming Furniture）的关键词搜索，但仅有关于明代（Ming Dynasty）的检索结果，且都仅限于哲学、艺术等文化领域的探讨和研究。另外，通过对中国高等教育文献保障系统（China Academic Library & Information System, CALIS）西文期刊目次数据库的检索，国外家具类杂志《今日家具》（*Furniture Today*）和《中国古典家具学会杂志》（*Journal of Classical Chinese Furniture Society*）等也鲜有与本书相关的资料。

1.4.3　现有研究存在的不足

就目前的国内外研究现状来看，针对传统家具现代化的研究主要存在以下不足：① 针对中国传统家具研究的著作，其领域与范围多涉及收藏与鉴赏，与现代生产和生活需求结合不足；② 对传统家具设计思想的本质和规律研究不足；③ 多以历史背景和文化为视角，对现代设计视角的关注不足；④ 多将功能、结构和形式分开讨论，对传统家具设计的整体思维关注不足；⑤ 针对传统家具现代化的研究还存在切入点模糊的问题，对传统与现代家具的契合点把握不足；⑥ 在传统家具现代化设计理论和方法建立的系统性上显得不足。

1.5　研究的目的

在传统家具现代化的研究范围内，基于"设计原理传承"的研究是对传统家具中设计思想和方法等的再提炼与再创新。对"设计原理"的关注将催生多样化的设计，而非只是"中式"的风格模仿。正如现代设计大师沃尔特·格罗皮乌斯（Walter Gropius）所追求的："我的目的，不是介绍一种从欧洲生搬硬套的、干巴巴的'现代风格'，而是要介绍一种研究的方法，可以让人们根据其特定的条件去解决一个问题。"②[24]本书研究的目的为：剖析传统家具中体现思想规律与本质的设计原理,梳理 20 世纪 80 年代以来中国现代家具的设计原理传承演变方式,探求一种从设计原理传承展开的、适应和促进中国现代家具设计多样化发展的有效途径。以期利用传统的优势来解决现代家具的问题,进而促进传统家具现代化的效率和彻底性。

1.6 研究对象和范围的确立

本书的研究对象可以从两个方面来说明:一是中国古代设计领域的"传统家具"。符合"传统"的古代家具应该能够接受以下验证:在历史演进的过程中是否延长了足够久的时间;在当时的社会特定空间范围里是否属于典型事物,是否起到一定"统和形制"的影响[25]。研究中所涉及的"传统家具"没有刻意区分种类、年代以及官用或民用等的范围,即与本书题目相关的"传统家具"佐证都会被利用。其目的就在于,论证那些普遍存在于传统家具,或者贯穿于传统家具发展设计思想中的启发性。二是中国现代家具。它们从某种程度上借鉴了传统家具中的设计原理来解决自身发展中的问题,从现实的层面体现出传承的意义和优势。

1.7 研究的框架和内容

1.7.1 研究的主要框架

本书研究的主要框架如图 1.3 所示。

1.7.2 研究的主要内容

为方便研究内容系统而有条理地被展示给读者,本书将主要分为"传承的溯源""传承的流变""传承的汇聚"三部分,并进一步在各部分中合理设置相关章节。具体如下:

1)"传承的溯源"——针对传统家具设计原理的剖析

本书第 2—3 章主要是针对传统家具设计原理的研究,将从传统家具中提炼和总结出适合中国现代家具发展的设计原理和方法,即以传统与现代的共通性为基础,对存在于传统家具功能、结构与形式,以及三者关联之中的设计原理展开研究。

首先,传统家具设计的基础是功能,《长物志》中就有"古人制器尚用"一说[26]。特别是自 20 世纪 30 年代以来,西方现代设计师逐渐发现了蕴藏在中国家具功能设计中的启发性,诸如人体工程学和实用功能等。其次,功能的实现需要结构的支持,榫卯工艺是传统家具结构的核心。中国传统家具中的榫卯讲究恰如其分,尤其体现在硬木家具中。榫头与卯口间不施或略施鳔胶就能达到间不容发的程度,榫卯间能够通过木材自身的缩胀实现有机的连接。以致一件优秀的硬木家具,其连接节点可以经百年考验而纹丝不动。在本书中,榫卯在传统家具结构上所表现出的启发性将被继承和创新,并继续在现代家具的结构设计中闪耀光芒。另外,诸多传统家具中的新颖结构也饱含着具有启发性的设计原理和方法。最后,传

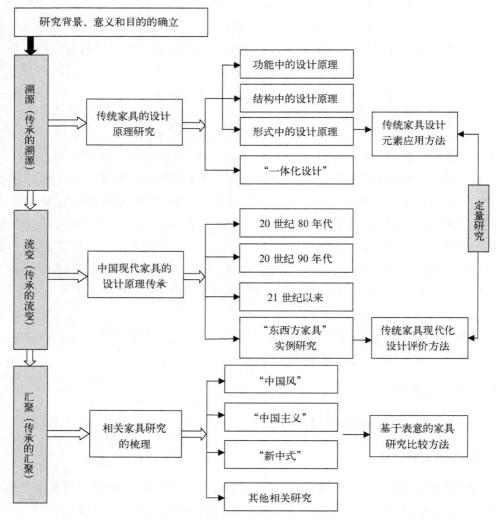

图 1.3　本书研究的主要框架

统家具中的功能和结构设计几乎影响和决定了家具形式的呈现,以致功能和结构本身就已成为家具审美的一部分。例如,传统椅子中的"S"形条形背板,其在满足背部舒适度的基础上为家具的形式轮廓增添了流动舒畅的线条;而在实现同一功能的前提下,传统"案"中的夹头榫和插肩榫这两种不同的结构将会带来不一样的视觉感受。家具形式因功能和结构的关联设计而显得自然而然,却又科学合理。正如中国古典家具专家胡德生所说:"每一个部件,在家具的整体中都用得很合理,分拆起来都有一定的意义。其既能使家具本身坚固持久,又能收到装饰和美化家具的艺术效果。这就是部件装饰的基本特点。"[27]

　　传统家具中的功能、结构与形式的一体化设计(简称"一体化设计")贯穿于中国传统家具发展史,并始终作为主旋律被演绎。本书第3章将从建筑与家具的起源、家具与生活方式、家具与外来文化以及民间家具的创新精神几个方面系统而翔实地展示"一体化设计"中的启发性。同时,随着新材料、新技术和新需求等的不断变化与发展,从传统家具而来的"一体化设计"思想,将成为协调和融合现代家具中各种设计元素的有效方法。

2)"传承的流变"——20世纪80年代至今的中国现代家具的系统研究

中国家具以往30多年的发展历程可划分为如下阶段:20世纪70年代末至90年代初的"填补市场空白"阶段、20世纪90年代中期至90年代末的"品质提升"阶段、2000年开始的"终端形象包装提升"阶段、2002年开始的"区域竞争"阶段、2004年开始的"设计竞争与品牌建设阶段"[21]。本书第4—6章针对设计原理传承视域下的现代家具的系统研究也将围绕(20世纪70年代末)80年代初至今的时间范围内。另据《世界现代家具发展史》一书中的界定,20世纪80年代被认为是"中国现代家具业发展的起步阶段"[28]。综上所述,20世纪80年代成为本书中中国现代家具系统研究的起始点。第4—6章针对家具实例的系统研究是以其对传统家具中设计原理的传承作为研究主线和分析原则的。读者可以从以上家具设计的演变中看到,这几个时期的中国现代家具对传统的借鉴始终离不开那些带有启发性的设计原理和方法。

第7章将重点介绍"东西方家具"的实践设计成果。"东西方家具"中"龙椅"的原型就是其设计师在20世纪90年代末,针对设计原理传承展开的初步设计成果。可以说,"东西方家具"是"理论与实践结合"以及"实践出真知"的传承设计典范。同时,以竹集成材开发为主的"东西方家具"也是在当前生态环境恶化的背景下展开的。尤其对于全球最大产竹地的中国来讲,针对竹家具的自主研发将具有可持续发展的积极意义。

目前,针对"东西方家具"的研究还未有过如本书所涉及的作品系列如此多的、内容层次如此丰富的系统化研究。《现代家具设计中的"中国主义"》一书中曾提到了"东西方家具"创建伊始的宗旨与成果。中国学者周浩明于1999年撰写了《设计大师与"中国几"》一文,其中谈到了约里奥·库卡波罗对于中国传统文化的情有独钟,同时也提及了"东西方家具"中的中西文化交流,及其对家具设计的激励和促进作用。2000年,"东西方家具"首批作品告捷,《"中国几"和"东西方系列椅"》一文向业界展示了这些家具,并对其中的设计思想加以阐述和说明。2011年,《印氏家具的芬兰设计》一文探讨了中芬设计交流在印氏家具厂("东西方家具"的制作厂家)制作上的完美体现,即"他们(印氏家具厂)设计制作的竹质(竹集成材)家具,既吸取了中国传统红木家具的精髓,又吸取了北欧设计简洁、绿色的功能主义风格",恰如一篇传统与现代的和谐乐章。

在本书的第7章,"东西方家具"首次与设计原理传承的理论和方法研究结合起来,使对其的实践研究和论述具有更好的逻辑性和合理性,包括对"东西方家具"功能、结构和形式以及"一体化设计"的研究。另外,针对"东西方家具"的研究还着重从中国传统家具与北欧现代家具的设计文化交流中展开。

3)"传承的汇聚"——相关家具研究的梳理

本书第8章利用表意的能指和所指系统对相关家具研究进行梳理,具体涉及"中国风""中国主义""新中式"。其中"中国主义"和"新中式"是与传统家具现代化研究直接相关的,且后者是中国现代家具经几十年发展后的成果汇总和经验汇聚,二者虽目的一致,但实现途径和成果均有不同。

中国传统家具曾以漆家具的角色于 17 世纪和 18 世纪在欧洲的家具发展史上写下了"中国风"这一重要的篇章。到 20 世纪三四十年代,明式家具达到了中国传统家具发展的设计巅峰。引起了那些深受包豪斯和其他现代设计思潮影响的西方学者和设计师的关注,诞生了一批以中国传统家具为灵感源泉的西方现代家具,即"中国主义"家具。大约从 20 世纪 80 年代起,如何将传统与现代进行适宜结合的问题就一直困扰并激励着中国的家具学者和设计师,"传统风格的现代家具"和"民族特色的现代家具"等设计尝试层出不穷。在前期大量的理论研究和实践经验积累的基础上,"新中式"被提出并成为 21 世纪以来具有代表性的相关研究。总体而言,"中国风"关注异域特色的装饰风格,以满足猎奇的审美需求为目的。"中国主义"提炼了传统家具设计中的形式、功能和设计原理,其"主义"二字体现出"思想"的重要性。"新中式"也试图解决中国传统家具现代化的问题。

1.8 研究的方法

本书研究中所涉及的主要方法如下:

1) 历史研究法

对家具及与家具相关的历史资料(如图像、文字、实例等)进行整理分析。以现代设计的视角,从家具功能、结构和形式的多角度对传统家具进行剖析。总结和归纳传统家具及其设计发展中的特征和规律。这是第 2—3 章所采用的主要方法。

2) 针对意象的感性工学定量研究

在传统家具的意象研究中采用了感性工学的研究方法,令传统家具现代美学的结论更为合理,从而得到了与现代美学相关的传统家具线型,为设计师提供了可供参考的科学依据。同时,作为传统家具现代化设计实践成果中的优秀代表,研究通过感性工学的方法揭示了"东西方家具"中的设计元素对目标意象(传统家具和"东西方家具"的代表性意象)的贡献,并以定量的研究结果为当代设计师提供参考。

研究中的感性工学研究主要采用了数量化理论Ⅰ类的方法。数量化理论用于定量基准变量的预测,其优势在于可对定性变量进行量化研究。本实验的线型元素就属于定性变量,通常在数量化理论中被称作"项目",其所包含的不同取"值"被称作"类目"。数量化理论Ⅰ类是利用多元回归分析建立数学模型,进而确立一组定性变量与一组定量变量之间的关系。

3) 文献研究法

从文献中摄取与研究相关的佐证,包括文化史、设计史、设计实践等方面的著作和期刊。其涉及范围尽量做到从古至今,且领域交叉,力图使研究丰满且具说服力。具体可参见"参考文献"。

4) 个案研究法

个案研究法是本书中的重要研究方法,包括第 2—3 章中针对传统家具的个案研究;第 4—6 章中针对 20 世纪 80 年代、90 年代和 21 世纪至今的中国现代家具个案研究;第 7 章针对"东西方家具"的实例研究与第 8 章针对"中国风""中国主义""新中式"的个案研究等。此方法有利于在大量个案中寻找研究论据，进而了解和把握纷繁表象下的规律与实质。

5）经验总结法

研究过程结合了大量实地调研的资料，其中包括对家具设计研发过程的跟进、对家具制作现场的观察、对家具使用的体验和调查、对家具推出后反响的集中、对资深家具制作工匠和设计师进行的访谈等（参见附录一）。这些调研内容经总结后成为本书研究的关键佐证，且具有贴合生活、生产和市场的实际意义。

上篇　溯源

2 传统家具的设计原理研究一：功能、结构和形式

2.1 传统家具功能中的设计原理

中国学者张福昌认为功能是产品的第一要素[29]。而与功能相关的"制器尚用"说几乎涵盖了中国传统设计的方方面面：始于春秋末年的《考工记》就有"以弦其内，六尺有六寸，(其内)与步相中也"[30]；明《长物志》也有"每格仅可容书十册，以便捡取"[26]。自 20 世纪 30 年代以来，明式家具中"功能至上"的设计思想引发了西方对中国传统家具的兴趣和研究。1940 年，克雷格·克鲁纳斯就在美国杂志上赞赏了中国家具匠人对"功能主义"③的理解和娴熟应用[31]。中西方的家具设计思想就这样在"功能主义"的认同上一拍即合。

然而，对传统家具中功能这种核心设计要素的重视程度远不及外形和装饰那么广泛。由于"功能"的抽象属性，人们无法单从视觉感知它的存在。更多时候，只有与实物亲密接触后才能体验到功能所带来的舒适和愉悦。同时，传统家具中的"功能"不是独立的，如同"结构"与"形式"一样，其是家具"一体化设计"中相互关联的重要一环。正如约里奥·库卡波罗的观点："功能是我椅子中的核心，当人们问我如何构思设计时，我的回答很简单，需要什么就去做什么。"④

可见，站在与现代家具共通的角度，传统家具中的"人体工程学"和"实用功能"中无疑饱含着很多具有启发性的设计原理。这也是在"中国主义"研究中被验证过的。

2.1.1 传统家具的人体工程学

在西方，有关人体工程学的记载最早出现在 120 年前，由波兰教育家和科学家沃伊切赫·雅斯莱鲍夫斯基

（Wojciech Jastrzebowksk)在文章中使用了人体工程学（Ergonomics）这个词。它来自希腊语"Ergos"和"Nomos"，前者的含义是"工作"（Work），后者意味着"法律"（Laws）。然而，直到第二次世界大战，当工艺品设计领域爆发了技术革命时，人体工程学才被真正重视起来。从那以后，人体工程学陆续被应用到包括家具在内的各种消费者产品设计中[32]。中国古代的朴素人体工程学虽未形成统一且规范的体系，但其存在于家具设计中的历史却早在宋明时代就开始了。很多明式家具在使用起来之所以能够得心应手，是因为其尺寸的设计具有现代科学性。一些关键部位的尺寸是根据人体尺度被谨慎地考量和设计的[33]。

1）传统椅子中的人体工程学

选择椅子作为传统家具中人体工程学研究的案例，绝非随机。现代主义设计大师密斯曾说过："椅子非常难设计，相对而言，摩天大楼的设计反而更容易些。"[8]从与人体的接触面积和使用时长来说，椅子堪称所有家具之最。中国传统椅子从搭脑、靠背、扶手、坐面、椅腿到脚踏等，都受到人体工程学的影响。作为传统家具的巅峰代表，明式椅子中更蕴含着与现代人体工程学、生理学和心理学相通的原理[34]。

（1）传统椅子的靠背

经历了从轳架中的横枨向竖向藤编框格演变的过程后，传统椅子最终形成了符合人体背部曲线的条形背板，成为传统椅子设计的典型特征之一。条形背板的倾斜度通常呈100°—105°，曲线以"S"形和"C"形居多，符合人体脊柱的曲线。而这种做法被认为早于欧洲几个世纪[22]。自然状态（一般为侧卧和站立）下的人体脊椎呈"S"形，坐下时，骨盆和耻骨的扭转会导致人的上体进入拱形的不舒适状态[35]。而中国传统椅子的"S"形条形背板会协助人体脊椎保持自然状态，令人感觉舒适。图 2.1(a)和(b)分别是南官帽椅和圈椅的背板曲线和角度实测图。可以从南官帽椅背板的细分角度中看出，"S"形提供了从 95°至 105°的多种

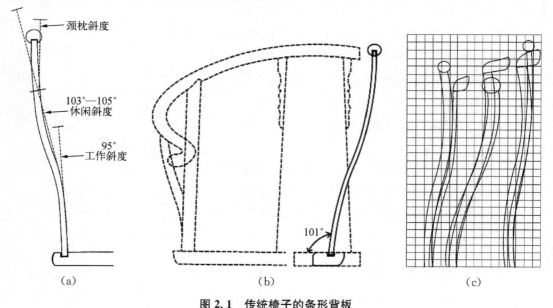

图 2.1　传统椅子的条形背板

注：(a)南管帽椅的靠背曲线和角度；(b)圈椅的条形背板曲线和角度；(c)"S"形靠背曲线实测图。

倾斜度。随着身体与背板接触面的变化,使用者可以感受到从工作到休闲的不同坐姿体验。值得钦佩的是,以上的倾斜度和曲线都是经古人严格计算所得,竟与现代椅子中的人体工程学数据如此接近。在现代人体工程学中,椅子的背斜度(支撑背部的面与水平面的夹角)有相应的范围要求,通常为95°—120°。其中工作用椅的背斜度为100°,轻工作用椅为105°。难怪明式家具的背板曲线曾被西方科学家誉为东方最美好和最科学的"明代曲线"[36],见图2.1(c)。

条形背板多见于官帽扶手椅、靠背椅、圈椅和折椅中。相较以上椅子中的背板舒适度,玫瑰椅(图2.2)的靠背就显得"苛刻"了。它不但呈垂直状且矮小,类似于"折背样"。为何会有此特例?李匡乂在《资暇集》一书中记有"折背样"的来历和作用,指其"言高不及背之半,倚必将仰,脊不遑纵。亦由中贵人创意也。盖防至尊赐坐,虽居私第,不敢傲逸其体,常习恭敬之仪"[37]。由此看来,这种不舒适的靠背可能是为了使坐者注重仪态,表现出恭敬之心。同时,玫瑰椅又称文椅,多用于文人书房。其靠背能够迫使上半身保持直挺姿态,在很大程度上起到了"强制专心"的学习目的。将玫瑰椅置于窗前或桌前,其靠背均不超过窗台和桌面,还能使陈设氛围更加敞亮和通透[38]。克雷格·克鲁纳斯曾论及过玫瑰椅常与美人椅混淆的问题,他认为这些"优雅端庄的椅子可能是为女士们设计的"[22]。传统椅子中其他类型的靠背及其人体工程学表现见表2.1。

图2.2 玫瑰椅

表2.1 其他中国传统椅子靠背中的人体工程学

图示	椅子靠背中的人体工程学表现
明式梳背式靠背椅	明式梳背式靠背椅 椅子靠背用了曲枨梳背形式,配合着具有动感的曲线搭脑轮廓,整张椅子在视觉上显得更为通透和灵动。靠背在符合人体脊柱曲线的同时也有使背部透气的功能
明式红木笔梗式靠背椅	明式红木笔梗式靠背椅 椅子靠背采用填满枨条的梳背形式,也被称为一统碑式梳背。其枨条在上端配合着向后仰的搭脑形成弧度。靠背有使背部透气的功能,后仰的搭脑为上背部提供了适度自由的空间。相比玫瑰椅上下通体的直靠背而言,其舒适度更好

图示	椅子靠背中的人体工程学表现
	明式杞梓木扶手椅(苏州园林藏品)
	椅子采用藤编"S"形靠背板,表现了古人在追求舒适度方面的尝试。椅子的坐面和靠背均为攒框加藤编软屉。此靠背的优点是透气且具弹性。藤编椅背的做法在传统躺椅上采用的更多,可能是为了突出躺椅的休闲功能
	明带独立靠背的黄花梨禅椅(私人收藏)
	椅子具有独立的靠背,搭脑部分呈现出卷书形式的优雅轮廓。椅子的坐面和靠背都是藤或竹编。卷书轮廓在顶端很自然地形成了下凹的、配合头颈部弧度的搭脑。独立靠背的使用显然是为了改善原有垂直靠背的舒适度

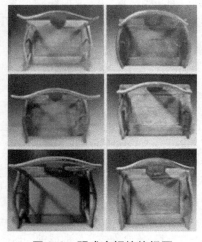

图 2.3　明式官帽椅俯视图

(2) 传统椅子的扶手

作为明式家具中的主要椅子类型,官帽椅的扶手高度通常为 230 mm 左右,与现代人体工程学要求的 210—220 mm 范围十分接近[39]。此高度可令小臂在保持与坐面平行的同时,上臂也能够自然下垂。官帽椅扶手的俯视面为中部外扩的弧线,扶手下部通常设有连帮棍,见图 2.3。除稳定椅子结构外,连帮棍还担任着防止衣袍从侧面滑出的围栏功能[40]。可以推测,官帽椅扶手的外扩可能与当时官员所穿的宽袍有关,类似于西方后窄前宽的椅子坐面是为了配合女士宽大的裙摆而设计。传统椅子中的其他扶手类型及其人体工程学表现见表 2.2。

表 2.2　其他中国传统椅子扶手中的人体工程学

图示	椅子扶手中的人体工程学表现
	明式黄花梨圈椅的"马蹄形"扶手(私人收藏)
	圈椅的扶手是中国传统家具中特有的形式,因其与搭脑部位连为一体,顺势而下,常被称为"马蹄形"扶手或"月牙形"扶手。此类扶手可同时为大臂和小臂提供支撑,使用者后背可随椅圈弧度随意调整,坐姿体验更丰富。"马蹄形"扶手也因此成为众多西方设计师"中国主义"椅子的灵感来源

图示	椅子扶手中的人体工程学表现
	明黄花梨高扶手南官帽椅(颐和园藏品)
	"功能至上"的传统椅子总会在关联设计原则中诞生出新颖的形式。该椅的扶手中部外扩,其后部抬高并延伸至搭脑附近。搭脑呈现外弯曲的弧形。该椅表现出南官帽椅的基本形式,却与圈椅的扶手有着近乎相同的功能。其抬高的扶手一端为大臂提供了良好的支撑
	明黄花梨卷书式背板圈椅
	椅子有"卷书"式的靠背背板。它将圈椅的"马蹄形"扶手和带有搭脑的条形背板结合起来,使颈部、背部和整条手臂都有了支撑,是一种对舒适度进行改善的尝试

（3）传统椅子的坐面

传统椅子坐面主要有硬屉和软屉两种。硬屉是边框打槽装板的,广州和徽州地区的椅子常用此法。这种稍硬的坐面使压力集中在臀部,大腿内侧无压力,因此坐感舒适[图2.4(a)]。软屉坐面常采用棕藤、丝绒或者其他纤维编织而成。苏州地区的椅子就常用软屉。就棕藤坐面来讲,其上层为藤条编织,用以提供弹性;下层为棕榈须根,用以增加强度。当受压时,坐面下部有联结软屉大边的弯带,可允许坐面略微下陷而不受阻碍[图2.4(b)]。下陷的坐面一般呈 3°—5° 的倾角,这一角度有利于起坐和肌肉放松[图2.4(c)],被认为是较为科学和舒适的范围。现代人体工程学对工作椅的坐斜度(坐面倾斜度与水平面的夹角)要求范围为 0°—5°。其中轻工作椅为 5°,折椅是 3°—5°。除此之外,软屉的透气性也更好。

（a） （b） （c）

图 2.4　传统椅子的坐面

注：(a) 平直稍硬坐面的体压分布；(b) 软屉坐面与下部的弯带；(c) 软屉坐面的坐况。

为修补破损的软屉,北京工匠曾采用杂木板贴草席的做法,仅使坐面在外观上具有软屉的形式[41]。笔者在 2013 年的上海国际家具展中看到过类似做法的椅子。设计师的原意是想进行传统椅子现代化的设计尝试,但其椅子坐面采用了席面贴板的方式,导致"达形不达意",没有传达出传统椅子表现在人体工程学方面以人为本的思想。其实,现代材料为设计师提供了更多实现以上弹性坐面的途径。棕绳和皮革等就都曾在"中国主义"的椅子作品中出现过。

（4）传统椅子的搭脑

传统椅子的搭脑形式多种多样。常见的有直搭脑、弯曲搭脑和罗锅搭脑等，多由椅子的椅背轮廓直接形成，或配合背板等形成[42]。这类搭脑主要出现在靠背椅和官帽椅等类型上。还有一些独立于椅背轮廓的搭脑，常见在休闲功能突出的"醉翁椅"（可折叠的交椅式躺椅）和躺椅上。传统椅子的搭脑在人体工程学方面也有严谨的考虑和科学的设计，具体表现为：① 搭脑正面挖出平缓的弧面，以贴合头部或颈部；② 搭脑顶部挖出下凹的弧面，以支撑颈部；③ 加宽搭脑部分的尺寸，以增大其与头部或颈部的接触面；④ 搭脑处采用竹或藤材料，以增加弹性和透气性（表 2.3）。

表 2.3　中国传统椅子搭脑中的人体工程学

图示	椅子搭脑中的人体工程学表现
	16—17 世纪的黄花梨靠背椅 由圆材形成的椅子搭脑，其表面被挖出凹陷的弧面，不会硌头。搭脑弧面恰好与条形背板形成相连的自然曲面。在很多官帽椅和靠背椅的例子中都能找到在搭脑部分采用弧面处理的做法
	苏式扶手椅中的"纱帽翅"搭脑 椅子搭脑部分的面积宽阔，其顶端被挖出凹陷的弧面，能够实现对头或颈部的更好支撑。搭脑的细节处理充分展示了传统家具设计中的人体工程学思想
	17 世纪的黄花梨醉翁椅 这把"醉翁椅"也被称为交椅式躺椅，其坐面和靠背均为藤编。靠背顶端另加搭脑，起到对头部的支撑作用，减少因头部后仰而造成的颈部疲劳⑤。此搭脑令人想起宋"太师椅"的"荷叶托首"搭脑，其设计初衷据说是为了解决使用者仰头后因无支撑而导致头巾坠落的问题
	竹靠背椅 利用了原竹的天然形状，直接将一段竹材用作搭脑，其凸起的弧面为颈部提供了很好的支撑。同时，由于竹材的物理特性，其搭脑又是具有弹性的，在某种程度上减轻了颈部的压力。传统家具中这种通过设计来突显材料特性，或者利用材料来解决设计需求的思想，对现代家具具有很好的启发性

（5）传统椅子的坐面高度

传统椅子的坐面高度通常是 500 mm 左右，高于现代椅子，但刚好可使双脚踏在椅子正面的管脚枨上，或称之为"踏脚枨"。与其他椅腿间的横枨不同，"踏脚枨"的上部呈宽大且向前突出的平面，使得搁脚方便且舒适。传统椅子普遍设置"踏脚枨"是有其原因的。《易经》以阴阳的变化解释世界，提出"一阴一阳之谓道"的思想，认为阴阳、水火、寒热、干湿等对立而存在。例如，古人认为地（或砖地）属阴性，属阳性的人体要与之保持一定的距离[43]。"踏脚枨"便是在这一思想的制约和影响下形成的。图2.5是一把民间官帽椅，因背板上刻有蝙蝠图案，也被称为"福寿椅"，可以明显地从中看到因长期使用而磨损的"踏脚枨"。

躺椅的设计是传统椅子人体工程学思想的集中体现。如前所述，里特维尔德的"红蓝椅"很可能借鉴了刘松年《四景山水图》中躺椅的设计原理。图2.6是一把采用了矩形框架的红木躺椅。该椅两侧腿间下部是管脚枨，上部用罗锅枨。两前腿上端改圆柱向上延伸，与扶手相连。扶手中部外扩以增加身体的使用空间，进而提高坐姿或躺姿的自由度。椅子的靠背顶端另用凸起的半圆柱搭脑。椅子靠背、坐面与腿部支撑板相连，呈三折线形式，直率地表现出人体躺姿的轮廓。这种做法在西方设计师的作品中也很常见，如勒·柯布西耶（Le Corbusier）在1928年设计的LC4躺椅、奥利维尔·穆尔固（Olivier Mourgue）于1965年设计的休闲躺椅（Bouloum），以及艾奈斯特·拉斯（Ernest Race）在1953年设计的尼普顿（Neptune）甲板椅。该传统躺椅最具现代感的部分是坐面下部呈"V"形的支撑结构，它的一端可能与椅背框架一木连做，另一端与椅子腿部的支撑板相连，毫无遮掩地展示出结构与功能的关系。

图2.5　民间官帽椅　　　　　　图2.6　清红木躺椅

人体测量学的先驱和研究专家阿尔文·R.蒂利提到了因满足不同坐姿或使用功能而产生的各种座椅类型。而这些符合现代生活需求的类型都能在以上的中国传统椅子中找到。它们包括（括号中显示相应的中国传统椅子类型）：集中精力和警觉时的工作椅（玫瑰椅）；日常使用、旅行时的休息椅（官帽扶手椅、圈椅和交椅）；靠背垂直倾斜30°或更多的安乐椅，要求有靠头之物（"醉翁椅"）；供个人使用的躺椅（躺椅）[44]。虽然因时代和文物保护等问题，现代人无法亲身感受传统椅子所带来的坐姿体验。但人们还是可以从一些古代书画文献所提供的人物坐姿中间接地加以体会。表2.4整理了一些古代图像中所出现的传统坐具，画中人物的坐姿体现出了相应坐具中的人体工程学思想。

表 2.4　一些画像中的传统坐具与坐姿

图示	画像中的坐具类型与坐姿	
	《古杂剧》插图局部,明万历刻本	
	坐具类型	高靠背扶手椅。靠背木框打槽装条形背板,向后反"C"形弯曲,上部镂雕如意云纹。搭脑中部向上凸起,两端出头且略微上翘。坐面似藤绳类编织的软屉,前置脚踏
	坐姿描述	画中人物坐姿休闲且放松,整个身体向右侧倾斜。背部斜依于靠背,右臂顺势搭在扶手上。双脚一前一后踏在脚踏上
	《凰求凤》木刻插图局部,清顺治刻本	
	坐具类型	玫瑰椅。"折背样"靠背,扶手与靠背齐平,且均垂直于坐面。椅子前腿间似有脚踏枨
	坐姿描述	画中人物为年轻女子,姿态拘谨。身体落在椅子前半部,后背无依靠。双脚内收,似踏在脚踏枨上
	《嫁遣五女》插图局部,明刻本	
	坐具类型	躺椅,似竹制。圆形凸起的搭脑,扶手长且出头。前方脚踏可能是活动的,能从躺椅下方拉出
	坐姿描述	画中男性人物身姿放松,以半躺姿态向后靠在椅背上。右手倚在扶手上,两脚似交叉状放在拉出的脚踏上
	《明人演戏图》局部,明绘本	
	坐具类型	条凳
	坐姿描述	画中人物以不同方向坐于条凳。画面前方中间的一人采用了左腿抬起置于身前的坐姿,方便演奏乐器。坐在条凳右方的演奏者双脚落地。可见,条凳的使用更为随意且便捷
	《鲁班经》插图局部,明绘本	
	坐具类型	栲栳样交椅。条形背板,坐面可能为藤绳编织的软屉。椅子前后两腿间装托泥,前托泥上又安脚踏
	坐姿描述	画中人物身姿端正,身体略微后靠。背部似仅与椅子背板的下部接触。两手端放于两侧扶手上,双脚踏在脚踏上
	《圣论像解》插图局部	
	坐具类型	南官帽椅。椅背有圆弧形肩部,搭脑处平直。矮靠背带"C"形条形背板。腿间为步步高赶枨,其中两侧腿间为双枨
	坐姿描述	画中人物分两种坐姿状态。在桌子长边对坐的两人姿态相对放松,一人呈身体前倾状,一人左腿搭于右腿上且右臂置于扶手。另外两人的坐姿相对严肃和拘谨,两手抱于胸前,背部似未靠在背板上

图示	画像中的坐具类型与坐姿	
	《清凉引子》插图局部	
	坐具类型	灯挂椅。搭脑出头的靠背椅。椅子有条形背板,搭脑处平直。腿间为步步高赶枨
	坐姿描述	画中人物采用了不同坐姿。画面左侧的人物双脚踩地,身体前倾的同时带动椅子一同前倾。右侧的人物侧坐并靠在椅子背板上
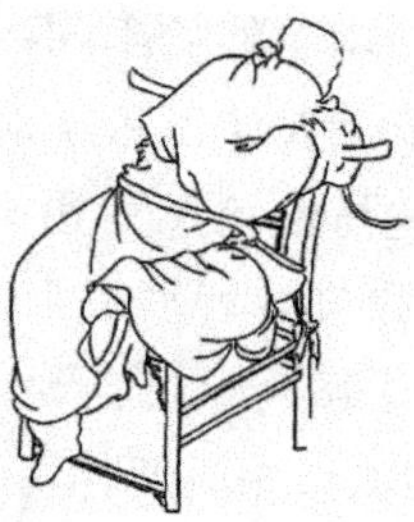	《司马樞梦苏小图》,元刘元绘	
	坐具类型	靠背椅。搭脑两端出头且翘起。靠背可能为攒框装板,这种结构的靠背一般无弯曲。侧腿间有双枨,前腿间有脚踏枨
	坐姿描述	画中人物似呈半寐状态。上半身左侧斜倚在靠背上,双臂跨搭在椅子搭脑上,以承托头部。左腿抬起到坐面上并置于身前,右腿自然下垂踩在椅子的脚踏枨上
	《玉簪记》木刻插图局部,明万历刻本	
	坐具类型	靠背椅。椅子为竹制,椅背高而直,无扶手。靠背由竹条编结而成,似无弯曲。坐面可能为木制
	坐姿描述	画中人物似中年女子,坐姿拘谨内敛,身体只落在椅子前半部,背部与椅子靠背无接触,双脚踩在地面上
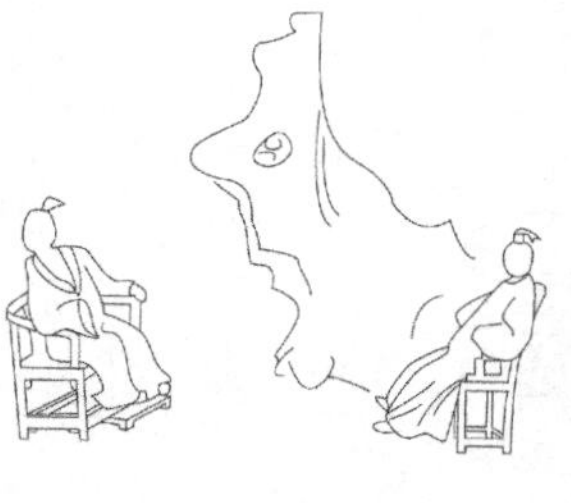	《竹林七贤图》局部,明杜堇绘	
	坐具类型	圈椅(左)和扶手椅(右)。左侧椅子的扶手与搭脑连为一体,带条形背板。椅前置脚踏,且脚踏似从前腿的横枨中抽出。右侧椅子是高背扶手椅,坐面与侧腿横枨间又有竖枨连接
	坐姿描述	画中人物使用了两种类型的椅子。左侧人物靠在椅子背板上,双臂搭扶手,右大臂亦撑在扶手上,两脚踩在脚踏上。右侧人物身姿十分放松,臀部以下部分向前,整个身体后仰至靠背,双手搭扶手
	《巡视台阳图卷》局部	
	坐具类型	栲栳样圆背交椅。前后腿间带托泥,前腿托泥上有脚踏
	坐姿描述	画中人物双腿盘坐在交椅上,后倚靠背。交椅坐面的横向尺寸通常设计得更宽,画中人物的坐姿似乎表明了个中原因

关于传统椅子与人体之间的互动问题,邱志涛提出了以中医经络学来阐述明式椅子功能的观点,即因为二者之间有个"平衡"的相同原则。他认为明式椅子的受力分布均匀,使得人体内的血液循环流畅,有利于健康,当然会舒适[45]。由于篇幅和时间等限制,笔者还未对此类观点进行验证,但这种不同角度的分析,也是有趣且具有启发性的。

2）其他传统家具中的人体工程学

文震亨在《长物志》一书中多次提到了家具尺寸,涉及其与人体尺度、使用功能间的关系,以"卷六几榻卷"尤为突出。如"榻座高一尺二寸,屏高一尺三寸,长七尺有余,横三尺五寸"[26]。此榻的尺寸设计非常符合人体伸展弯曲的需要。传统桌案高度一般与人体坐下后的高度对应,如与人体胸部齐平。使用者双手可自然置于桌面,桌案下部空间的设计也以腿部可自由进出为原则,以便使人体尽可能地贴近桌面。因此,桌腿的高度、腿间距离、腿间部件的采用等都是需要考虑的影响因素。在传统桌案与椅凳的高度比例上,有"尺七,二尺七,坐着正好吃。尺半,二尺半,凳桌走遍天"的俗语。其中,"尺半"(旧市制)的凳高是500 mm,"二尺半"的桌高是830 mm。从中可知,传统桌案与椅凳的高度差因使用功能的不同而保持在300—333 mm,且这种尺寸比例一直保留到20世纪70年代[46]。现代人体工程学对桌椅高度差的要求在250—320 mm的范围内,一般以300 mm为标准。这与传统桌案和椅凳的高度差基本吻合。笔者从一位经验丰富的红木家具制作老匠人那里得知,椅凳的高度根据时代的需要而逐渐变化着。20世纪70年代,椅凳高度由500 mm减至480 mm。近年来,椅凳的普遍高度为380—450 mm。同样的,与椅凳组合使用的桌案高度也会相应变化。

图2.7是传统方桌边长(一般四边相等)的抽样统计图。笔者从74个传统方桌样本中选取了42个最终样本,原则是合并相同样本。样本来源为《明式家具珍赏》(王世襄,1985年)、《故宫博物院藏文物珍品大系:明清家具》(上下册)(朱家溍,2002年)和《中国古典家具价值汇考:桌卷》(施大光等,2003年)。然后将42个样本的边长进行整理和统计,原则是去掉数据过大或过小的特殊案例,最终得到以下传统方桌边长的分布图。可以看出,传统方桌的边长大部分集中在800—1 000 mm。这与现代人体工程学对方(餐)桌边长的范围要求十分接近。

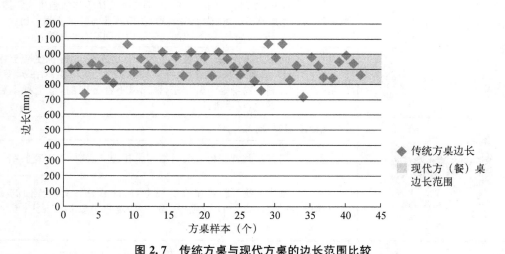

图2.7　传统方桌与现代方桌的边长范围比较

2.1.2　传统家具的实用性功能

《墨子·鲁问》有"故所为功,利于人谓之巧,不利于人谓之拙"⑥。从宋代开始,家具成套使用以配合起居方式的现象就出现了，家具成为满足生活需求及解决生活难题的重要伴侣。实用功能也自然成为首要考虑的问题。

1) 传统储物家具中的实用性

以对储物需求的解决方式为例，这些传统家具中所蕴含的理念无疑对现代家具设计是具有启发性的。丹麦现代设计学派的开创者凯尔·克林特曾致力于研究家具使用者的需求，并由此来界定家具的尺寸和具体设计。例如，餐具柜通常是放置什么物品的，其中的抽屉和搁架是如何被使用的，等等[47]。中国明末清初时的李渔①也曾提出和思考过有关橱柜和置物之间的功能设计问题。他认为"造橱立柜，无他智巧，总以多容善纳为贵"[48]。柜内隔层的设计原本是固定的，倘若放些小东西，这一层的空间就不能被充分利用，导致"实其下而虚其上"。因此，李渔建议在每个隔层的两旁再钉上两根细木，用来架活板，可装可卸。架板的宽度达到柜深的 1/3 或 1/2 即可。这样一来，一个隔层可以根据需要被设置为一个大的或者两个小的置物空间。李渔还强调了橱柜中最好设计抽屉的问题。抽屉要根据所放物品的门类进行分格，和现代的斗柜设计很类似。表 2.5 中的传统储物家具虽在类型上大相径庭，但以实用性为原则的功能设计思想是殊途同归的。此外，传统家具中所涉及的储物常见类型还有橱、箱、带屉桌、架格（带屉或柜）、提盒、镜台等。

表 2.5　几种传统储物家具中的实用性

图示	储物家具中的实用性
	清早期黄花梨柜格
	用不同尺寸空间表现使用功能的多样化。柜格上部分是三面开敞的架格，主要是书籍或其他物品的展示空间，或者放置常用的便于取放的物品。柜格下部分是双开门的柜，里面的空间被划分为三个：中部设置了两组抽屉，用来存放细小琐碎的物件；上下各有一个通敞的架格。如果仔细观察的话，会发现两层架格的高度尺寸是不同的，呈上小下大状。这种设计可能是对下部放置大件物品会更稳妥的考虑。在相关传统家具研究中出现的一些方角柜和圆角柜，其内部也有架格和抽屉的设置
	官帽盒
	官帽盒是清末民初的官宦人家为放置官帽所特别制作的，开合方便。清官帽分为暖帽和凉帽。暖帽圆形，有向上反折的帽檐；凉帽较高，是圆锥形，无檐。两者皆有顶珠，其下有翎管，用来插接翎枝。官帽盒形式质朴，除髹黑漆外无任何附加装饰。圆桶形的设计在尺寸和形制上都可通用于两种官帽
	清扇状开合多宝格
	利用了新颖的转轴开合结构，首先将整个方形的储物空间划分为四个扇区，以便于分类储物。然后再以具体物品的尺寸对扇区内部架格的空间进行分割和设计。这类多宝格的储物方式在现代生活中也很常见

2）传统多功能家具中的实用性

如果说以上家具是为了解决相对单一的（储物）需求而产生的话，以下要重点介绍的便是应多样化需求所形成的家具类型，即传统多功能家具，主要为单体多功能家具和单体组合多功能家具。传统棋桌，如酒桌式棋桌、半桌式棋桌、方桌式棋桌和重叠式棋桌等，都是集娱乐与实用为一体的代表性多功能家具。"功能主义的一个特点，是家居的多样化，即满足不同使用者和空间的需要。"[49]中国传统家具显然已经进行过这一方面的尝试，并取得了较为理想的成果。

（1）传统单体多功能家具

作为一本较为全面地介绍古代文人生活的著作，《闲情偶寄》里展示了作者李渔对日常家具的创新设计，如暖椅和凉杌，它们都是以多功能作为设计原则的。暖椅（图2.8）很像太师椅，但稍宽，可以容纳整个身体。其也很像睡翁椅，但靠背稍直，更适合坐。椅子前后都安门，前进人而后进火。两旁镶实板以防热气外泄。臀和脚下都设栅栏，便于让热气从下方透出。栅栏下是板制的抽屉，底部嵌薄砖，四面镶铜。其内部放炭且上面盖细灰，这样不至于让火气太过猛烈，却能保有四散的热气。使用者还可再设置一件扶手匣，尺寸比轿箱大，足以安放笔砚书本即可。此扶手匣放在使用者面前

大木匣

设门

装板

抽屉

图2.8　李渔设计的暖椅

作为书桌使用。

对于家具的功能设计，李渔阐述了自己的观点。就暖椅来说，他并不满足于其只是养身用的"宴安之具"，还希望暖椅的功能能够被扩展以满足更多的生活需求，所谓"利于事者也"。他的具体做法是：将暖椅的扶手板挖去一块，用生漆将极薄的端砚补上，下方散出的热气会给端砚和里面的墨加温，使用者就不用通过呵气为墨解冻了。在暖椅下方的抽屉里放上香，其就具备香炉的功能了，且这种香气更为持久。当香气熏透通身衣物时，暖椅又可作为熏笼使用了。冬季外出游山访友时，暖椅上若安柱杠并加顶篷，就成为可坐可睡的轿子，且内部温暖如春。李渔也因此将暖椅称赞为"是身也，事也，床也，案也，轿也，炉也，熏笼也，定省晨昏之孝子也，送暖偎寒之贤妇也，总以一物焉代之"[48]。

凉杌和其他杌一样，但坐面下部是空的，如同一个方盒子的容器。其底和四围都嵌上油灰，顶部盖一片方瓦。使用时，先将凉水注入坐面下部的盒子状容器，然后盖上瓦片。瓦片下端一定要与凉水接触，这样才能使瓦片保持冰凉。感觉热了后可再次更换凉水，如此反复。凉杌之所以不用椅子而用杌，是因为后者没有靠背，其四面都无遮挡，起到了透风凉爽的作用。在传统家具的实例中，为解决实际生活需求而产生的多功能类型还是较为常见的，见表2.6。

表 2.6　几种传统单体多功能家具

图示	单体多功能家具中的实用性
	清初期黄花梨双层烤肉桌 烤肉桌分为上下两层。上层桌面有活动盖板,其面心穿带拼板,榆木攒边,表面髹漆。放上活动盖板后,可作为方桌。上层桌面的中央开圆孔用来放炙铛。桌面以下的四面围子镂雕螭纹,美观的同时也便于散热。下层是带抽屉(抽屉已遗失)的另一桌面,用来放置烤肉所需的器具,抽屉可能是为了储存筷子之类的餐具
	甘肃青城的枕盒 枕盒的顶盖嵌有厚板,其外侧中部挖凹形,以贴合头部使睡眠舒适。顶盖的内部被挖空以减轻重量,方便携带。枕盒是旅行时所使用的,有储物和安睡多种功能。将旅行者的贵重物品置于盒中,触手可及,使旅行者心理宽慰,安然入睡
	竹制闲余书架 由田家青自《雍亲王题书堂深居图屏》中的家具画像复制而来。书架有三层平面搁架,底部改弧形围子并收向里侧,以避免碰头。因为此类书架常被置于架子床内,或炕两边的山墙上,此书架大致被分为两个功能区,上部搁架可放置小件杂物等,下部围子适合堆积画轴
	民间竹制母子凳 方凳坐面的中下部沿垂直方向装竹板,长度近凳高一半,将下部空间一分为二,形成儿童用的坐面。两侧凳腿间也装竹板,形成儿童用的餐台和脚踏板。该凳正常放置后供成人使用,放倒至一侧后成为围栏状餐椅,可供儿童使用
	《馄饨》画中的多功能操作桌 操作桌为长方形,有三层架板。最上面两层之间设有直棂形围子,顶层架板开孔以便放置锅具,同时也是盛煮馄饨的操作台。有围子的中层放置炉具和杂物。底层放置盛餐具的桶。操作桌满足了民间商贩们的实际需要:易携、多功能和操作便宜

（2）传统单体组合多功能家具

单体组合多功能家具早在中国的宋代就出现过,此类家具在西方被认为具有"现代"特征[50]。宋黄伯思的《燕几图》、明戈汕的《蝶几图》和《匡几图》等都是有关单体组合的家具设计代表,后面章节将有详细涉及和说明。以下就来介绍一些实用的传统单体组合多功能家具,见表2.7。

表 2.7　几种传统单体组合多功能家具

图示	单体组合多功能家具中的实用性
	乔家大院中的三足半桌带屉板
	半桌也叫"月牙桌",通常有三足和四足两种。半桌直边一侧的腿足被设计为"半个"宽度,以便合拢后与其他腿足等宽。直边处通常有榫眼,可能是用栽榫的方式拼合半桌的[41]。半桌可根据实际需要组合为一张圆桌。拆分开的半桌可沿直边靠墙放置,以达到节省空间的目的
	民国红木直腿回纹套几
	套几中除最小几外,其他几都只设有三面横枨,以方便各单体的套叠⑧。其功能丰富:大小单体分开时可作为花架和茶几,不用时套叠以节省空间。因具备多种实用的功能,套几类型至今仍有生产
	清红木炕橱
	炕橱由以下单体组合而成:两侧带屉小柜,中间是三门橱柜,顶部架攒框镶板案面。它在功能需求的前提下将多种单体结合到一起。该炕橱与架几案的组合方式类似,兼具抽屉和柜的储藏功能,以及案面的搁置功能

2.2　传统家具结构中的设计原理

2.2.1　兼顾力学与美学的榫卯工艺

罗伯特·埃尔斯沃斯(R. H. Ellsworth)曾对中国传统家具的结构大加赞赏:"没有其他文化能够创造出它这种把设计与结构融为一体的美""中国硬木家具的结构是各个零部件连接起来的""它的连接方式是一种简单的榫卯接合"。[51]王世襄也认为中国的家具结构是具有民族特色的完整体系,体现了一种简单明确的有机组合,合乎力学原理的同时也兼顾了实用和美观[41]。可见,榫卯结构具有兼顾力学与美学的优势。

(1)榫卯发展的概述

据考证,中国榫卯结构的悠久历史可追溯到新石器时期的木作技术。规范的直榫形式出现在春秋战国以后。而花牙板、枨、望板等榫接合的结构在唐以后基本定型[52]。从江苏邗江蔡庄五代墓出土的木榻(图 2.9)中可以看出,其结构中的部件采用了铁钉接合和榫接两种方式。榻面边抹以 45°格角用铁钉接合,云头纹角牙也用铁钉钉在大边上。榻面下的托档一头以暗半肩榫与大边接合,而腿足与大边之间用了透榫。可见,在这一时期的家具中,榫卯的应用可能还不全面和成熟[53]。宋代被认为是传统家具发生质的飞跃的关键时期。北宋李诫在《木经》基础上编的《营造法式》向世人展示了宋代发达的建筑营造技术,包括大木作和小木作工艺。宋人将建筑中的大木梁架结构和小木作工艺应用在家具中,从而突破了隋唐以来由须弥座发展而成的箱式结构。这为高型家具的多样化发展提供了结构和技术支持,也为后来的明式家具奠定了框架构造的基础[53]。至明清,框架家具和榫卯结构的应用都趋于完善。可以说,家具的框架构造促进了榫卯的快速发展,而日趋精湛的榫卯工艺也为框架家具提供了实现各种功能和形式的可能。明式家具框架的构造方式主要有两种:① 以四腿足所在立柱为支撑,边框和横枨作连接以组成框架[图 2.10(a)];② 每一侧立柱各以横枨连接,后再与边框或横枨组成框架[图 2.10(b)]。这两种构造方式在充分表现木材特性的同时,又能够满足家具轻巧且牢固的结构需求[36]。

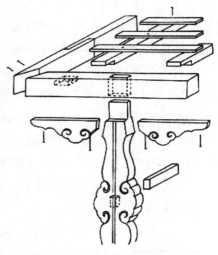

图 2.9　五代木榻结构

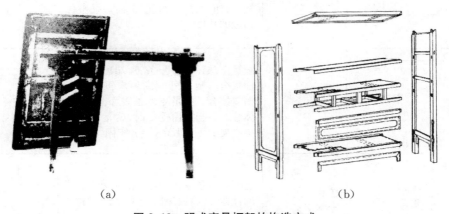

(a)　　　　　　　　　　　　(b)

图 2.10　明式家具框架的构造方式

注:(a) 构造方式 1;(b) 构造方式 2。

(2) 榫卯中的力学和美学

以极具代表性的宋明清家具的框架构造为例,其中的部件在榫卯连接下都呈现出了力学与美学的完美结合。首先,从力学来看。传统家具的框架构造是一个有机整体,主要由三个层级构成:单个部件的基本层、包含多个部件的组合层和最终框架的整体层。这些结构部件之所以能在榫卯的连接下相互关联和制约,是因为榫卯节点的力学性能介于刚性节点和铰接节点之间,是一种非刚性的状态,能够允许木材受力后的弹性形变。当外力达到最大时,木材的形变也将达到极点并开始施以相反的作用力。部件之间也因此实现了力的分解,最终达到整体受力[54]。其次,从美学来看。木制部件适合外露而不宜长期存在于密封状态。最初,裸露的木结构丑陋且影响美观,古人只好在其外部附加上"遮丑"的部分。逐渐的,力学与美学结合的方式被采用。裸露的木结构自身就具有美好的形式,整体看来既简洁又满足强度需求(参见表2.8中的1和2)。带有装饰性的部件一旦从结构中独立出来,就会逐渐发展为纯装饰的形式,并最终与结构发生矛盾[55]。而传统家具中结构美学的表现是从局部到整体的,即结构中的每一个部件都是经美学处理并服从于整体的。

家具木制部件的断面是不宜外露的。南官帽椅在部件的接合部位就有这样的考虑,因为部件"不出头",其断面都被隐藏在榫卯结构内部,减少了湿气浸染并损伤家具木质进而影响力学性能的可能[56]。这就为家具的结构美提供了另一种形成方式,即由断面连接所产生的线条美,内敛却彰显着细节的魅力(参见表2.8中的3和4)。其实,宋代家具就已采用了"格角榫"和"攒边",这些精心设计的榫卯结构在保护部件断面的同时,也为其披上了美的外衣。就对传统木作匠人的采访来看,垂直相交与格角相交的力学性能相差无几,但后者显然更符合以上的综合要求。

表 2.8　榫卯结构中力学和美学的结合

序号	部件结构拆解	结构描述	力学表现	美学表现
1		横竖材丁字形接合	横竖材打槽,角牙嵌装,维持和稳固横竖材间的接合角度,进而加强整体构造的强度	
2		案面、牙条与案腿接合	腿足上部开口嵌牙条,顶端出榫与案面接合。腿足外侧削斜肩再与牙条槽口接合。腿足与牙条表面齐平,整体性好。当案面受压时,腿足和牙条会嵌夹的更为紧密,十分牢固	
3		较细的直材十字交叉	上下直材各挖去一半,采用"小格肩"的榫卯方式,避免因交叉处材料凿去太多而影响牢固	
4		板条间的角接合	两边板条端部各有一个榫头和卯口,可同时嵌入。此种为两面均格肩相交的双出榫做法,牢固性更好	

(3) 榫卯的制作工艺

力学与美学结合的背后,蕴藏着传统家具的工艺魅力。这是不容忽视的,却也是常被忽略的。以硬木家具的榫卯工艺为例,其制作过程不用金属钉子,若使用鳔胶也只是辅助黏结,单凭榫卯自身就能使部件之间扣合紧密。一些制作精良的传世家具虽经百年沧桑而木质腐朽,但其结构依然稳定牢固、不离不散,同时还可拆卸再修复。然而,如同传统的木构架建筑一样,传统榫卯工艺虽历史悠久且成熟完备,却存在着与现代家具工艺及生活需求不合宜的若干弊端。首先是材料的限制。传统家具中榫卯工艺的黄金时代是由硬木缔造的,古代匠师利用硬木坚实紧密的质地设计并制造出榫卯中各类精细小巧的部位。在现代家具工艺中,榫卯主要被应用于实木类材料的接合,但不适用于质地疏松且不均匀的人造板材。其次是工艺精度要求高。传统明式家具的卓越成就离不开榫卯工艺的高超纯熟和细致入微,构件之间全凭榫卯而严丝合缝。总之,榫卯应用的核心之处即为无钉少胶自成一体。这种家具中笃实的工艺态度自清中期以后就慢慢衰退,榫卯制作粗糙且多施以粘胶,以致胶脱则结构散。同样的,现代实木加工中的接合工艺也大多依赖于黏合剂,迫使榫卯退居到辅助接合的窘迫地位,也因此影响了榫卯传统的继承与发扬。

目前,作为传统家具中的宝贵遗产及现代家具中必不可少的接合方式,榫卯在家具结构中的突出作用应当再次引起重视并大力推广。特别是其美学与力学结合的结构意义,这将为解决现代家具设计中的诸多难题提供重要参考。其实,早在广式家具时期,中国匠人就已经开始以传统榫卯结构为基础,设计并制造具有西方家具形式的新颖外销家具[57]。这为榫卯走向世界家具舞台奠定了历史基础。

2.2.2 传统家具的现代结构

（1）活榫拆装结构

现代主义风格派的代表人物吉玛特·托马斯·里特维尔德这样评价自己的家具:"功能是真实存在的,但只有当风格派的结构和空间实践臻于完善的时候,功能才能起到它所应该起的作用。"[58]在中国传统家具中,结构便是功能得以实现的关键支持,二者相辅相成。梅尔文·J.瓦霍维亚(Melvin J. Wachowiak)认为中国传统的榫卯结构有着现代模数制的思维。家具的部件都是模数单元,靠榫卯节点就可以轻松地被装配起来[59]。用材重硕以致搬挪困难,或者外出使用需携带方便的这类家具,一般被设计为多个部件的可拆装结构,行话叫作"活拆"和"活拿"。其榫卯制作难度要高于普通家具,在配合度和精度方面都有着更高的标准。需达到拆装时轻松随意、组装后坚实牢固的目的。就目前遗存的可拆装

图 2.11　明晚期黄花梨翘头案拆解图

实例来看,以桌案几的类型居多,如画案和酒桌等。图 2.11 是一件具有活榫结构的可拆装翘头案。它由九个部件组成,分别为两端平装翘头案面一件,一木连做的素牙条与云头纹牙子两件,腿足间装透雕灵芝纹挡板两件,牙板末端的牙堵两件,牙板间的托档两件。广式家具在外销时为了节省空间和便于包装运输,通常会将家具部件从榫卯处拆卸开来,到达目的地后再行安装。为了实现可拆装的目的,广式家具会偏向于采用具有以上优势的榫卯,如大角榫、暗叠榫、围夹榫、燕尾榫、楔榫、挂榫等。这种做法正是基于传统榫卯的精确、牢固且易

拆装的特性[57]。

田家青自1996年起就涉足了传统家具拆装结构的设计尝试,并在之后的五年中陆续推出"明韵"系列作品。"明韵"系列在汲取明式家具精髓的同时也体现了家具制作中精湛的工艺技巧。"家青制器"系列是田家青先生继"明韵"之后的进一步相关探索,作品多以榫卯结构来处理现代造型。"明韵"与"家青制器"系列中均包括多款可拆卸或可调节的家具类型,而这些功能的实现均来自榫卯的合理设计及应用。田家青设计的铁力大画案(明韵六)和花梨四柱架子床(明韵十)等都是利用榫卯来实现的可拆装家具,其拆装操作简便易行。对于厚重的硬木而言,这种活榫拆装方式也着实减轻了搬运的负担。图2.12(a)是田家青仿制的宋《罗汉图》(清宫旧藏,台北故宫博物院藏)中的禅椅,可以看到禅椅部件拆解后的状况,见图2.12(b),以及实现拆解的榫卯结构,见图2.12(c)。

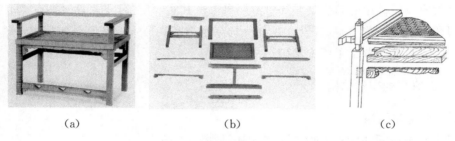

(a)　　　　　　　　(b)　　　　　　　　(c)

图2.12　田家青仿制的禅椅

注:(a) 禅椅;(b) 部件拆解图;(c) 榫卯结构。

(2) 板式结构

板式结构是现代家具中的重要类别,但早在中国的战国时期就已出现[60]。湖北随州曾侯乙墓出土的彩漆木几(图2.13)便是实木板式结构的代表,其几足与几面都是实木板材。两侧几足上分别凿有卯孔,两端带有榫头的几面插接到上述卯孔中。采用类似板式结构的还有河北定县43号东汉墓出土的玉座屏(图2.13)。从图2.13中可以看到,该座屏由四个板式部件构成,分别为两侧屏足和上下两个屏扇。屏扇两侧出榫与屏足的卯孔插接,显得简洁而实用。

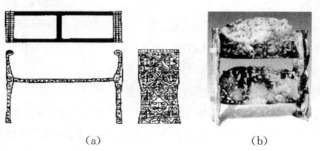

(a)　　　　　　　　　　(b)

图2.13　传统家具中的板式结构

注:(a) 采用板式结构的彩漆木几;(b) 采用板式结构的玉座屏(河北省博物院藏)。

(3) 五金件的使用及折叠结构

另一个说明传统家具在结构上具有现代设计思想的例证是:中国自汉代家具起就采用

了五金件。这些五金件的成分以青铜为主(图 2.14),其种类大致有装饰件、折叠构件、旋转轴件、插接构件和铰链等[61]。表 2.9 展示了一些出土的金属合页和活铰。五金件的使用为传统家具在结构和功能上的创新提供了硬件和技术支持,折叠家具也在那个时候出现了。在现代家具设计史中,折叠家具一直是应需求而被设计的实用类型。凯尔·克林特在设计之初就很钟情于折叠家具,认为它能满足普通消费者的需要[58]。

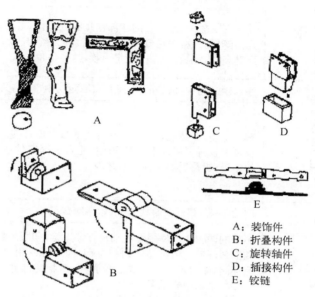

A:装饰件
B:折叠构件
C:旋转轴件
D:插接构件
E:铰链

图 2.14　汉代木构件中的五金件

表 2.9　几种出土的金属合页和活铰

铜合页			铜活铰
陕西咸阳第一号宫殿建筑遗址出土的铜合页	湖南长沙北郊西汉墓出土的铜合页	山东昌乐县东圈汉墓出土的铜合页	陕西临潼秦始皇陵东侧第二号兵马俑坑出土的铜活铰

交杌是传统家具中具有折叠结构的经典设计。虽受到外来家具中胡床的影响,但中国匠人在后来对其倾注的智慧亦值得称颂。除常见的软屉交杌外,还有依功能需要出现的新形制。图 2.15 是一件直棖硬屉交杌,它比软屉交杌多了一个与坐面相连的支架。该支架用铜环与坐面中部连接,在坐面打开使用时,支架下端落在"X"形杌腿的交点处,从而起到

图 2.15　明式黄花梨硬屉交杌

支撑坐面平稳而不塌陷的作用。传统家具中的其他折叠家具类型可参见表 2.10,其中还包括不使用连接件,只通过构件自身的合理设计而实现折叠或其他创新结构方式的家具类型。

表 2.10 传统家具中的其他折叠类型

图示	折叠结构的特征和操作方式
	东汉折叠凭几
	几足有长短两套,二者的端部在几面处连接,可沿几面轴向转动。需要几面降低时,将短足打开,长足内收,二者在几面下呈倒"V"形;需要几面升高时,将长足打开,短足内收,二者呈重合状
	漆木镶铜构件案(1968 年河北满城西汉中山靖王刘胜墓出土)
	案足木制,外侧包铜,上端用铜合页与案面连接,案足可向内折叠。铜合页上设置了可以手动操作的固定件。固定件在案足打开时起到锁定的作用,折叠后隐藏在案足之内
	明黄花梨"X"形折叠式琴架(木趣居藏品)
	琴架的两相交部件用金属轴钉贯穿连接,卯眼外侧有黄铜圆形护眼钱。相交部件的上横枨又分别装有铜片和环圈,用可拆卸的金属杆连接两侧环圈,以稳定琴架。取下金属杆,两相交部件可折叠,便于携带。其上端的搭脑用来承琴
	明黄花梨六足折叠盆架
	面盆架中有两根相对的立柱是被横枨上下连接而保持固定不动的。此横枨中点上装有固定的圆形部件,其上凿眼,并用轴钉和其余四个与之嵌夹的单立柱部件相连。折叠时,活动立柱内收,分别与固定部件重叠,便于储藏
	杂木折叠彩绘小经桌
	经桌的桌腿被划分为前、后、左、右四个部件,每个部件由两个桌腿和其腿间的上下横枨构成。左右短枨桌腿可折叠,长枨桌腿可拆卸。折叠时,取下前后的长枨桌腿,将短枨桌腿折入加宽的望板内。拆下的长枨桌腿可能也被存放在望板内。这一带拆装的折叠结构,可能是为了解决所有桌腿无法同时被折叠的问题
	黑光漆三联棋桌
	此三联棋桌突破了一般的由连接件实现的折叠方式。它利用高度差形成三张方桌叠摞的效果。下层方桌两侧腿的底端设计了高度不同的台面。顶层和中层的方桌只有一侧腿。三张方桌桌面的边缘均设置榫头和卯孔。顶层和中层的无侧腿方桌,分别与下层方桌桌面边缘的榫头进行扣搭,从而在所有桌面均展开时保持固定。折叠时,将两侧桌子依台面高度顺序叠摞

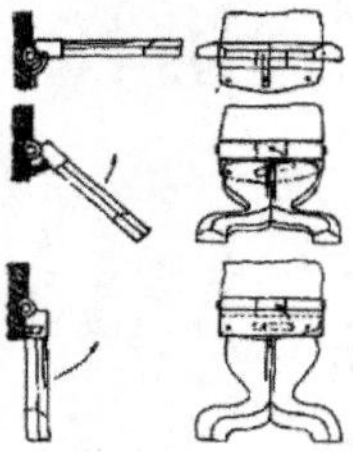

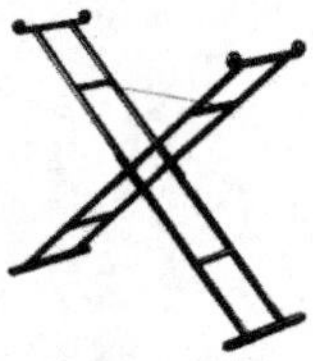

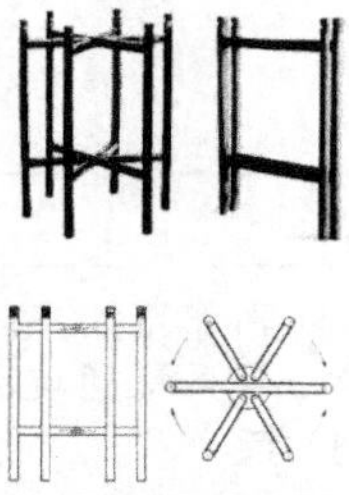

2.3 传统家具形式中的设计原理

2.3.1 传统家具形式的关联设计

田自秉认为传统设计对"形式"的处理分为"体现功能的形式(形体)和表现审美的形式(形象)两个层面。其中,"功能的形式是'物化生产'的形式,是具备某种共通功能的,具有类型化的形体",而"审美的形式"是"有意味的形式"。后者从属于前者[62]。针对设计原理传承研究中所涉及的"形式"也不是独立的、纯粹的装饰内容,其含义应该有二:一是指传统家具中与功能需求和结构特性关联的形式。二是指传统家具中与审美思维关联的形式。

1) 与功能、结构的关联设计

现代设计的先驱弗兰克·劳埃德·赖特(Frank Lloyd Wright)曾明确表示:"仅仅是为了看上去丰富的装饰是不可取的。"[63]明式家具有"准确无误的比例感;对形式的观念(严格或微妙)永远符合于功能,同结构含义不可分离"[12]。可见,传统家具的形式美不是偶然和随意的设计,它承载着功能和结构的意义,三者是相互关联的,所谓"牵一发而动全身"。

一方面,在20世纪的家具艺术中,功能主义对形式的影响十分重大,以致"'简朴'才是美观"这一理念占据了首要地位[49]。明式家具中官帽椅的"S"形背板及圈椅的"马蹄形"扶手等形式设计,正是相应舒适功能的体现。类似的思想在传统文献中也多有记载:"兵矢、田矢,五分,二在前,三在后。杀矢,七分,三在前,四在后"[30]"长六七寸,高寸二分,阔二寸余,上可卧笔四矢"[26]均分别说明了箭和笔床的实用功能对形式设计中尺寸的约束。

另一方面,明清家具的结构以相同的原理实现了丰富多彩的家具形式[1]。在以榫卯结构为主的传统家具中,各部件都是整体结构的一分子,多一是浪费,少一则不稳。对枨子、矮老或卡子花、托泥和足等应用的前提取决于它们能否服务于家具结构的稳定性和实用性。例如,有束腰家具中的三弯腿和无束腰家具中的直材腿足。前者腿足的用料必须加大,才能使其在束腰占位的同时能够与边抹底面的榫卯结合。为了避免笨拙厚重的腿足造成家具整体的比例失衡,只有采用三弯腿的弧线过渡形式。而后者的结构无需多料,其家具腿足也就

图2.16 外圆内方的椅凳腿

呈现出简洁直白的直材形式。传统椅子中常见的赶枨(其中一种造法是"步步高")也是应结构需要而产生的家具形式。倘若椅子的纵横枨子采用同一高度,则相连椅腿的榫眼需开凿在同一处,这将直接影响椅腿的强度。外圆内方的椅凳腿(图2.16)是另一个类似的例子。"外圆"是为了家具形式的统一,"内方"则是为了加强榫接面积,促使家具更为牢固。

总之,在对形式与功能、结构间的关系处理上,中国传统匠人同时致力于家具结构的稳固和形式的精简,使得每一个部件都"物尽其用"。对结构无用的多余部件都会被舍去,整体

呈现出"造型简洁、结构科学和装饰有度"[34]。表 2.11 是对一些传统家具形式与功能、结构间关联设计的分析。

表 2.11 传统家具中形式与功能、结构的关联设计

图示	家具形式与功能、结构的关联设计	
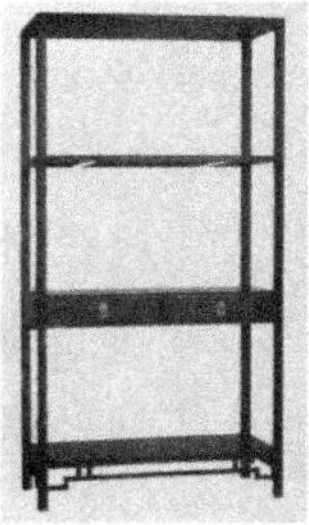	紫檀架格	
	形式特征	架格通体光素,带三层架板和两具抽屉,其整体框架部分由方材打注且呈直线状。架格底部的横枨是将罗锅枨直线化设计的结果
	功能关联	架板可搁置书籍和其他陈设品,抽屉可储藏细小物件
	结构关联	架板、横枨和抽屉都起到稳定架格结构的作用
	16 世纪晚期黄花梨酒桌	
	形式特征	酒桌带束腰加内翻马蹄,腿间无横枨,显得空灵而轻巧。足底带托泥。与箱式结构的形式类似
	功能关联	腿间无横枨,则腿部活动自由、无障碍
	结构关联	腿间无加强结构,底部加托泥,起到了管脚枨的稳固作用
	直后背交椅(比利时布鲁塞尔侣明室藏品)	
	形式特征	交椅的搭脑凸起并挖出适宜的下凹弧面。椅背和坐面可能是皮革制。椅子前腿与靠背两侧一木连做,两腿之间设有脚踏
	功能关联	搭脑弧面为头颈提供了较好的舒适度,椅背和坐面的材料具有弹性,也便于折叠
	结构关联	椅腿和椅背采用一木连做的结构,其强度更好
	明式黑漆圆角柜	
	形式特征	柜体有侧脚收分,上敛下舒,柜体带柜帽
	功能关联	由于收分产生的门轴倾斜致使柜门受重力影响。当打开到90°以内时,柜门可自动闭合[64]
	结构关联	柜门的开合要靠门轴,上下承轴臼被分别隐藏在柜帽和柜门下横枨处
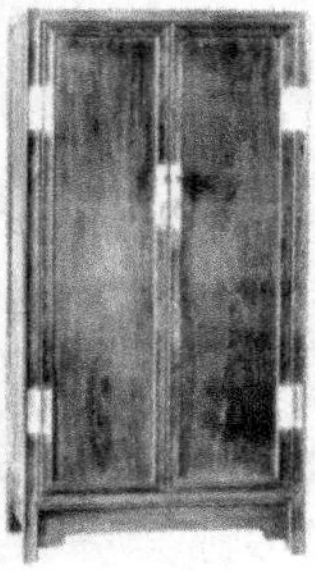	方角柜	
	形式特征	柜体四面齐平,形式规正,无柜帽
	功能关联	齐平的柜体形式让家具的组合摆放更方便,更节省空间
	结构关联	柜门是用金属合页与柜体相连的,无需转轴,常以铰链方式开合

图示	家具形式与功能、结构的关联设计	
	黄花梨罗锅枨马蹄腿束腰方桌	
	形式特征	方桌带束腰和罗锅枨,直腿内翻马蹄,形式上颇为稳重
	功能关联	桌腿间横枨可能影响到腿部的活动
	结构关联	桌腿间用罗锅枨连接,起到稳定和加强结构的作用
	黄花梨霸王枨马蹄腿束腰方桌	
	形式特征	带束腰和霸王枨,直腿内翻马蹄,形式上显得灵巧轻便
	功能关联	霸王枨的使用为腿部的自由活动提供了足够的空间
	结构关联	桌腿通过霸王枨与桌面底部连接,加强了方桌结构

　　传统家具中功能、结构与形式的关联设计,还突出体现在对不同材料的灵活应用上。一方面,材料决定结构的方式,如传统木制家具采用榫接,早期的青铜家具由铸造成型等;另一方面,材料还会涉及功能的变化,如带有弹性的藤编软屉比木板制的硬屉舒适等。在现代家具设计中,新材料和新技术是带给设计师灵感的重要源泉[65]。现代家具设计的先锋人物米切尔·托勒(Michael Thonet)在 1842 年拿到了弯曲层压板的新工艺专利,又在 1856 年获得了工业化生产弯曲木家具的专利。这些材料和工艺促成了他在批量化可拆装家具方面的成功研制。马歇尔·拉尤斯·布劳耶(Marcel Lajos Breuer)认为每种材料都有潜在的价值。他在 1925 年设计的"瓦西里椅"是首次利用弯曲钢管创作的家用家具,为 20 世纪的众多设计师带来了灵感[66]。此外还有芬兰设计大师阿尔瓦·阿尔托(Alvar Aalto)对胶合板的应用、约里奥·库卡波罗对竹集成材的开发,等等。

　　中国传统家具常采用不同的材料,在同一种家具类型上创造出丰富多彩的形式。正如美学大师宗白华所说,形式美没有固定的格式,同一题材可以产生多种形式的结果。而不同的形式又能够赋予题材多样的意义[67]。表 2.12 中的椅子都属于圈椅类型,但因选取材料不同,三者在功能和结构表现上就有了明显的差异,进而导致圈椅形式的多样化。

表 2.12　基于材料的传统家具中形式与功能、结构的关联设计

类型	基于材料的家具形式与功能、结构的关联设计	
	柳木圈椅	
	形式关联	将木材热弯形成"马蹄形"椅圈,"C"形的弯曲背板带有向后的倾斜角度。坐面左右外框是与前后腿一木连做的,且由整根木条热弯而成
	功能关联	"马蹄形"椅圈有扁平宽大的内侧面,提高了依靠的舒适度。倾斜的靠背板带来休闲的坐姿体验
	结构关联	扶手经由金属件与其下部两个立柱连接,该立柱穿过坐框后最终与腿间横枨榫接。此种做法加强了椅子结构的稳定性

类型	基于材料的家具形式与功能、结构的关联设计	
	竹圈椅	
	形式关联	整根竹材弯曲后形成"马蹄形"椅圈,扶手顺势延伸到椅面前端。椅圈在竹绳的捆绑下,显现出美观的线纹。椅子靠背是"S"形弯曲的竹框架,中间施以镂空图案
	功能关联	利用竹材的可塑性,竹椅的扶手处被设计为近乎与坐面平行,使前臂的搁置更为方便和舒适。椅子坐面为木制,比竹材拼制的要平整,坐感更好。椅子前腿间有木制的宽面横枨,用以踏脚的同时也能保护下面的竹枨
	结构关联	坐面下方采用三层叠加的裹腿竹枨,其形式被很多木制家具模仿。椅腿端部也叠加了两层竹管腿枨。椅子的四个侧面有加固用的四根弯曲竹材,与木椅的券口牙作用相似
	黄花梨圈椅	
	形式关联	有精瘦舒展的"马蹄形"椅圈,其末端外展成"鳝鱼头"。背板和角牙处的雕刻彰显了黄花梨圈椅的高等地位。黄花梨木纹所呈现出的优美雅致也是以上材料难以企及的
	功能关联	光滑的"S"形条形背板为脊柱提供了舒适的支持,藤编坐面具备弹性好、透气性强的优势
	结构关联	质地紧实的硬木适宜制作精密的榫卯,加强了部件之间的连接,为椅子整体的稳健提供了结构支持

2) 与审美思维的关联设计

庄子有"朴素而天下莫能与之争美"⑨一说,又有复归自然的"返璞归真"以及避免"造物失性"的"简朴"思想等[68]。《易经》的《贲卦》在"极饰反素"中体现出"简朴"的思想。"贲"的原意是华丽绚烂的美。所谓"贲,无色也",大意是指当华丽归于平淡时,物质本身的特性得以发挥,才能表现出极致的美[69]。当代室内设计师凯丽·赫本(Kelly Hoppen)对以中国为代表的"东方简朴"情有独钟,她认为这种"简朴"对当今复杂的生活有着重要的平衡作用,若将它与西方最好的当代设计结合起来,现代感就自然产生了[70]。

"简朴"之于中国传统家具,特别对于颇具代表性的宋明家具而言,还与其设计师所处的思想氛围有关。它们展示了设计师的修养和品德,也体现了使用者的品位[71]。宋明时期,富有创造力的以文人为主的画家、学者和官员很多都扮演着家具设计师的角色。明式家具通常就是由文人先设计图样再经由木匠制作的。据称,元重"实用"而轻"文人",文人为免遭屠戮而被迫加入工匠行列。长此以往,工匠的整体知识水平都有所提高,这可能也是后来的明代家具体现出"文人"化和艺术化的原因之一[56]。从思想氛围来看,理学萌芽于五代,始于北宋,成熟在南宋。它是儒学吸收并融合了佛教与道家思想后的成果,其中渗透了佛教和道教的思辨和认识方法,是儒学在新时代中的新发展。理学让形而下的设计和技术进入了形而上的思辨领域。虽因时代等局限,理学家在此领域的研究还未形成系统,但他们毕竟在设计及其思想本质的探索方面发挥了重要的作用[72]。对美学上"简朴"意味的追求,在这一时期被提升到"某种透彻了悟的哲理高度"[29]。作为由宋至清的主流哲学思想,理学被统治阶级奉为官方哲学长达六七百年,对哲学、政治、法律、道德、艺术等领域都产生过主导作用,从根本上改变了六朝至唐以来的审美与设计文化[73],并为宋明家具建立了简朴形式的理论设计依据。

（1）理学的"简朴"观

理学的主要思想为宋明家具定下了"简朴"的基调。三教（儒、释、道）合一的宋明理学,在自然观方面吸取了道家宇宙生成、万物化生的思想,并逐渐发展出了自成体系的朴素的可持续发展观。而这一观念集中体现在程朱理学对"理"的诠释。"理"是一种不以人们意志为转移、不受时间空间限制、永恒存在的宇宙万物的本体[74]。"理"是事物的规律,不但存在于事物本身,还能随着事物的不同而发生变化,即二程的"有理而后有象,有象而后有数"[10];朱熹亦肯定"天地之间,有理有气""是以人物之生,必禀此理,然后有性;必禀此气,然后有形"[11]。这一朴素的可持续发展观倡导尊重自然的造物活动,同时又强调合乎天理的"真善美",摒弃贪欲所带来的"假恶丑",孕育了"存天理,去人欲"的人际观[75]。于是,在以上自然观和人际观的思想引导下,一切过度的装饰包括繁复色彩的应用都被视为"奇技淫巧",虽然对当时的工业技术发展等产生了一定的阻碍作用,但却因此成就了"宁古无时,宁朴无巧,宁俭无俗"[26]的设计思想。宋明文人将理学中的"简朴"观带入日常生活与艺术实践中。据记载,宋程颐曾向皇帝纳谏:"服用器玩,皆须质朴,一应华巧奢丽之物,不得至于上前。要在侈靡之物,不接于目。"文人设计师寄情于家具,追求"材美""工朴"的"简朴"之形。绘画中的"尚率真,轻功力,崇士气,斥画工,重笔墨,轻丘壑,尊变化,黜刻画"的审美理念,也被文人设计师融入了家具,形成了一种"自然,优雅,率真"的风格[76]。因此,具体到宋明家具,其形式表现为简洁明朗、质朴舒展。而家具的设色也强调了对木材"真善美"的色泽表现。

（2）理学的对耦性审美思维

理学中对耦性的审美思维催生了对待性思维的美学范畴[4]。张载曾提出"一物两体",说明事物内部阴阳二气的对立统一,"两不立,则一不可见;一不可见,则两之用息"[12]。朱熹对此也有"一分为二"说:"'一'是一个道理,却有两端,用处不同。譬如阴阳,阴中有阳,阳中有阴,阳极生阴,阴极生阳,所以神化无穷。"[13]在理学家看来,万物皆有对耦,从存在方式到其运动形式无一例外。对待性思维明确了在平衡与中和状态下针对造物元素的最佳匹配。因此,宋明家具中的功能与装饰表现出几近完美的平衡,所谓"质胜文则野,文胜质则史"[6]。再从明式家具的设色来看,木材本身的色泽和纹理恰恰是"合乎天理"的"一物两体",具体为:色泽间的色相差异为"一阴一阳",纹理形成的间距变化为"一虚一实",而色的静态与纹理曲线的动势又产生了"一动一静"的对耦现象。比较而言,清中期以后的家具大多忽略了木材的原本面貌,转而施以繁琐的装饰和艳俗的色彩,导致"华丽的雕琢遮盖了木材的自然美,并开始干扰优美的线性组合"[77]。

（3）理学的"意象"审美范畴

在理学思想的深刻影响下,宋明家具特别是明式家具的设计业已完成了一种超越物象的"意象"审美范畴的蜕变。它是主体与世界和谐稳定关系的体现,凝聚了中国艺术的真精神[20]。从欧阳修的"忘形得意"说,到苏轼的非形似论,再到沈括"当以神会,难可以形器求也"的审美需求,都表现出当时社会在设计行为中所饱含着的"器以载道"的造物观念,以及由此形成的重意略象、重神轻形的审美特征[78]。所谓"形而上者,无形无影是此理;形而下者,有情有状是此器,未尝相离。却不是于形器之外,别有所谓理"⑬。"意象"说对家具设计的影响主要体现为"韵味"。这是目前传统家具研究中常被提及的词汇。然而,此类"韵味"是基于传统审美观的,现代设计无法单从家具的仿形中得到。否则就会形成"断层的审美",或者"'无根'"的审美,是一种对传统审美观的否定和剥离现象[79]。马未都曾就此发表观点:"对于明式家具,我认为今天大部分人的欣赏水平是低于当时的设计者的。"他还从自己多年收藏的明式家具中发现,它们都以个性展示着不同的审美情趣,很少有雷同的[80]。正如戴维·派(David Pye)所说,"美"在一些时候是无法解释和表述的,它关乎设计者或者观者的经历[81]。

因此,面对传统家具的现代设计革新,应在借鉴传统家具中启发性思想的同时赋予现代人的情感,而非一味强调或试图重现那个时代和那些文人的"韵味"。这不但很难做到,而且对于现代生活而言,也是没有必要的。

2.3.2 传统家具形式的现代美学

明式家具的美是符合现代人审美观的[12]。其主要原因在于传统家具的形式中蕴含着很多现代美学的设计思想。总体来看,对立统一的现代美学思想主导了传统家具形式的整体构思和设计。"对立"要求家具形式中的各元素间表现出矛盾性和对立面,但又是以"统一"作为目的的。宗白华认为中国美学是建立在矛盾结构上的,但强调对立面间的渗透与协调,不是排斥和冲突[69]。"统一"则要求以上家具形式中"对立"的各元素必须在调和后构成和谐的整体,达成一种阴阳平衡或者中庸的状态,即儒家所谓的"叩其两端""允执其中",道家强调的"多言数穷,不如守中"[82]。刘长林曾提出中华民族的艺术之美在于"和",而"和"的主要内容之一就是强调"美属于事物的结构整体,而不属于各自孤立的局部"。这种整体观念和思维方式最早可追溯到原始社会,是"中国哲学的牢固传统",也是阴阳五行说中关于美的集中体现。更为重要的是,整体不是局部的简单相加,而是通过客观法则对各个元素的组织和综合,最终达到"和实生物"的目的[83]。

1) 形式中的线:"动"和"静"的统一

中国艺术以线条为特征[83],线条最易表现"动""静"之美。在仰韶和马家窑器具的几何纹样中,古人将动物形象进行了抽象和符号化,实现了从形到线的过程。这些线是早期人们所创造出的较为纯粹的美的形式,但已具备了节奏、韵律、对称、连续、疏密等形式规律。比彩陶纹饰更具线条美的是中国的书画。至东周春秋之际,随着对器具铭文的重视,书法美的意识也逐渐蔓延开来。书法的线条美具有更加多样化的平面和空间构造,如线的纵横曲直、留白布局等[84]。而书法与明式家具存在"线条上的共通性",如"顿笔提钩与内翻马蹄足""笔断意连与一木连做"等[85]。英国艺术史家贡布里希(E. H. Gombrich)认为中国艺术家在绘画中偏爱弯曲的弧线,且"掌握了表达运动的复杂艺术"[86]。罗伯特·克雷(Robert Clay)在评价中国绘画《风中的竹子》(元吴镇绘)时强调了艺术家对线的应用,并将其作为现代设计美学研究的案例:"竹子枝干和叶子上的'紧'线显示了由风造成的动感,即使这只是一幅静态的画。"[87]艺术的线条美很自然地影响到家具设计。如前所述,众多的文人参与到家具设计中来,将他们对美学思想和艺术创作的理解融入家具,演绎了传统家具(特别是明式家具)那"隽永卓绝的线条美"⑭[1]。

传统家具形式中线的"动""静"统一,主要体现在线型和线脚上。所谓"一动一静,互为其根"[88]。形式的"动"感主要由曲线赋予,体现出韵律与节奏;直线则给予"静"的质朴和庄重。此外,线条的粗细、疏密等变化也能产生"动"的意图,反之就是"静"的态度。理学家朱熹有"凡事无不相反以相成,东便与西对,南便与北对,无一事一物不然"⑮之说。形式中的"动"线和"静"线有着对立矛盾的一面,也有妥协融合的一面,二者在恰当的设计手法的处理下最终表现为具有统一性的一个整体。

(1)线型中的"动""静"统一

家具形体的"轮廓线"多称为线型。如凸起的搭脑,弯曲外扩的扶手,马蹄腿或三弯腿,"S"或"C"形的条形背板等形成的轮廓线条。表2.13是几种传统家具线型中"动"线与"静"线的表现。

表 2.13　几种传统家具线型中的"动"线与"静"线

图示	线型中的"动"线与"静"线		
	明式靠背椅中线的应用		
	"动"线	⌒	靠背和背板轮廓为"S"形曲线,搭脑处凸起,其延展的末端呈上扬的趋势,流畅而优雅
	"静"线	|—	坐面、腿足及底面横枨主要为直线,显得稳重而坚固
	明式梳背式靠背椅		
	"动"线	)}}	"S"形曲枨梳背更显活泼,曲线的连续性带来节奏和韵律感。靠背轮廓为"C"形曲线
	"静"线	|—	坐面、腿足及横枨主要为直线,其中侧面设有间隔的两条横枨
	玫瑰椅		
	"动"线	))))	靠背和扶手下端填满等距且连续的水波纹曲枨,好似随视线波动
	"静"线	|—	椅子框架轮廓几乎全为直线,突显静谧的气质

图示	线型中的"动"线与"静"线		
清早期柏木曲线大柜			
	"动"线	〰	柜面几乎布满水波纹曲线,增添了灵动的气息
	"静"线	| —	柜体轮廓为直线,挺拔而硬朗
花梨木带柜架格			
	"动"线	||||||	架格上部围子由连续的等距直线构成,有着平淡且含蓄的动感
	"静"线	| —	通体由直线构成,架格底部柜的直线应用增加了视觉的稳定性
17世纪榆木黑大漆书架			
	"动"线	|| || |	围子中是连续的、疏密变化的直线,能够引发视线的跳动
	"静"线	| —	整体框架由直线构成,直线形的抽屉设置在柜体的中下部,起到稳定视觉的作用

（2）线脚中的"动""静"统一

线脚是由部件的面和线构成的,大多为平凸凹面与阴阳线的不同组合。如桌案边抹的"冰盘沿",腿足上的"甜瓜棱",还有"灯草线""荞麦棱""皮条线加洼儿"等[36]。传统家具的线脚(图 2.17)所产生的美学主要表现为平面中线的疏密变化,以及立体中线与凹凸面所形成的光影变化。这种设计手法可能来源于中国艺术对线的应用。中国书画中独特的用笔,会使线条产生富有明暗变化的立体感,如书法中的"绵裹铁"。此线条(指"绵裹铁")正中有刚硬的黑线,周边却减淡去,被称之为"骨"的感觉[69]。传统家具中线、面和体在各种结合中形成的变化,促使原本"静"的家具部件呈现出"动"的态势。相比轮廓线的"动""静"表现,线脚明显倾向于一种内敛和婉约的方式。因此,传统家具特别是明式家具常常给予观者沉静却不呆板、舒展却不张扬的视觉感受。

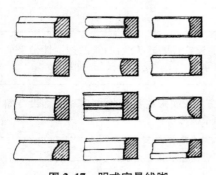

图 2.17　明式家具线脚

著名汉学家李约瑟(Joseph Needham)曾提出,"一阴一阳之谓道"的《易经》思想已经非常接近现代科学对世界结构的看法和观点了。同时,他又引用美国汉学家德克·卜德⑯(Derk Bodde)的话,认为与斗争和混乱相比,中国古人更倾向于在事物中寻找一种调和[89]。

尽管存在不同平面上不同曲率的轮廓线，也存在多个细部的多种复杂线脚，但传统家具仍然表现出自然而然的整体感和统一性。图2.18是明黄花梨凸形亮脚扶手椅。椅子通体用方材，棱角分明，形式俊朗挺拔。家具各部件在形式设计上均有呼应，统一性强：搭脑的凸起与靠背板下部的"凸"形镂空上下呼应；角牙呈光素且将一面弧度改为棱角过渡；坐面下部的券口尽量用直线，只在相交处有倒圆角处理。类似的例子还有图2.19的黄花梨禅椅，此款椅子通体用细小圆材，基本为直线构成。椅腿之间的罗锅枨也尽量采用折线方式。靠背与扶手仅用直线勾勒轮廓，完全开敞，意在用空灵静谧的形式表达一种"坐禅入定"的感悟。

图2.18　明黄花梨凸形亮脚扶手椅　　　　图2.19　明黄花梨禅椅

2）形式中的体："虚"与"实"的统一

以线为主的中国绘画注重"空白"，给予观者遐想的空间；中国书法讲究"布白"，往往"计白当黑"。可以说，"以虚带实，以实带虚，虚中有实，实中有虚，虚实结合"的关系问题是中国美学思想中的重要内容[69]。受此影响的器具设计，包括家具设计也从虚实关系的角度演绎着现代美学，其本质是为了在视觉心理上达成一种均衡的目的。罗伯特·克雷用东方文化中的"阴阳"来诠释现代美学中"空间（阴）"和"实体（阳）"的均衡关系，并强调了这种关系的重要性[87]。本书中的"虚"和"实"也主要探讨传统家具中"空间（虚）"和"实体（实）"的分割与构成，以下称为"虚"体和"实"体。二者因分割比例的变化产生出丰富的视觉效果，成为家具形式设计中的重要内容[90]。

所谓"短长、大小、方圆、坚脆、轻重、白黑之谓理，理定而物易割也"一说，是指事物乃对立的统一，须在对立统一的关系中把握事物的属性和特点[⑰]。家具形式中的"虚"和"实"首先是对立的。"虚"的形成主要来自两部分：一是家具部件之间产生的"虚"体，如椅子的腿足与横枨围合的空间等；二是家具部件内部产生的"虚"体，如开光、镂空雕刻所透出的空间等。"实"的含义最好理解，由家具的部件形成"实"体。对立的集中体现是"虚"和"实"的强烈对比。"虚"与"实"又是在审美需求中达成统一的。传统家具中的"虚"体和"实"体都被精心地设计并以合理的造型和比例呈现。"虚"体所占的比例较大或者被分割的数量和种类较多时，家具会给予观者空灵秀雅的审美感受。这时充当"实"体的家具部件在维持均衡的原则下,往往用材精简纤瘦。而当"虚"体单一且弱势时,"实"体通常比例较大,家具将表现得更为浑厚拙朴。表 2.14 展示了几种传统家具中的"虚"体和"实"体。

表 2.14　几种传统家具中的"虚"体和"实"体

图示	家具中的"虚"体和"实"体		
	明式靠背椅		
	"虚"体	由部件围合的"虚"体呈多样化。包括坐面与其下部的曲线连接件所构成的类似云头的形体,以及背板的圆形和海棠形开光	
	"实"体	椅子的"实"体部分精瘦而纤薄。坐面下部也省略了常用的牙条或枨,显得空灵而轻巧	
	明式方凳		
	"虚"体	凳面下部围合的"虚"体各自独立且又相互穿插着,加大了静谧而轻盈的表现力	
	"实"体	方凳具有单薄的"实"体,凳腿纤细,采用了八边形的券口设计	
	几案		
	"虚"体	案下架格被架板分割为三个"虚"体。案面与地面间形成大面积的"虚"体	
	"实"体	几案"实"体的高低层次丰富,略显纤瘦和圆润	
	架几案		
	"虚"体	案下的方几带落地管脚枨,中间无架板。案面与地面间有大面积虚体	
	"实"体	架几案用料厚实,"实"体显得浑厚拙朴	

3) 现代美学的其他表现

传统南官帽椅的正面高宽比约为 1∶1.43,与国标 A4 纸的长宽比例近似。其坐面以下符合毕氏黄金比例,与古典建筑设计的代表——希腊帕特农神庙的比例近乎一致。圈椅的"马蹄形"扶手上也有现代美学的影子。扶手端部一般为向外弯转的"鳝鱼头"状,这种做法增加了弧度的视觉张力,避免了椅圈正面在视觉上所造成的局促感。传统家具的部件断面一般呈弧形,其优势是能使人体在接触时感觉温润且安全。无棱角的设计也保证了部件不易被碰撞或损毁。同时,无论在理论还是视觉上,断面圆形的部件都要比方形的显得苗条与轻巧,见图 2.20[91]。图 2.21 的琴几展示了明式家具中匠心独具的造型美。该琴几在板式腿上开亮洞,其中心并非板式腿的几何中心,而是偏上约 44 mm,符合现代美学的要求[92]。

另外，一般而言人的视线高于桌或椅，从近大远小的原理来讲，家具通常会使观者产生头重脚轻的错觉，而就传统家具中十分常见的侧脚收分来讲，其会显著改善这一状况，使家具看起来和谐而稳重[B][38]。侧角收分的应用还可能源于绘画中"仗山尺树，寸马豆人"的远视距观察法。中国山水画中有"以大观小"的特点，喜在高处眺望全局[69]。同时，侧角收

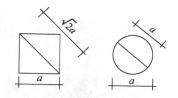

图 2.20 圆形断面"苗条"的优势

分的角度一般都符合现代美学的比例要求。以凳为例，其正面的斜度，即凳面厚度：凳腿正倾斜距离＝1：0.17；侧面斜度不得超出凳面，即凳面厚度：凳腿侧倾斜距离＝1：0.2。俗语称之为腿斜不出凳面头[46]。

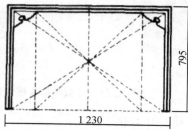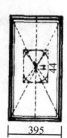

图 2.21 现代美学的琴几设计（mm）

2.3.3 基于现代美学的官帽椅线型感性意象研究

1）实验的目的

为了深入理解传统家具线型中所蕴含的现代美学，以及衡量线型对于整个传统椅子现代特性的贡献度，笔者将结合感性工学的方法对传统官帽椅及其线型展开定量层面的意象研究，以期用明确的量化数据为当代设计师提供可供参考的设计依据。

2）实验的思路

（1）实验样本和意象词汇的选取

从相关国内外著作（绪论中提到）中选取了 68 个官帽椅样本（包括"出头"和"不出头"两类）。经 5 位实验专家（从事设计教育的老师 2 位，从事设计工作的设计师 3 位）利用亲和图法（KJ 法/Affinity Diagram）进行分类筛选后，最终确定了 20 个研究样本（参见附录二）。筛选依据为：剔除相似度高的样本；剔除具有特殊和罕见形式的样本；为避免材质对意象评价的影响，剔除包含其他材质（金属、竹、大理石等）的样本，只选用木质样本（含藤编坐面）。由于此实验主要涉及官帽椅和线型的现代美学，因此，对二者描述的意象词汇被确定为"传统的—现代的"。

（2）调查问卷的设计

将 20 个官帽椅样本去色（避免色彩对评价的影响），并结合意象词汇制成调查问卷。根据"传统的—现代的"这一意象词汇，该问卷采用 5 点量表的 SD 语意分析法[19]对样本进行打分。调查问卷模板如图 2.22 所示。

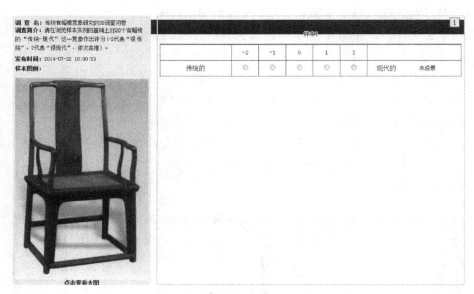

图 2.22　官帽椅样本感性意象调查问卷

（3）调查结果的整理与分析

调查问卷受试人员一共有 25 人,男性 8 名,女性 17 名。受试人员中有 16 位是具有设计教育背景或从事设计工作的专业人员,9 位是非专业人员。对问卷进行整理后得到表 2.15 的实验数据。此结果反映了实验样本与意象词汇的关系,其中的实验数据越接近"-2"代表该官帽椅样本越"传统";反之,越接近"2"代表该样本越"现代"。由表 2.15 可知,样本 11 的实验结果为"-1",为最"传统的"样本;而实验结果显示为"0.92"的样本 17 是其中最"现代的"。该调查结果是下一步分析的基础。

表 2.15　样本的感性意象评价结果

样本\词汇	样本 1	样本 2	样本 3	样本 4	样本 5	样本 6	样本 7	样本 8	样本 9	样本 10
传统的	-0.68	-0.92	-0.24	-0.64	-0.36	-0.84	-0.56	0.28	-0.84	-0.08

样本	样本 11	样本 12	样本 13	样本 14	样本 15	样本 16	样本 17	样本 18	样本 19	样本 20
传统的	-1	0.04	0.04	0.60	-0.48	0.12	0.92	0.84	-0.24	-0.32

（4）数量化理论Ⅰ类及数学模型建立

数量化理论Ⅰ类是利用多元回归分析建立数学模型,并确立一组定性变量与一组定量变量之间的关系。本实验设线型元素为 x(定性变量,项目),样本意象评价值为 y(定量变量)。设项目 x 有 r 个类目,$\delta_i(j,k)$ 为 j 项目 k 类目在第 i 个样本的反应,则定义

$$x = \{\delta_i(j,k)\} = (i = 1,2,\cdots,n;j = 1,2,\cdots,m;k = 1,2,\cdots,r_j) \tag{1}$$

假定意象评价值与线型元素(项目)、各类目的反应存在线性关系,则可得如下线性模型:

$$y_i = \sum_{j=1}^{m} \sum_{k=1}^{r_j} a_{jk}\delta_i(j,k) + \varepsilon_i \qquad (2)$$

式中：a_{jk} 为仅依赖于第 j 个项目的第 k 类常数，而 ε_i 则表示第 i 次抽样的随机误差。用最小二乘原理求得系数 a_{jk} 的最小二乘估计值，进而得到以下预测方程：

$$\hat{y} = \sum_{j=1}^{m} \sum_{k=1}^{r_j} \hat{a}_{jk}\delta(j,k) \qquad (3)$$

式中：$\hat{y}$ 为基准变量 y 的预测值；$\delta(j,k)$ 表示任一样本在 j 项目 k 类目的反应；$\hat{a}_{jk}$ 为 j 项目 k 类目的得分。进一步将模型假设为：

$$y_i = y + \sum_{j=1}^{m} \sum_{k=1}^{r_j} a_{jk}^{*}\delta(j,k) \qquad (4)$$

式中：y 是意象评价值的平均值；a_{jk}^{*} 被称为标准系数，用来表示各类目对样本意象评价值的贡献。

复相关系数用 R 来衡量模型的精度，其求解方式为：

$$R = \left[\frac{\sum_{i=1}^{n}(\hat{y}_i - \overline{y})^2}{\sum_{i=1}^{n}(y_i - \overline{y})^2} \right]^{\frac{1}{2}} \qquad (5)$$

偏相关系数用来表示每个项目单独对意象评价值的贡献，其求解方法如下：

设意象评价值 y 与项目 j 的矩阵为 $\boldsymbol{P}$，即

$$\boldsymbol{P} = \begin{bmatrix} 1 & p_{y1} & p_{y2} & \cdots & p_{ym} \\ p_{1y} & 1 & p_{12} & \cdots & p_{1m} \\ p_{2y} & p_{21} & 1 & \cdots & p_{2m} \\ \vdots & \vdots & \vdots & & \vdots \\ p_{my} & p_{m1} & p_{m2} & \cdots & 1 \end{bmatrix}$$

$$\boldsymbol{P}^{-1} = \begin{bmatrix} p_{yy} & p_{y1} & p_{y2} & \cdots & p_{ym} \\ p_{1y} & p_{11} & p_{12} & \cdots & p_{1m} \\ p_{2y} & p_{21} & p_{22} & \cdots & p_{2m} \\ \vdots & \vdots & \vdots & & \vdots \\ p_{my} & p_{m1} & p_{m2} & \cdots & p_{mn} \end{bmatrix} \qquad (6)$$

则意象评价值 y 与第 j 个项目的偏相关系数为

$$R_{yj} = \frac{-p_{jy}}{\sqrt{p_{jj}p_{yy}}} \qquad (7)$$

即 j 项目对意象评价值 y 的贡献为 R_{yj}。

（5）线型元素的提取和分类

由实验专家根据相关专业知识，并采用 KJ 法对实验样本进行线型元素的提取和分类，最终确定了三种线型元素，它们对此 20 个官帽椅样本的意象影响最大，分别为：① 搭脑；② 扶手；③ 正面券口（见表 2.16 中样本 1 的线型提取，其他参见附录二）。需要强调和说明的是：由于传统官帽椅具有特定的形式规律，其靠背多以"S"形条形背板为主，导致此类线型的差异性过小，对意象评价的意义不大。因此，本实验对样本的线型提取是以背板相同为基础的，未考虑背板线型的变化和影响。

本实验设线型元素（项目）为 x，则设搭脑线型（项目）为 x_1，其所含类目表示为 x_{11}，x_{12}，…，x_{16}；设扶手线型（项目）为 x_2，其所含类目表示为 x_{21}，x_{22}，…，x_{27}；设券口线型（项目）为 x_3，其所含类目表示为 x_{31}，x_{32}，…，x_{36}（表 2.17）。

表 2.16　样本的线型元素提取

样本 1	提取的线型元素		
	搭脑	扶手（侧视与俯视）	券口

将以上提取的线型元素分别归类，即将相似元素归为一类，同时合并该类中的相同元素。例如，样本 9 和样本 10 的券口线型元素合并为一个元素。样本 9 和样本 17 的搭脑线型元素合并（参考附录二）。如表 2.17 所示，20 个搭脑被归为 6 类，20 个扶手被归为 7 类，20 个券口被归为 6 类。

表 2.17　线型元素的分类

类目	搭脑线型 x_1 的分类及元素
x_{11}	
x_{12}	
x_{13}	
x_{14}	
x_{15}	
x_{16}	

类目	扶手线型 x_2 的分类及元素
x_{21}	
x_{22}	
x_{23}	
x_{24}	
x_{25}	
x_{26}	
x_{27}	

类目	券口线型 x_3 的分类及元素
x_{31}	
x_{32}	
x_{33}	
x_{34}	
x_{35}	
x_{36}	

（6）定性变量的编码转换

由式（1）得到表 2.18 的 20 个样本项目和类目（定性变量）的编码。

表 2.18　样本定性变量编码转换结果

样本 \ 类目	x_{11}	x_{12}	x_{13}	x_{14}	x_{15}	x_{16}	x_{21}	x_{22}	x_{23}	x_{24}	x_{25}	x_{26}	x_{27}	x_{31}	x_{32}	x_{33}	x_{34}	x_{35}	x_{36}
1	1	0	0	0	0	0	1	0	0	0	0	0	0	1	0	0	0	0	0
2	0	0	1	0	0	0	1	0	0	0	0	0	0	0	1	0	0	0	0
3	0	0	1	0	0	0	0	1	0	0	0	0	0	1	0	0	0	0	0
4	0	0	0	1	0	0	0	0	1	0	0	0	0	0	0	1	0	0	0
5	0	1	0	0	0	0	0	0	0	0	0	0	0	0	0	1	0	0	0

样本 \ 类目	x_{11}	x_{12}	x_{13}	x_{14}	x_{15}	x_{16}	x_{21}	x_{22}	x_{23}	x_{24}	x_{25}	x_{26}	x_{27}	x_{31}	x_{32}	x_{33}	x_{34}	x_{35}	x_{36}
6	0	0	0	0	1	0	0	1	0	0	0	0	0	0	0	0	1	0	0
7	0	0	1	0	0	0	0	0	0	0	0	1	0	0	1	0	0	0	0
8	1	0	0	0	0	0	0	0	0	0	0	1	0	1	0	0	0	0	0
9	0	0	0	0	0	1	0	0	1	0	0	0	0	0	0	0	0	1	0
10	1	0	0	0	0	0	0	0	0	0	0	1	0	0	0	0	0	1	0
11	0	0	1	0	0	0	0	0	0	1	0	0	0	0	0	0	0	0	0
12	1	0	0	0	0	0	0	1	0	0	0	0	0	0	0	0	0	1	0
13	0	0	0	0	1	0	0	1	0	0	0	0	0	0	1	0	0	0	0
14	0	0	0	0	1	0	0	0	0	0	0	1	0	1	0	0	0	0	0
15	0	0	0	0	0	0	0	1	0	0	0	0	0	0	0	1	0	0	0
16	0	0	0	1	0	0	0	0	0	0	1	0	0	0	1	0	0	0	0
17	0	0	0	0	0	1	0	0	1	0	0	0	0	0	0	0	1	0	0
18	0	1	0	0	0	0	0	1	0	0	0	0	0	0	0	0	0	0	1
19	1	0	0	0	0	0	0	1	0	0	0	0	0	0	0	0	0	0	1
20	0	0	0	0	1	0	0	0	0	0	0	0	0	1	1	0	0	0	0

(7) 数据分析

经数量化理论 I 类对样本和类目进行分析后,本实验最终得到如下数据:

表 2.19 中的标准系数分别体现了搭脑(6 类)、扶手(7 类)和券口(6 类)对"传统的—现代的"这一意象评价值的贡献。标准系数越接近"2",该类目对"现代的"评价值贡献越大;反之,越接近"-2"的类目对"传统的"评价值贡献越大。以搭脑为例,其第 6 类目的标准系数为"1.242",是搭脑类中对样本"现代的"意象评价值贡献最大的,即搭脑线型"⌐￣￣⌐"最能使传统椅子体现出现代美学。以扶手为例,第 4 类目"⌐∏∏⌐"对样本"传统的"意象评价值贡献最大,其标准系数为"-1.575"。

偏相关系数反映出线型元素在"传统的—现代的"这一意象上与样本的相关程度,结果越接近"1",二者的相关性越大。从表 2.19 中的数据可知,搭脑的线型与椅子现代美学的相关性最大,扶手线型次之,而券口线型的相关性最小。

复相关系数 R 代表了模型的精度,其值越大,则定性变量与定量变量间的线性相关程度就越高。由表 2.19 可知,本实验的 $R=0.916$,精度较高。

表 2.19　官帽椅感性意象实验结果

元素名称	类目	标准系数	偏相关系数
搭脑 x_1	x_{11}	0.008	0.888
	x_{12}	1.088	
	x_{13}	−0.534	
	x_{14}	0.099	
	x_{15}	−0.554	
	x_{16}	1.242	
扶手 x_2	x_{21}	−0.617	0.883
	x_{22}	0.365	
	x_{23}	−0.866	
	x_{24}	−1.575	
	x_{25}	0.091	
	x_{26}	0.759	
	x_{27}	0.304	
券口 x_3	x_{31}	0.147	0.786
	x_{32}	0.447	
	x_{33}	0.344	
	x_{34}	−0.387	
	x_{35}	−0.581	
	x_{36}	−0.395	
复相关系数 R			0.916

3）实验结论

（1）通过对官帽椅样本的感性意象调查可知,传统官帽椅也能给予观者以"现代的"情感和感受,其所蕴含的现代美学由此得到了验证。

（2）实验通过定量的研究方法,确定了对官帽椅"现代的"感性意象产生最大贡献的线型元素。其中,搭脑线型为" "；扶手线型为" "" "" "；券口线型为" "" "。

该结果在传统与现代美学的共通性基础上,为当代设计师设计元素的选取提供了明确的参考,对提高传统家具现代化设计的效率有重要作用。

（3）由于传统官帽椅条形背板设计的普遍性,本实验未考虑背板线型的影响。结果显示,搭脑线型与传统官帽椅现代美学的相关性最大。因此,在针对传统家具现代化的设计探讨和构思中,可将搭脑线型作为形式设计的重点之一。

2.4　小结

　　作为与欧洲家具体系具有同等世界地位的中国传统家具,其设计思想中包含很多与现代家具共通的部分,这是被西方现代设计师的"中国主义"作品所验证过的。在民族文化优势突显的当下,中国现代家具的竞争力要依托传统来夯实。本书站在现代设计的视角去回顾和审视传统家具,并以传统和现代的共通性为基础,为中国设计师提炼和明确了传统家具功能、结构和形式中具有启发性的设计原理。它们包括:① 传统家具功能中的人体工程学和实用性。研究以椅子为例,探讨了包括"S"形或"C"形条形背板、"马蹄形"扶手、弧面搭脑和藤编软屉等多个方面的人体工程学思想。而实用性则表现在以生活需求为前提的单体功能或者多功能家具的设计上。② 传统家具榫卯结构中的力学与美学的结合,以及诸多创新且实用的先进结构。传统榫卯的优势能够协助现代家具解决难题。同时,传统家具中利用金属构件或木作技术实现的、类似折叠和拆装等结构,也因其巧妙的构思体现着对现代家具的启发性。③ 传统家具形式中的关联设计和现代美学。形式不是独立于功能和结构之外的,这种思想避免了过度装饰的可能。传统家具中关乎比例、视错觉和对立统一等现代美学的思想,是其符合现代审美的重要原因。本章利用数量化理论 I 类的方法对官帽椅展开了感性意象的定量研究,进而论证了其所蕴含的现代美学;同时揭示了搭脑线型、扶手线型和券口线型对于现代美学相关意象的贡献程度;并提出了基于现代审美的传统家具设计元素的现代化应用途径和方法,也为设计师提供了提取传统设计元素的科学依据。

3 传统家具的设计原理研究二："一体化设计"整体观

3.1 "一体化设计"整体观概述

中国整体和共生的传统设计思想,与包豪斯所提倡的结合互不相干的若干学科与手段来创作整体艺术作品的观念相似[93]。例如,中国的阴阳和五行思想就提供了一种"秩序"和"模式"。其中的事物不受外力的迫使,因本性以各自的规律存在和运行。同时在整体中保持着彼此的关系,成为构成整个世界有机体的一部分[89]。可见,以关联设计将不同元素结合起来,并实现元素间彼此协同和促进的整体观,是中国传统哲学、美学和设计艺术思想中的核心内容。

具体到家具设计,这种整体观表现为传统家具的功能、结构和形式的一体化设计(以下简称"一体化设计")。"一体化设计"充分体现了在家具这一"模式"中,功能、结构和形式间达成的相互关联的"共生"关系,这也是传统家具设计思想中的核心内容。杨耀曾强调:"明式家具有很明显的特征:一点是由结构而成立的式样;一点是因配合肢体而演出的权衡。从这两点着眼,虽然它的种类千变万化,而综合起来,它始终维持着不太动摇的格调。"[94]很明显,前一点是指结构与形式间的关联,而后一点说明了因支持功能而"演出"的家具功能、结构与形式间的和谐。明式家具中的每一个部件都承担着功能和意义,没有无缘无故的附加物,因此显得简练、朴素和文雅[95]。曾经在明尼亚波里博物馆举办的研讨会上,"简单"和"流畅"被认为是中国家具美的核心表现。形式上的"简单"和"流畅"源于复杂工艺的支持,结构设计便是其中重要的一环。与此同时,在现代家具设计的发展趋势中,"一体化设计"的思想也有所体现。深圳拓璞家具设计有限公司研究中心在 2010 年提到了有关家具新产品开发战略的建议。其中,"家具创新设计所具备的基本要求"包括三大部分:① "美学基础"(美学原则、形体构成、色彩、装饰);② "物质基础"(经济性、工艺、结构和材料);③ "功能基础"(使用条件、稳定性、可靠性和人体工程学)[96]。

综上所述,针对中国传统家具设计的研究不能只停留在对功能、结构或形式的独立关注中,还要重点探讨这三者之间有机、协调且相互关联的"一体化设计"。后者往往是被相关研究所忽略的,也是本书的优势之一。

功能、结构与形式的一体化设计贯穿于中国传统家具的发展史,并始终作为其中的主旋律存在。首先,家具与建筑具有同根关系,这使得家具从功能、结构到形式的各个方面均脱离不开建筑的溯源。建筑设计的统一加强了家具中的"一体化设计"。更为重要的是,作为建筑空间的主要组成部分,家具设计中的元素要匹配于建筑的相应需求。因此,家具内部的"一体化设计"要服从于家具外部与建筑之间的"一体化设计"。其次,"一体化设计"的思想伴随着从"席地而坐"到"垂足而坐"的生活方式转变,且在其中的家具演绎中充当主角。再次,当外来家具形制被逐渐接受并试图与本土生活相互融合的时候,"一体化设计"的思想会促使这些"外来户"顺利被转化成颇受欢迎的本土新形制。从而推动了文化交流下的中国家具设计的发展。最后,作为民间智慧的结晶,中国民间椅子所体现出的"一体化设计"思想是值得被深究的。这些功能直接、结构巧妙以及形式简明的中国传统家具类型,将为我们提供一个更易被理解和参考的设计范本。

3.2 家具源起于建筑的"一体化设计"

3.2.1 家具与建筑的同源性和同步性

古典家具学者胡文彦等人认为,"从有了洞穴为居所,并以茅草、树叶、兽皮、石块为家具开始,家具与建筑就相伴而生了"。他们还特别强调,家具是促成建筑的功能得以充分发挥的具体条件[97]。由此可见,家具从诞生起,就担负着与建筑相匹配的各项任务。其中,"充实建筑的具体内容"包括家具形式与建筑的匹配,"促成建筑功能充分发挥"则需要家具承载相应的日常起居功能。玛格丽特·曼德丽曾谈到:"中国的桌子一般与欧洲的大相径庭,但是如果与房间的建筑布局联系起来,它们的功能是可以理解的。"[98]中国传统家具在功能使用、结构处理和形式表现上,都对厅堂布置的对称性做了考虑。而这种做法可以追溯到中国文化发展的初期[77],其中饱含着与现代设计共通的思想。赖特就很注重家具与建筑的整体设计,他认为这是"最好的房间"的设计原则[63]。而中国家具学者吴智慧也提出了现代家具与室内环境的配套性设计观点,提倡二者之间的协调和互补[99]。

明文震亨在《长物志》一书中有"位置"一篇,着重描绘了家具与建筑之间的布置关系,其论述涉及家具对建筑功能等方面的匹配或扩充作用:"面南设卧榻一,榻后别留半室,人所不至，以置熏笼、衣架、盥匜、厢奁、书灯之属。"[26]说明卧榻对空间的分隔作用增加了建筑的使用功能。又有"小室内几榻俱不宜多置，但取古制狭边书几一，置于中，上设笔砚、香盒、熏炉之属，俱小而雅"[26]，以及"亭榭不蔽风雨，故不可用佳器，俗者又不可耐，须得旧漆、方面、粗足、古朴自然者置之"[26]。这两个观点充分体现出家具的形式——"古制狭边"和"旧漆、方面、粗足、古朴自然"对于"小室"和"亭榭"这两种截然不同建筑的影响力，使二者通过家具的匹配，在实用和精神功能上突显出各自应有的特征。图3.1是清《姚文瀚绘山水楼台》局部，图中的庭院建筑三面开敞，内设方桌、坐墩和榻等家具类型。家具的形式简洁质朴、休闲雅致，与厅堂中所用家具的功能和形式差别甚大。在一片宫廷仕女嬉戏享乐的画面中，建筑与家具也形成了和谐统一的场景。

当然，形式与功能的实现都需要适宜结构的支持。就传统家具而言，这种支持很大部分依然源自于建筑。首先，中国古建筑中成熟的木作技术为后期家具的框架结构提供了丰厚的设计经验。中国工匠"把建筑中的柱头栌斗用于垂直靠背的椅子。垂直靠背（最初）按传统的中国轳架形式设计"[77]。其次，外来文化特别是佛教文化吹起的建筑清风也为中国工匠带来了灵感，他们结合自身经验在以须弥座为基础的箱式结构上，创作出一批批形制新颖的家具。同时，这种箱式结构还与建筑中的栏杆、常见的窗棂图案等相互结合并产生新的形式，如床榻中围子的形式设计。另外，在敦煌壁画中出现的、显然源自围栏式建筑的讲经台类型，与后来发展的榻、罗汉床或架子床等颇有渊源[100]。图3.2是敦煌壁画中的西魏《五百强盗成佛图——受审、行刑》。图中的讲经台四周有立柱并设围栏，歇山顶作顶盖，前方开敞有梯，这极可能是架子床（图3.3）起源的一种。图3.4是唐《阿弥陀佛说法图》，其中的大型讲经台无立柱和顶盖，台上可容纳数人。这种带有围栏的建筑形制与后来发展的带围子罗汉床颇为相似。

总之，家具的起源受建筑影响，且由建筑蜕变而来[101]。作为"功能、结构与形式"统一一体的建筑，将这种整体性毫无保留地引用到家具中，并反过来由家具继续扩展和充实着建筑。可以说，建筑的发展不但有效促进了家具设计的更迭，也对其形制变化加以制约。然而，这种"更迭"和"变化"始终遵循着"功能、结构与形式的一体化设计"的核心思想。这是建筑空间的需求所赋予的，也是家具服从于建筑所需要的。

图3.1　清《姚文瀚绘山水楼台》（局部）

图3.2　敦煌壁画二八五窟：西魏《五百强盗成佛图——受审、行刑》

图 3.3　明代铁力木六柱架子床

图 3.4　敦煌壁画三二九窟：唐
《阿弥陀佛说法图》

3.2.2　建筑对家具发展的影响

从中国传统家具中最为成熟的案例来看,明式家具中所体现出的"一体化设计",显然与建筑有着不可分割的嫡系关系。"明及清前期的家具造型,式样纷呈,常有变化。表面上似乎是能工巧匠,各抒才智,随心所欲,率而操斤,便成美器;实则不然,任何式样,都有相当严格的准则法度,绝不是东拼西凑,任意而为的。"[102]明式家具中的有束腰家具来源于外来建筑中的须弥座。而无束腰家具则与中国传统建筑中的大木梁架有关。因此,中国建筑对传统家具的"一体化设计"有着源头性的影响。

1)须弥座对有束腰家具的影响

须弥座是佛教佛座和佛塔的塔基。其结构一般由两个部分组成:上下部分为直线组成的"叠涩",中间的收缩部分为"束腰"。须弥座对传统家具的影响主要从以下两个方面来理解:

一是须弥座的"束腰"部分及此处的装饰图案对家具创作产生了影响。其中,"壶门形"作为束腰图案中的一种使用最为广泛。我们可以从早期的一些画作中清晰地看到此类家具的形制,它们通常是作为床榻和桌案功能使用的具有壶门形装饰的箱形结构家具。图3.5是上海博物馆盛唐观音菩萨像,菩萨像下方便是有壶门形装饰的带托泥的箱形结构。胡文彦等人认为,箱形壶门床榻是在须弥座中间部分(即壶门束腰部分)的借鉴基础上发展起来的[97]。由此可知,须弥座的建筑形制为家具的创新提供了"一体化设计"的参考。而壶门箱形床榻的发展则沿袭了这个模式,并将这一模式贯穿于后来的家具演变中。随着高型家具的出现,家具的功能冲破了床榻的局限,椅凳桌案等新的家具类型应运而生。早期带壶门形的箱形结构也在唐以后被简化。在"一体化设计"思想的主导下,平列的多个壶门形在结构的逐渐成熟中被简化为一个壶门,并进一步脱去底框,蜕化为歧出的牙脚,最终发展为家具腿足中的马蹄;同时,壶门箱形结构脱去的底框也被衍生为后来所使用的托泥。托泥不但稳定了家具腿足的结构,还避免了腿足直接受到潮湿地面的侵蚀。毫无疑问,壶门箱形结构及其形式的简化,不但丰富了家具的类型,也由此促成了家具功能的多样化。

图 3.5　盛唐观音菩萨像

图3.6　敦煌壁画二八五窟:西魏《释迦多宝并坐说法》

　　二是须弥座的束腰形制催生了传统家具中有束腰家具类型的诞生。在图 3.6《释迦多宝并坐说法》中,中间两位佛像的佛座是略去了装饰图形的须弥座,具有明显的叠涩和束腰。几乎清晰地展示了后期家具中束腰部分的线脚。其实,有束腰家具可以看作是须弥座与壶门箱形结构的结合。其腿足部分来自壶门箱形结构,而腿以上的部分源自须弥座。中国工匠在此借鉴了建筑中的"一体化设计"思想,将其智慧应用到家具形制的创新上。正如须弥座的束腰,对其的应用不但使家具的整体形式在比例上更为劲挺、线条表现上更为雅致,还因为束腰对于家具腿足稳固性的增强而在结构上大放异彩。

　　三是由于源自壶门箱形结构,束腰家具的腿足部分也因此具有壶门形及其演变后的系列特征,主要表现为腿部多为方材、直足或弯足,且多带马蹄、足底或有托泥。源自于须弥座的有束腰家具的演变如图 3.7 所示。

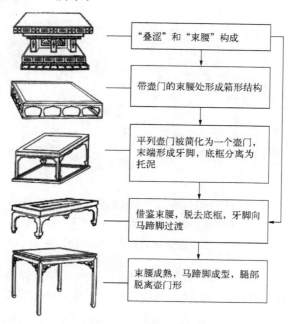

"叠涩"和"束腰"构成

带壶门的束腰处形成箱形结构

平列壶门被简化为一个壶门,末端形成牙脚,底框分离为托泥

借鉴束腰,脱去底框,牙脚向马蹄脚过渡

束腰成熟,马蹄脚成型,腿部脱离壶门形

图 3.7　有束腰家具的演变

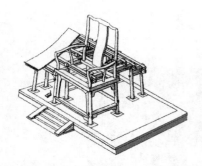

图 3.8　南官帽椅与大木梁建筑的结构对比

2）大木梁建筑对无束腰家具的影响

明式家具中的无束腰类型借鉴了中国传统的大木梁建筑（图 3.8），家具部件也大多从仿效建筑部件开始。例如，托角牙子或倒挂牙子似建筑中承托大梁的替木；两腿（或立柱）间横梁下的牙条与建筑的枋相似。明式扶手椅中所采用的落堂镶板的三段式靠背和开光，或者独板式靠背带雕刻等做法，都是传统建筑装修中小木作工艺的衍化[1]。

无束腰家具与大木梁建筑的渊源主要体现在以下几个方面：

第一是榫卯结构的灵活应用。早在河姆渡时期，中国的祖先们就已发展了用于营造的榫卯技术。据考古资料显示，浙江余姚河姆渡遗址第四文化层发现了许多干阑长屋遗迹，并出土了大量木构件，距今已有 6 900 多年，这是中国首次发现的最早的木结构实例。这些木构件中的数十件带有垂直相交的榫卯。它们是柱头及柱脚榫、梁头榫、带销钉孔的榫、柱头透卯。据考古学家杨鸿勋介绍，河姆渡的榫卯构件（图 3.9）制作已经达到了相当高的水平。受力不同的构件已有不同的处理，其榫卯形式都基本符合受力情况的要求。它们与晚期木构件基本相同，只是加工较为粗糙而已。尤其是销钉和企口板的使用，证明当时的木结构制作已有很丰富的经验[103]。同属于木作类的家具在结构上很自然地选用了已经较为成熟的建筑榫卯技术，而智慧勤劳的中国工匠又在后期结构设计和制作的逐步精简中，将榫卯发展成为卓越的有机家具结构。所谓有机，即在合理的结构下，尽量利用材料的自身特性完成家具部件的连接。这也是明式特别是硬木家具中，不用或少用鳔胶的传统家具榫卯技艺的精髓。

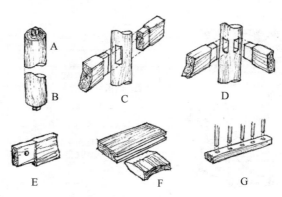

A 柱头榫　B 柱脚榫　C 平身柱榫卯　D 转角柱榫卯
E 加销钉的梁头榫　F 企口板　G 直棂栏杆构体

图 3.9　浙江余姚河姆渡遗址中的榫卯构件

第二是侧脚与替木的延续。中国传统建筑为了在视觉比例上体现威严，同时令结构更加稳固，常会采取侧脚收分的做法。而这种在结构和形式上颇具特色的建筑设计方法，被理所当然地沿袭到家具的腿足上，也形成了由大木梁繁衍而来的无束腰家具的腿足特征：直腿，四腿多用圆材或外圆里方,多带侧脚且无马蹄和托泥。总体来讲,家具腿足的侧脚是"一体化设计"的典型,表现为:① 家具的形式在比例上更为稳重浑厚;② 家具结构牢固,不易侧翻;③ 侧脚还具有明确的功能化。以圆角柜为例,其侧脚能够使柜门在重力的作用下实施自动闭合,甚为方便。大木梁架中的替木也是集功能、结构与形式为一体的。其在家具中被转化为托角牙子或倒挂牙子。一方面,牙子起到了家具构件间的加固作用;另一方面,通过工匠的巧妙设计,牙子也被赋予各种装饰意义是家具形式中不可或缺的亮点。例如,素牙子体现出质朴与雅致的气息;花牙子在装饰程度不同的情况下,会令家具彰显出或精美或豪华的气质。

总之,建筑赋予家具以"一体化设计"的原则,其初衷是为了使家具能够更好地服务和充实建筑。而这一过程也顺其自然地为传统家具灌输了"一体化设计"的思想。因此,在回顾和整理传统家具设计思想的时候,不应将建筑与家具割裂开来,单就家具本身去思考,而应结合建筑与家具的发展关系,从建筑的整体性来分析家具[104]。如此一来,不但能够把握家具本身"一体化设计"的重要性,还能够认识到家具服务于建筑的本质,进而深入体会"一体化设计"的优势和启发性。放眼当下,在处理建筑与家具的关系时,"一体化设计"整体观将有助于现代家具设计"以不变应万变"。其中的"不变"指代"一体化设计"的思想和原则,而"万变"则可理解为多样化的建筑环境和空间需求等。

3.3 从"矮型家具"到"高型家具"的"一体化设计"

3.3.1 "矮型家具"的发展

家具是随着人们起居方式的改变而发展的,其功能、形制、尺寸等都受到起居方式的影响和决定[105]。中国传统家具的发展经历了从"席地而坐"到"垂足而坐"的起居转变方式,因此形成了世界上独特的由"矮型家具"向"高型家具"的演变过程。需要说明的是,无论是"席地而坐"时代,还是"垂足而坐"阶段,甚至是二者之间的过渡时期,"功能、结构与形式的一体化设计"思想始终是引导家具发展的主旋律。

先秦时就有了完整的"席地而坐"文化。"席地而坐"在商早期是以蹲踞和箕踞为主的,这两种方式被称为"有缓冲力的坐式"[106]。可见,"席地而坐"的起源还是遵循着需求和舒适度的。到了商后期,特别是重视礼节的周朝,逐渐将跪坐发展为"席地而坐"的主要姿态,蹲踞和箕踞则被视为无礼而遭淘汰。这时的跪坐俨然成为精神功能的象征。与"席"相比,一些矮型家具,诸如铜俎和铜禁,形成了"符合人体跪坐高度"的"高足形制",代表了传统家具发展的雏形[94]。战国时代有了床的应用,分为卧具的床和跪坐的榻。对床榻的尺度规定有较为严格的限制:"床三尺五曰榻,板独坐曰枰,八尺曰床"㉓"长狭而卑者曰榻"㉔。总的看来,以上"符合人体跪坐高度""榻""枰""床"分别为实现某种功能的名词,而"高足""三尺五""板独坐""八尺"又是相应功能通过结构而得到的家具形式。可以说,这种朴素的"一体化设计"观念为后来的家具设计发展奠定了基调。

不只是单个家具表现出的"一体化设计"起源,"席地而坐"时期各类家具的组合使用,

图 3.10　清三足圆凭几（北京故宫博物院藏）

也为后来高型家具的"一体化设计"发展提供了很好的借鉴。凭几作为一种具有倚靠功能的家具，早在周时的席地生活中就已出现。《器物丛谈》中提到："古者坐必设几，所以依凭之具。"凭几是一种小的矮台，作扶手用，初时为两足加一横梁，一般置于身体左侧以消除跪坐时的不适感，后发展为更符合人体倚靠曲线的半圆形三足凭几。可以说，席与凭几这两种矮型家具的适宜组合改善了坐姿的舒适度。魏晋南北朝以后，随着床榻高度的逐渐增高，跪坐和垂足坐的方式都被允许。此时，得到充分释放的身体试图寻找一种更为舒适的状态。凭几被从地面移至床榻之上，依然充当了扶手的功能。而隐囊的出现也为人体的背部提供了更好的支撑，类似于今天的靠枕。崔咏雪认为，"榻、凭几、隐囊三者的功能合一，即是靠背、扶手的椅子"，并强调，"当时有类似椅子使用功能的需求，已经存在了"。[106]可据此推测，图 3.10 这种三足半圆凭几可能是后来圈椅"马蹄形"扶手的雏形。圈椅很可能是中国传统匠人将凭几和框架椅融合起来的成果。

3.3.2　"高型家具"的发展

　　魏晋南北朝和隋唐是矮型家具向高型家具过渡的重要阶段。五代顾闳中的《韩熙载夜宴图》展示了那个时期流行于社会上层阶级的高型家具类型，如酒桌、靠背椅和带三面围子的榻，其中酒桌和靠背椅看似已经使用了框架构造。同时，此图也描绘了因高型家具的出现而形成的起居方式。宋代是高型家具迅猛发展并确立基本形制的时期，各种类型的家具在"一体化设计"思想的反复验证中不断完善着自己，为后来明式家具"一体化设计"的成熟和完美打下了坚实的基础。椅子是高型家具中的重要类型，宋代的椅子在功能上将舒适性的改良和完善作为其发展的重点。发达的建筑营造技术也为宋代椅子的框架构造和榫卯结构提供了关键性的支持，家具的部件不止于粗拙的直材，带有弧度的纤巧部件形式也出现了，见表 3.1。宋代夹头榫桌案的设计演变，无疑是"一体化设计"在促进家具自我完善中的典型表现。牙头、牙条和横枨等部件，在桌案功能和结构需求的变化下，呈现出多样化的形式，见表 3.2。

表 3.1　基于"一体化设计"的宋代木椅的完善过程

名称	北宋木椅	宋代木椅	北宋扶手椅、脚踏	南宋框架椅
图示				

续表 3.1

		"一体化设计"的完善过程			
相互关联	功能	舒适度很低	舒适度一般	舒适度较好,带脚踏	舒适度提高
	结构	腿间为步步高赶枨,结构较稳固	前腿间有双枨,结构较稳固。靠背由两根竖向木框打槽装条板	前后腿间无枨(可能是绘画者省略的),结构不稳固。背板由整块木料挖出	腿间为步步高赶枨,结构较稳固。背板由整块木料挖出
	形式	靠背采用横档,搭脑平直且两端出头。两后腿有明显的侧角收分	靠背平直,搭脑有了向上凸起的弧度	条形背板有弯曲度,扶手和搭脑末端均出头,搭脑向上凸起,前面设有脚踏	条形背板略微弯曲,搭脑两端出头且稍翘起。已与明代家具十分接近

表 3.2 基于"一体化设计"的夹头榫桌案的完善过程

名称		南宋夹头榫案	金夹头榫长桌	宋夹头榫长桌	明夹头榫平头案
图示				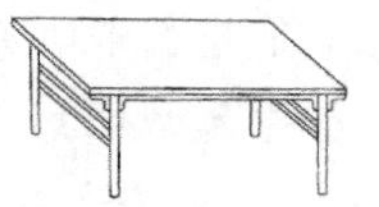	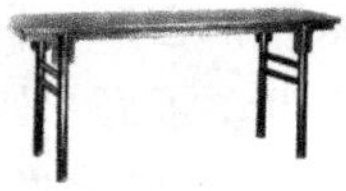
		"一体化设计"的完善过程			
相互关联	功能	正面不影响使用	正面影响使用	正面不影响使用	正面不影响使用
	结构	结构不稳固	结构较稳固	牙条增加稳定性,结构牢固	增加牙头和腿足的嵌夹面,使结构更稳固
	形式	四足上端有小牙头,正面无枨子,侧面有单枨或双枨	四足上端嵌夹长尺寸的牙头,正面为单枨,侧面有单枨或双枨	四面有枨,相邻牙头连接为一体,形成牙条,侧面有双枨	明代夹头榫的牙条加宽,牙头沿腿部向下加长,侧面有双枨

将适宜的各类家具整合为一种全新形制的思想,也是高型家具发展中"一体化设计"的重要内容。如宋代的面盆架和手巾架在明代被整合为一体,以方便制作和使用。图 3.11 中的男主人公坐在壶门形床榻上,床面是藤编软屉,其上放置着可能由"胡床"的折叠结构发展而来的支架,对背部有支撑作用。该支架可调节,折叠后易携带。《遵生八笺》中介绍了与此支架功能相仿但形式不同的类型,称为"靠背":"以杂木为框,中穿细藤如镜架然,高可二尺,阔一尺八寸,下作机局,以准高低。置之榻上,坐起靠背,偃仰适情,甚可人意。"[22]从画中家具的功能和形式来看,传统躺椅的设计很有可能从此类床榻与支架

图 3.11 宋李嵩《听阮图》局部

（或"靠背"）的组合中得到启发。

明清家具在宋代高型家具的形制上继续发展。明式家具配合着园林建筑的兴盛融入了文人设计师的思想与情感，促使其成为传统高型家具的设计巅峰。清中期以后的家具呈现出中西文化的交汇，皇家西式建筑的流行和外销品设计的需求等，推动了广式家具的发展。

3.4 外来家具影响下的"一体化设计"

3.4.1 文化交流和外来家具

设计的创新与发展离不开文化交流这一重要因素。中国自汉代始进入与外来文化（如西域文化和南亚次大陆文化）的交流期[107]。以家具来讲，中国传统漆家具中的优秀文化自15世纪就已输入欧洲。"中国风"与"中国主义"的卓越成就也陆续建立在中西文化交流的不同阶段。在中国家具文化发展的篇章之中，外来家具无疑是浓重的一笔，如胡床（交床）、绳床等。它们不但影响和促进了中国人由"席地而坐"向"垂足而坐"生活方式的转变，还进一步推动了满足垂足坐姿的高型家具的诞生。《三才图会》中有"今之醉翁诸椅……制各不同，然皆胡床之遗意也"[20]。从所涉及的椅子种类来看（图3.12），这里的"胡床"应该是指"西域之床"[21][108]，包括可折叠的"交床"和有靠背的绳床。可见，当外来文化及家具输入之后，中国匠人并不是拿来即用、故步自封，而是利用自己的智慧与经验将外来家具的元素与本土的需求适宜地结合起来，尤其在"一体化设计"思想的指导下，他们创作出了一批具有本土特色却也不乏外域影像的新的家具形制。针对这一现象，古斯塔夫·艾克如此谈到："在佛教传入的最初几世纪内，西方坐法逐渐普及，带或不带扶手的靠背就同传统的中国构造结合起来，随着印度—中亚的靠背扶手椅全面顺应中国建筑形式，普通的中国椅子得以产生并

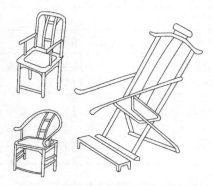

图3.12 《三才图会》中的椅子种类

发展。"[77]

3.4.2 胡床的影响

"胡床（交床）"一词最早出现在《风俗通》，后又在《后汉书·五行志》中被提及："灵帝好胡服、胡帐、胡床、胡坐、胡饭、胡空候、胡笛、胡舞，京都贵戚皆竞为之。"胡床自东汉末年灵帝始传入中原后，其名称便根据形制的改变而不断变化[109]。这些"形制的改变"伴随着外来家具与本土需求的融合过程，也体现着中国传统家具演绎中不可或缺的"一体化设计"思想。

胡床是一种轻便折叠凳，类似于"马扎"，后期也称"交杌"（参见前述）。在中国古代，交

中国现代家具设计创新的思想与方法

机曾经是权威的坐具,是荣耀和地位的象征,是战场上指挥官所使用的,或者与佛教中的神共同出现。当椅子在中国普及后,交机就失去了它独特的地位而成为大众坐具,被广泛地应用于从帝王到百姓的社会各阶层。轻便易携的交机能够被扛在肩上随意搬运,或者由沿街叫卖的小贩随意携带。交机具有各种尺寸,17世纪大而华美的、由最好的硬木制作的交机通常是上层阶级的家居用品。而今,小而简易的交机经常在炎热的夏季成为百姓在户外消遣时所使用的坐具。《清异录》有"胡床施转关以交足,穿绷带以容坐,转宿须臾,重不数斤"[25]。其中将胡床的功能——"转宿须臾""容坐",形式——"交足"和"穿绷带",结构——"施转关以交足,穿绷带以容坐"等特点介绍的惟妙惟肖。而胡床之后的形制变化便是在以上三者关联设计的基础上逐步发展的。胡床在隋时改称"交床"。《长物志》中有"交床即古胡床之式,两脚有嵌银、银铰钉圆木者,携以山游,或舟中用之,最便"[26]。交床在唐玄宗时有了"逍遥座"之称,据说其形制始自唐明皇时期。"逍遥座"一词是用来形容添加了靠背功能的交床。《格致镜原》中有对"逍遥座"功能和类型的描述,称其"以远行携坐,如今折叠椅"[25],见图3.13。宋代将带靠背的交床命名为"交倚"或者"交椅",使得此类家具的功能、结构和形式特征更为突显,即带有"倚"靠功能、折叠结构的交足形式。与此同时,增加了"荷叶托首"的"太师交椅"也从功能和形式上丰富了这个时期的交椅类型。交椅自唐起,在之后近1 000年的发展中都维持着基本的形式和结构,主要分为直背和圆背两种。其中的圆背交椅,即靠背与扶手是连为一体的栲栳圈样式,因其舒适度高而最受欢迎。明式圈椅就是由这种栲栳样交椅发展来的。圈椅从交椅中汲取了能为身体提供充分自由度的栲栳样靠背("马蹄形"椅圈),而其直立四足的出现是为了适应更为稳定的生活环境[110]。

图3.13 五代肩扛椅子的人

综上所述,胡床这一外来家具为中国传统的高型家具发展提供了良好的借鉴。它在与中国本土需求的融合中产生了一系列的演变,却也"万变不离其宗"。胡床的"万变"外化在形式上,主要表现为:① 从无靠背到"折背样"靠背,再到"栲栳样"椅圈的演变;② 从交足到直立四足的演变。这里的"宗"是指"一体化设计"的思想。胡床中部件形式的不断改良和完善,都是为了追求更为舒适的人体坐姿功能,而结构的日益成熟也成为家具中形式和功能精进的支持。

3.4.3 绳床的影响

绳床是魏晋时期传入的有靠背的坐椅,是源自印度僧侣坐禅入定的坐具,也被称为禅床。与之相关的佛教文化则早在东汉初年就已输入汉地。在之后的佛教文化发展中,石窟与寺庙的建造活动开始兴起,由此引入了大量来自域外的壁画。画中出现的高型家具成为中国匠人创作的直接范本,也因此深刻地影响到那个时期中国家具的形式特征。例如,家具的直腿直脚在唐时发展为撇腿、葫芦腿和勾脚等[106]。

图 3.14　敦煌壁画二八五窟：西魏
《禅修》中的绳床

"绳床"易与"胡床"发生混淆，实则两物。二者都可称为中国高型家具的始祖[106]。与胡床一样，早期的绳床也很轻便，坐面为藤绳编制，后改为板制。与胡床不同的是，绳床有靠背，不可折叠，带直腿且四足落地。最早被提及的绳床是西晋末年佛图澄所使用的，被认为是中国椅子的起源[108]。如图 3.14《禅修》中的坐具类型便是绳床。其有靠背，搭脑出头，四足垂直落地，且坐面由藤绳编制。《南海寄归内法传》（卷一）中也有对绳床较为详细的描述："西方僧众将食之时，必须人人净洗手足，各各别踞小床，高可七寸，方才一尺，藤绳织内，脚圆且轻。卑幼之流，小拈随事，双足踏地，前置盘盂。"⑦

魏晋南北朝时期外来的椅子、折凳、垂脚椅等传入中原，形成了坐椅的萌芽期[106]。其中的折凳应是胡床，而垂脚椅应为绳床。绳床的出现为中国人的坐姿方式带来了全新的体验。其最初的设计是为了满足僧侣"坐禅入定"和"一生昼夜不卧"的生活方式。因此，绳床一般坐面宽大，以利于跏趺法的盘腿而坐；通常后有靠背，以便消除因久坐不卧而产生的疲劳。宋末元初胡三省的《资治通鉴·唐纪》注中有："绳床，以版为之，人坐其上，其广前以容膝，后有靠背，左右有托手，可以阁臂，其下四足着地。"唐武曌晚年后，绳床逐渐走入世俗社会，而模仿绳床形制的带有靠背的坐具也相应多了起来。为避免称呼混淆，绳床被改称为"倚床""倚子"或"椅子"。因绳床的广泛影响，初唐末以后的 100 多年被认为是中国坐椅发展的"枢纽性重要时期"⑧。在此期间，绳床进入了上层阶级私堂成为尊者的坐具，进入了宴会成为宾客的坐具，进入了驿站成为官员休憩的坐具，也同时进入了文人的书房和诗句[108]。

"席地而坐"时代的中国床榻还未形成如绳床般如此成熟的高型家具，反而是这些外来家具催生了魏晋南北朝时期床榻的逐渐增高，推广了垂足坐姿。这些外来椅子中完善的"一体化设计"思想被中国匠人适宜地提取出来，在与以往的营造经验或者外来新奇元素结合之后，新的本土形制就产生了。例如，成为尊者坐具的绳床可能被改良为"马蹄形"扶手，宴会宾客和驿站官员所坐的绳床可能是官帽椅的前身，而文人书房中的绳床则可能演化为玫瑰椅（文椅）这一新的形制。

3.4.4　其他外来家具的影响

随佛教文化传入的高型家具可谓丰富多样，除绳床（椅）之外，还有墩和凳。墩主要来自石窟造像和壁画中的佛座，可以分为腰鼓形和方形两类，其装饰有壸门、开光和莲花图案等。在图 3.15 中，甘肃泾川的铜制佛像就带有方形的四足佛座。方凳（图 3.16）也是由佛教文化带来的高型家具形制，其坐面方正，有四条直腿，腿间无枨。墩和方凳的传入对后来中国传统凳形制的产生具有重要意义[111]。

图 3.15　带有四足台座的佛像　　　　图 3.16　敦煌壁画二五七窟壁
　　　　（甘肃省博物馆收藏）　　　　　　　　　画中的北魏方凳

3.5　民间创新家具中的"一体化设计"

3.5.1　民间家具的地位和研究价值

　　中国传统家具的巅峰代表是明式家具,而明式家具中又以硬木家具最为卓越。硬木家具选材上乘,工艺精湛,韵味浑厚,是西方现代家具设计师竞相推崇的设计典范,也是"中国主义"家具创作的主要灵感源泉。然而,对于广大普通百姓而言,硬木家具显然被贴上了上层社会的标签,民间家具才是他们日常生活的主旋律。民间家具中所包含的文化被民艺学家张道一称作是介于实际需求和精神需求之间的"本元文化"②[112]。

　　其中体现着古人朴素和纯真思想的民间性和世俗性,是贯穿于中国传统设计思想的最基本因素[113]。正如刘传生所说,明清家具是中国家具的分支,而民间家具是母体[114]。何晓道也认为民间家具的结构、造型以及制作工艺是硬木家具发展的基础[115]。南希·伯丽纳和萨拉·汉德勒用"Vernacular Furniture"一词来描述"乡村的家具",其中的"Vernacular"有"地方(特有)的""民间的"等释义,这里取"民间的"一意。同时,他们将硬木家具称为"古典"家具,定义为"Fine Furniture"[116]。"古典"一词在某种时候已经是一种风格或者美学品味的代名词[23]。与民间家具相比,这类家具是集中了最昂贵的材料和大量的人力才得以完成的。伯丽纳和汉德勒还以独特的视角诠释了民间家具与"古典"(硬木)家具之间的联系和区别,从而展示了中国民间家具所特有的魅力和价值。他们认为"民间家具的工匠精于他们所从事的技术工作,并且与那些为统治阶级服务的同事一样,对传统的设计标准和细节具有良好的熟练度"。与此同时,"民间家具和'古典'(硬木)家具紧密联系在一起,且不断地相互激励和借鉴着"[116]。由此可见,民间家具具有与明式硬木家具同等重要的历史地位和研究价值。

3.5.2 民间家具的设计思想

首先，与硬木家具相比，民间家具的选材受到局限，主要以取材便捷为主，多采用具有当地优势的材料。民间家具在功能主义的宗旨下，"极大地尊重了工匠的意识与主张"[117]，往往体现出更为简明的形式和结构。并且，这些形式和结构十分质朴，以至于外观虽欠推敲，却使得家具功能的作用更为突显。可以说，民间家具的"一体化设计"思想呈现出更为原始和直率的一面，淋漓尽致地体现了"一体化设计"对民间家具的指导意义。

其次，与其他传统家具类别一样，民间家具首先秉承着以功能为本的原则。同时，由于实际生活中需求的复杂性，民间家具的功能表现出直接且多样化的特点，通常以实用和多功能的方式出现。相较硬木家具中造型的规律性，民间家具的形式因追随功能而显得更为自由，往往质朴而丰富。相应的，结构也要以多样化的方式来支持功能与形式。

最后，民间家具也是符合生活中多功能需求的。由于材料和物品种类的限制，民间家具一般采用一物多用。民间匠人丰富的想象力给予了这些家具所特有的"一体化设计"的魅力。它们能够在有限的条件下尽可能多地满足使用者的具体需求，却经常采用最简明的形式加以表达，且都应用了单一且极易操作的结构，见表3.3。同时，对于功能的直接诉求是民间家具最注重且最擅长的，即"需要什么就做什么"。因此，与之相应的家具形式就格外新颖，种类也异常丰富。

表 3.3　民间多功能家具中的"一体化设计"

图示	功能、结构与形式关联的"一体化设计"表现	
	摊贩用的凳	
	功能关联	可侧身坐，也可叉腿坐，坐面下的储物抽屉可随手开合，凳面一侧的铁环是用来将凳挂起并携带的
	结构关联	与传统橱的结构类似，凳面与腿之间还采用牙头来加强稳固性
	形式关联	条形凳面，四腿有侧角收分，凳有肚膛，其侧面设置了条形抽屉
	杂木"坐婆婆"	
	功能关联	靠背可避免儿童后仰造成危险，围板通风透气，桌板供儿童用餐，不用时可取下。木槽可导出尿液
	结构关联	桌板可拆卸。横竖枨相交的围板设计让结构更稳固
	形式关联	外形呈箱盒状，靠背搭脑出头，两侧围板用栅格装饰，坐面前端斜安木槽，延伸至围板外
	钱箱椅	
	功能关联	具有民间"保险柜"的功能。上部可坐，下部储藏钱币。同时，随着钱币数量的增多，钱箱椅的重量也加大，不易被搬移，也体现出另一种防盗作用
	结构关联	下部的箱体为椅子提供了稳固的结构
	形式关联	椅子上部为带三面围子的宽大坐面，下部是箱体。其四足敦实，整体给人以牢靠安全的感觉

3.5.3 民间家具的创新精神

本着对功能至高无上的追求,智慧的民间匠人充分发挥了创新的精神,在家具实现方式上显得得心应手且无所拘束。这就产生了一系列功能到位、结构奇巧和形式新颖的创新性家具。图3.17的折叠凳是"一体化设计"的典型代表。其折叠的功能通过直率的形式和显而易见的结构来体现,没有任何累赘。

图 3.17　柏木雕刻的折叠小凳

图3.18是笔者拍摄于甘肃青城罗家大院的帽架,用于搁置俗名"瓜皮帽"的六块瓦帽。有趣的是,两面的支柱都有类似窗扇的合页,用时将其打开,若不用时将其合拢以避免磕碰。图3.19(a)是甘肃青城的一个民间"保险柜"。其保险功能主要设置在橱柜第二排的三个抽屉间,乍一看只有中间抽屉有活动的抽取功能,而两边是无法打开的装饰板。然而,其具体功能的实现十分巧妙,操作如下:首先将中间抽屉取出,可从抽屉下方打开隐藏着的闷户橱的盖板,见图3.19(b)。其次将左侧(或右侧)装饰板移动至中间部位,即可看到隐藏在左面(或右面)的抽屉,见图3.19(c)。此"保险柜"通过缜密的结构和错觉性的形式,最终实现了内部隐秘性的功能,充分体现出设计者对"一体化"理念的纯熟应用以及民间家具中所蕴含的创新精神。

 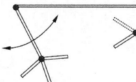 

图 3.18　甘肃青城罗家大院的帽架

 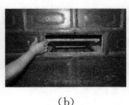 

(a)　　　　　　　　(b)　　　　　　　　(c)

图 3.19　甘肃青城的民间"保险柜"

注:(a) 未使用时;(b) 使用操作第一步;(c) 使用操作第二步。

需要强调和补充的是,民间家具的"一体化设计"是在建筑空间的功能需求下形成的。陈增弼认为,"民居与民间家具的关系是'表'与'里'的关系。家具是建筑使用功能的延伸和补充"[118]。民间建筑的地方特色赋予了家具不同的风格,而传统的南北方家具之间的差别,大多起因于南北建筑功能的需求迥异。如图3.20是拍摄于山西平遥古城的室内景象。北方卧室内的土炕是空间的主要陈设品,且主与客的日常活动也多围绕土炕进行,这很类似于

图 3.20　山西平遥古城土炕上的矮型家具

传统席地而坐的生活方式。因此,与土炕匹配的家具需求就变得必不可少,各类矮型家具成为土炕陈设的首选。同时,由于土炕的空间有限,家具的陈设位置都是根据具体需要而设计的。例如,炕橱一般沿墙边放置,保持固定不动。而炕桌通常在炕面的中央位置,便于家人围坐,不用时可将其收起,是活动的。图 3.20 中有炕橱、小型柜架和炕桌等类型。这些矮型家具的组合功能已经类似于中国 20 世纪 80 年代的现代组合家具,只是在形式上更为质朴和自由。

3.6　小结

通过对传统家具中功能、结构和形式间相互协同和关联的整体设计的剖析,得到了与现代家具共通的具有启发性的设计原理,称之为"功能、结构与形式的一体化设计"。"一体化设计"贯穿于中国传统家具发展的核心设计原理。其思考和应用过程集中体现在传统家具发展史的重要阶段和内容中,包括家具设计的建筑起源、家具与生活方式的相互影响、外来家具的本土化发展和民间家具的创新精神等。总之,从现代设计视角展开的针对传统家具的"一体化设计"研究,不但揭示了传统家具设计原理中的系统性和整体性思维,也为传统家具与现代家具搭建了更为平等的对话平台,进而提高了传统家具现代化的创新效率。

中篇　流变

4　20 世纪 80 年代中国现代家具与设计原理传承

在《世界现代家具发展史》一书中,20 世纪 80 年代被界定为中国现代家具业发展的起步阶段。1980 年,全国轻工业系统中的家具生产企业已达 3 000 家,从业人员达 35 万人之多。至 1982 年,家具年产量已为 6 000 万件。这一时期是中国传统家具的设计和制作工艺与不断输入的现代设计思想和生产技术等进行融合的阶段[119]。因此,20 世纪 80 年代的家具不但延续着传统匠人的丰富经验,也体现着现代设计对中国家具所产生的巨大影响,包括:材料由单一实木转为板材或者板木结合;沿用至 20 世纪六七十年代的传统框式结构,也逐渐向现代拆装结构过渡;手工生产由半机械化或机械化代替;建筑形式及空间的减小促使家具的形体呈现出灵巧实用的特点,而组合家具和多功能家具成为这一时期的市场主力军。

传统家具的影像甚至灵魂都能在 20 世纪 80 年代的家具中被轻易找到。例如,传统的线型、脚型,适宜舒展的传统比例,简洁质朴的传统功能,合理坚固的传统结构等。当然,由于处于过渡期,在 20 世纪 80 年代的家具设计中,传统与现代之间的融合还欠完美,但这一过程的尝试为后期现代家具的设计原理传承探索了可能发展的方向。

4.1　背景与概况:传统的延续和现代的萌芽

20 世纪 80 年代是中国现代家具业发展的起步阶段,改革开放的政策不但吸引了外商的投资,也实现了本土企业从计划经济向市场经济的转型。西方现代家具技术的冲击,极大地影响了以手工艺生产为主的传统家具概念。20 世纪 70 年代人造板的兴起带动了板式家具的发展。20 世纪 80 年代以来,中国的家具企业先后从德国、意大利、日本等国引进了 32 000 余台家具木工机械,投资

1.69 亿美元,组成了 200 余套板式家具生产线。促使约 80% 的家具企业改进了落后的手工生产,逐渐进入了半自动化和自动化的家具时代。在 20 世纪 70 年代后期,人口的快速增长导致人均居住面积的大幅度减小,城市建筑大多是面积小而房间多。"改革开放"的政策为外商在华建厂提供了可能。式样和种类繁多的西方现代家具,或与之相关的思想和技术信息也大量涌入。实用性和舒适性仍然是 20 世纪 80 年代家具的主流,而消费者还表达出对于个性化审美的需求。另外,市场经济下第三产业的发展,也迫使家具由通用型转向专用型,单件转向成套,特别注重室内家具配套的整体性[120]。总之,相较于小巧轻便且式样多变、可拆装或折叠、多功能的板式组合家具,那些体量大、不易挪动、功能单一等的传统家具逐渐被时代所淘汰。

与本书相关的国内研究,大多是从 20 世纪 90 年代末开始的,而联邦家私集团的"联邦椅"成为传统向现代设计成功转化的标志[5]。然而,当我们回顾 20 世纪 80 年代初,适逢中国现代家具设计崛起之时,就会发现这一时期的家具中有着相当数量的设计原理传承层面的优秀代表,足以成为当代该类家具设计的典范和参考。遗憾的是,对这一时期家具设计系统而深入的研究十分不足。中国 20 世纪 80 年代的家具设计具有"承上启下"的过渡特征:"承上",即包含有传统设计和制作经验;"启下",则为采纳了众多的现代制作技术和审美需求。这些特征的有效融合恰恰体现出本书研究的目的,能够为中国现代家具设计的发展提供更为实际的指导和借鉴。因此,基于设计原理的传承,20 世纪 80 年代的中国家具设计是不可忽视的重要起点,它与 20 世纪 90 年代和 2000 年以来的相关家具发展构成了完整的研究路线。

总的来说,传统家具所承载的文化感染力还继续影响着 20 世纪 80 年代的家具设计。"经历史培育和世代能工巧匠创造的那种依附于传统建筑艺术的家具风格,在中国大地根深蒂固,不会轻易被一种新潮替代。"[121]直至 20 世纪 80 年代末,仍然有相当数量的乡镇、集体和个体等家具企业,是以传统的加工工艺生产家具的,必然使这些现代家具映射出中国传统家具的特色。这就形成了板式家具与传统特色相结合的现代家具雏形。例如,浙江定海沥港精艺木器厂在 1985 年与上海市家具研究所合作,使其产品拥有了良好的现代技术与设计的开发平台,但该厂仍很注重家具线脚的运用,也保持着家具雕刻工艺的传统[122]。

4.2 传统功能与现代空间

20 世纪 80 年代的家具仍然保持有传统家具中质朴和实用的精神。从功能传承和革新的角度来看,20 世纪 80 年代的现代家具主要分为单体成套家具和多功能组合家具两大类。

4.2.1 单体成套家具的使用灵活性

按住房面积设计的成套居室家具,是 20 世纪 60 年代兴起的板式家具。一直到 20 世纪 80 年代,成套家具仍然出现在各种家具图集或图册中,是体现传统向现代过渡的重要家具类型。成套家具中包含有多种独立的单体家具,讲究形式上的统一、功能上的配套与多样化。其中的单体家具会依据空间和使用功能的需要进行陈设,这点与传统家具相似,但现代家具的尺寸明显被缩小以适应现代居住空间,见表 4.1。

表 4.1　20 世纪 80 年代的成套家具

名称	20 世纪 80 年代的马蹄脚型成套家具	山西王家大院的家具陈设
图示		
描述	由杭州工农木器厂生产的马蹄脚型成套家具,包括写字桌、双门带穿衣镜衣柜、二节杂品柜、床头柜、双人床、单门带屉柜、餐桌和方凳。多种类型的家具将有限的空间适宜地分割为不同的功能区域,让多样化的功能创造出多样化的居住空间。以上的"成套"概念在传统家具中最为多见,特别是在与建筑空间的配合中,传统家具承担起建筑功能的延伸和扩充作用。在山西王家大院内的书房一角,配有架格、书桌、扶手椅和方凳	

4.2.2　多功能组合家具的空间适应性

1944 年美国家具设计师乔治·纳尔逊(George Nelson)与亨利·赖特(Henry Wright)共同设计的"储藏墙"在《生活》杂志发表,是组合柜的原型。至 1949 年模数制储藏家具"储藏墙"问世,它是由多组柜、架、抽屉和翻板桌面组合而成的。其中的"系统"含义为"相同或相类的家具按一定的排列和内部联系组合而成的整体"[123]。20 世纪 80 年代以前,中国的家具仍以单体成套家具为主。至 20 世纪 80 年代中后期,板式家具的相关技术已日渐成熟,以意大利和德国的组合柜为原型,中国也开始了组合家具的研制,并试图将这一现代家具类型与中国传统特色结合起来。当时有"传统组合式家具"的相关提法和实践。它是指在现代板式组合家具上体现传统家具的民族风格和工艺特点,或者是用现代技术和审美意识改造传统家具,注重强化传统家具的组合功能。对于此类传统组合式家具的开发,时任浙江定海沥港精艺木器厂厂长的徐新年认为,"家具的式样不断演变,但万变不离其宗,家具设计服从于功能,而功能又为满足人的生活需要和审美追求,因此抽象来看,将传统家具和组合家具的长处融合到设计中,不仅必要而且可能"[121]。

凭借与现代设计共通的优势,传统家具功能中直率的实用性被融入这一时期的现代家具中,具体表现为:① 与传统家具的单体功能的融合;② 与传统家具的单体多功能的融合;③ 与传统家具的单体组合多功能的融合。以下试分别详细说明:

首先,对人体工程学的研究始终是家具设计中要被考虑的基本因素。这一时期坐具的靠背通常呈 105°—120°仰角,靠背的侧面弧度符合人体的腰背曲线。家具的外形尺寸一般是根据使用功能确定的。轻工业部在 1957 年就颁布了标准的《常用家具基本尺寸》,在其制定和修改的过程中,曾对人的身体体形与存放物品的种类以及使用要求等进行了大量的调查,且考虑到各民族的不同生活习惯,在尺寸制定中也提出应具备一定的幅度[124]。从图 4.1 和图 4.2 中可知,因在人体工程学方面体现出的合理性和启发性,传统椅子的"C"形和"S"形条形背板依然为 20 世纪 80 年代的椅子所采用,同时被赋予更为科学的改良设计。同时,20 世纪 80 年代椅子的坐面高度、坐面进深、坐面宽度、靠背高度等都已被设计为符合现代人群和使用方式的人体工程学数据。如前所述,就单体功能而言,一些传统椅子的坐面是带有弹性的藤编软屉,并配以坐面下部的弯曲穿带。这一舒适性的考虑同样在 20 世纪 80 年代的椅子中体现出来,且现代的新材料与新技术为其提供了更多可能的实现方式,如图 4.1 和图 4.2 中椅子软垫的设计。

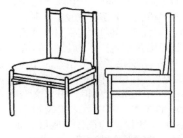 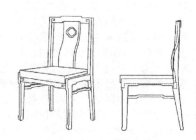

图 4.1　"C"形条形背板　　　　　图 4.2　"S"形条形背板

其次,20 世纪 80 年代的组合家具饱含着创新性和实用性的思想。单体多功能家具和单体组合多功能家具都是这一思想的丰富体现。从共通性来看,传统家具中也不乏具有多功能或者组合多功能的设计典范。图 4.3 的缝纫写字台是一件 20 世纪 80 年代的单体组合家具。缝纫机隐藏在右侧柜门中,上部台面活动,可根据需要取放缝纫机头;左侧的抽屉与柜为储藏用。这件单体多功能家具迎合了 20 世纪 80 年代小居室的需求,将两种产品和多种功能结合为一体。另外,由于重量较大,该缝纫写字台下带有滑轮,以方便移动,这是缝纫写字台常见的做法。单体多功能家具在传统家具中较为多见,传统活面棋桌便是多功能家具的代表。它通常是将棋盘、棋子等隐藏在桌面下部的夹层中,上面再盖一个活动的桌面。平时可作为日常桌子使用,对弈时可掀去桌面,集方桌和娱乐功能为一体[41]。表 4.2 中展示的是一件现代书柜与一件传统带橱殿圆角柜,二者在单体多功能的设计原理上具有共通性。前者很可能受到了后者在功能设计上的启发。

图 4.3　缝纫写字台

表 4.2　20 世纪 80 年代的单体多功能家具

名称	20 世纪 80 年代的书柜	17 世纪的黄花梨带橱殿圆角柜
图示		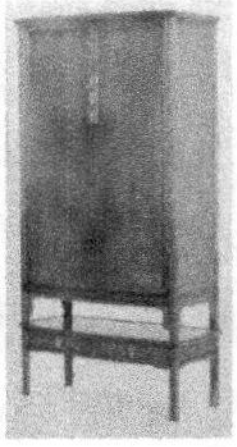
描述	该书柜可大致分为上下两个部分。其上部又有两层,每层都由一个单开门小柜和一个玻璃推拉门展示柜构成,且上下两层呈对称分布。该书柜包含有多种功能:① 带门柜的储藏功能和玻璃柜的展示功能。② 带门柜在尺寸上差别很大,与下部的大柜不同,上部的小柜可存放细小物件,与抽屉的功能类似。相较传统的带橱殿圆角柜,这款 20 世纪 80 年代的书柜不仅从形式上更为活泼,且最大限度地集多种功能为一体,满足了那个年代对于多功能家具的需求。带橱殿圆角柜在传统家具类型中是比较少见的。但《中国古典家具价值汇考:柜卷》一书中介绍过多例此类家具,涉及带底座或底桌的圆角柜和方角柜。根据文震亨在《长物志》一书中的观点,下部橱殿的使用是对圆角柜防潮的考虑。其中虽未提及带橱殿圆角柜的多功能意义,但从此实例中可明显看出:除却二者不同的储藏功能——橱殿为抽屉储藏、圆角柜为柜储藏外,橱殿与圆角柜之间还形成了四面开敞的架格的功能	

　　20 世纪 80 年代的单体组合多功能家具有两种方式:不同种类单体间的组合、同种类单体间的组合。传统家具中也有单体组合多功能家具,但其所占份额很小,且组合的单体数量或种类也较少,相应的功能分类也就少。这也是现代板式组合家具逐渐取代传统家具并深受消费者欢迎的原因。

　　一是不同种类单体间的组合。由多个独立的单体家具组合成型的系统家具,可依据实际需要对其中的单体进行拆分和随意组合。在 20 世纪 80 年代的此类组合家具中,更多的是包角做法,完全是现代式,但也有利用带传统特色的脚架设计而成的家具类型。不同种类单体家具的组合方式古已有之,在居室功能的要求下,传统的一些单体家具也会组合起来使用,见表 4.3。有一个实例更具有说明性,随着居住空间的减小,"上小下大"的圆角柜在明以后就很少使用了,而四面方正的方角柜逐渐流行。因为前者在与其他家具共同摆放时,会留下不美观的间隙,也浪费空间;而后者就能很好地适用于以上组合的摆放方式。

　　二是同种类单体间的组合。宋黄伯思的《燕几图》、明戈汕的《蝶几图》和《匡几图》是传统单体组合家具中的优秀设计作品,可从中一窥古人的匠心独具。中国营造学社创始人朱启钤曾这样描述:"(燕几和蝶几)二者皆以几何原则平面切合,参伍错综变化悉成文理。"其中,"燕几用方体以平直胜,纵之横之宜于大厦深堂""蝶几用三角形以折叠胜,犄之角之宜于曲槛斗室"[③]。在 20 世纪 80 年代的家具中,以上变化纷呈的、传统的单体组合设计思想依然兴盛,因为它能够满足那个时期小而多变的空间需求。表 4.4 中一件现代套几,它与匡几等组合家具的类型有着类似的设计思想。

表 4.3　20 世纪 80 年代的不同种类单体组合家具

名称	20 世纪 80 年代带马蹄脚架的三单体组合柜	山西王家大院的家具陈设
图示		
描述	由温州家具厂制作的带马蹄脚架的三单体组合柜,是根据现代生活方式设计的。其左为单门柜,中为电视柜,右为玻璃陈列柜。该组合柜带马蹄脚架,是将传统形式与现代功能结合的尝试。类似的组合方式也能在传统家具中被找到,如山西王家大院中家具的组合陈设。其左右各有一件万历柜,中间夹一柜橱,柜橱台面上放置座屏。可以看出,传统家具的组合更讲究对称	

表 4.4　20 世纪 80 年代的同种类单体组合家具

名称	20 世纪 80 年代的套几	明戈汕设计的匡几
图示		
描述	这件现代套几是由三个尺寸不同的茶几单体,经叠摞组合而成的。可将三个单体拆分并分别使用,也可组合后使用,以节省空间。组合后的套几适宜小面积的居住空间,也便于储藏。因有叠摞的组合需要,套几的设计制作必须符合尺寸精准、榫结合牢固和色泽一致等要求,使其组合后展现出美观的整体性。匡几虽未有实物遗存,但可从朱启钤的描述中发现它组合随意、功能多样的特点:"匡几以委宛胜,小之可入巾箱,广之可支万卷,若置于燕几之上,蝶几之旁,又可罗古器供博览,卷之舒之无不如意。"③	

4.3　传统结构与板式工艺

32 mm 生产系统的引进,加速了中国板式家具的发展。据 1986 年出版的《板式家具生产技术》一书介绍:"板式家具,就是板式结构的家具。是以人造板作基材的部件,通过各种连接件组装而成的一种新型家具。"同时,该书还详细对比了板式与传统框式的结构区别:"框式家具的空间分隔和受力支撑作用是由两组不同的部件承担,其中受力支撑作用由框架承担,置物空间的分隔由不受力的人造板材承担;而板式家具的部件同时起两种作用。"[125]进一步比较来看,工艺方面:一件框架式大衣柜需 50 道工序、19.6 个工时;一件板式大衣柜需 24 道工序、8.52 个工时。原木消耗方面:一件双门框架式大衣柜耗用原木 0.29 m³;一件板式大衣柜仅耗用原木 0.20 m³[119]。

板式结构的应用为 20 世纪 80 年代的中国家具带来了巨大的改变,具体表现如下:其一,统一标准和规格的零部件简化了结构,使得家具更便于生产、运输、储藏和维修。用人造板代替拼板和木框作为主要构件,将水平构件与垂直构件用金属或塑料连接件接合成制品骨架,再在骨架上装门、翻板等。这种做法适用于多种类型的家具,如书柜、衣柜和写字台等。其二,在板式结构的通用活动家具和组合家具中,不可分解的榫卯被金属或者塑料连接件代替,诸如组合家具的角接处采用螺母和螺钉进行接合,贴面的板式结构的端接处常利用蚂蟥钉或金属角接板;圆榫成为榫卯连接中的常用形式,其强度虽略低于直角榫,但圆榫接合的优势也较为明显:比直角榫节省 6%—10% 的木材,便于机械生产,易于家具装配。其三,人造板,诸如空心细木工板和刨花板等代替了实木作为基材来生产板式部件。人造板中的胶合单板可因不同尺寸直接胶接成榫头或卯口。同时,胶合单板还可根据需要加工成任意所需形状,类似于传统的"一木连做"式,避免了连接件的使用[126]。总而言之,32 mm 生产系统促使家具的结构变得丰富且多样化,除传统框式(以榫眼结构为主)家具外,出现了多种现代家具结构。

4.3.1 覆面板结构

覆面板结构是不可拆的板式家具结构。20 世纪 60 年代中期,32 mm 系统还未引进,传统榫卯和其他连接件同时出现在板式家具中。覆面板便是当时较为常用的板式部件,主要有三种类型:① 实心细木工板。在定型木框内填入木条,其两面各胶黏两层单板。② 空心板。在定型木框内填入木条成栏或栅格形,或填入胶合板、纤维板条成栅格形,抑或填入蜂窝纸。木框两面各胶黏两层单板。③ 覆面碎粒板。在定型木框内填入刨花板、碎料板,木框两面胶黏单板或塑料贴面板[125]。相较传统家具而言,这类家具结构的工艺简单、省料且重量轻,见表 4.5。

表 4.5 20 世纪 80 年代的覆面板结构家具

名称	20 世纪 80 年代的方桌桌面结构	攒边装板加穿带的结构
图示		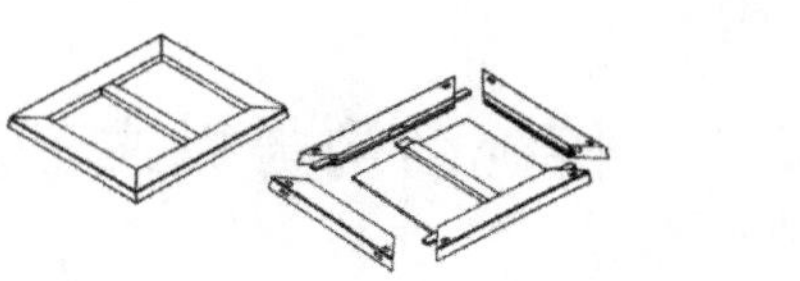
描述	从方桌桌面的覆面板结构分解图中可以看出,其桌面不再采用传统复杂的"攒边装板加穿带"的榫卯结构;方桌桌面与桌腿用木螺钉接合,而在传统做法中,每个腿的端部都设计有两个互为垂直的榫头,以保证桌面与腿间连接的精确与稳固。出于对方桌稳定性的考虑,桌腿与望板之间用不贯通直角榫连接。与普通连接件相比,榫接合具有更好的强度	

4.3.2 板式拆装结构

板式拆装结构的各个部件用金属、尼龙和塑料连接件,或用螺栓、木螺丝连接,并用木销定位组成完整的家具形体。但各个单元件又可多次拆卸和安装,其工艺简单,便于大批量生产,搬运组装都较灵活。传统家具中"活拆"和"活拿"的实例中都有类似的结构设计原理,可能为 20 世纪 80 年代的拆装家具所借鉴,并适宜地与现代生产技术结合起来,见表 4.6。

表 4.6　20 世纪 80 年代的板式拆装结构家具

名称	20 世纪 80 年代的板式拆装扶手椅	16—17 世纪的黄花梨活榫可拆装夹头榫翘头案
图示	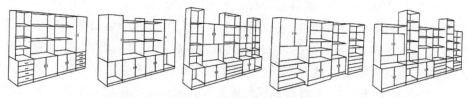	
描述	20 世纪 80 年代后期,山东齐河县东方家具厂设计生产的拆装扶手椅首次出口意大利。该产品共用四种标准单元件,六枚圆柱螺母连接件。坐面为海绵软垫和玉米皮编织垫,可随季节调换[127]。传统家具中的榫卯工艺也具有可拆装的结构优势,且此类家具还不少见,但手工制作的非标准化,使其区别于工业生产下能互换的可拆装家具。这件黄花梨带云头角牙的翘头案,有着可以简便拆装的桌面、牙条和桌腿,每一个部件都刻有记号以便重复组装	

4.3.3　通用部件结构

通用部件结构的主要单元件通用化,使同一规格尺寸的部件能在同类家具中多次应用;还有经以上基本结构延伸出的拆装通用部件组合式,即通过各种连接件将板式单元部件组合为多功能家具的类型,被认为是当时家具行业热衷的研制项目,也是中国现代家具模数化发展的伊始[125]。这类家具发展到后来,随着生产技术特别是电脑控制技术的成熟,也被称为 RTA(Ready-To-Assemble)家具,即待组装家具或规格部件组装家具。其部件实现了标准化、系列化,以高精度或电脑控制的专用设备来保证其高品质,板件的连接采用平口结合方式,用圆榫和五金件就可装配[128]。

通用部件这种模数化设计的家具类型,是现代工业批量生产的成果,明显区别于传统的、订制化的手工家具,但它为传统家具结构的革新提供了现代化的技术和思想支持,值得被研究和介绍。图 4.4 是伊春市林产工业科研所研制的,由可拆装的通用部件经任意组合后产生的五种柜类形式。其通用部件具体为(单位:mm):旁板(六种规格:1 760×440、1 760×280、1 280×440、1 280×280、608×440、608×280),搁板(四种规格:870×440、870×280、430×440、430×280),门板(四种规格:1 750×440、1 270×440、630×440、507×440),屉面(两种规格:98×440、98×880),望板(两种规格:870×71、430×71)。

图 4.4　伊春市林产工业科研所研制的可拆装通用部件的五种柜类形式

该产品中的部件依照 32 mm 家具制造工艺,以 32 mm 为模数进行打孔,使部件的装配实现了标准化。此设计还避免了旁板的重壁,省略了搁架的背板,其板材利用率高达 90％以上。部件经组合后,其高度尺寸(mm)有 608、1 280、1 760、1 888、2 368 五种选择;深度尺寸(mm)为 280、440 两种;装配后的家具宽度(mm)可在 470 或 910 的基础尺寸上,加上 450 或 890 的整数倍[129]。

4.3.4　折叠结构

折叠结构本质上是一种满足使用功能的机构设计。20 世纪 80 年代的折叠式家具种类繁多,除基本的单体折叠家具外,还出现了多功能折叠家具,其折叠机构设计巧妙,使用方式简捷便宜,占用空间小且利于储藏。1979 年出版的《浙江家具展览图集》中就收录了若干多功能折叠家具。例如,湖州家具厂的两用(沙发或床)沙发,衢县龙游木工厂的两用(椅或床)椅,嘉善西塘家具厂的四用(橱、床、桌或椅)家具,杭州家具厂的两用(橱或床)家具等。由于技术与制作工艺等的限制,传统折叠家具的结构主要采用木作,金属连接件为辅助。但其在结构方面的巧妙构思、产生的新颖形式和以功能为本的设计原理,都成为 20 世纪 80 年代家具设计的灵感来源,见表 4.7。

表 4.7　20 世纪 80 年代的折叠结构家具

名称	折叠桌面餐桌	六足折叠榻
图示		
描述	20 世纪 80 年代的这件餐桌是少数留有传统家具形式影子的折叠家具,从中可以看出家具设计(或制作)者试图将传统形式与现代金属折叠机构融合的意愿。此餐桌桌面可通过折叠机构进行调节,进而在长方形(980 mm×760 mm)桌面和方形(740 mm×760 mm)桌面间来回切换。其折叠机构隐藏于桌面下的望板内。在传统六足折叠榻中,除榻面可折叠外,其腿足亦可折叠并收入牙条之内。整个折叠机构主要通过精细的木作结构来实现,仅采用了铁錽银合页	

4.4　传统形式的特征延续

20 世纪 80 年代的一些现代家具还带有明显的传统家具的形式特征,体现出此类设计由传统向现代试探和过渡的发展过程。一方面,自 20 世纪 60 年代起,封闭的中国家具设计一直处于自我摸索的阶段,传统家具的形式,包括明清和民国家具的形式,都成为当时家具制作者效仿或者借鉴的对象。当然,传统的制作工艺依然作为主导也是导致此类现象的重要原因。另一方面,改革开放后,大批西方现代板式家具的形式迅速俘获了渴望新奇的消费者的心。自动化生产工艺的普及也为板式家具铺好了发展之路。"迪扎因"(Design)的定义被引入,其影响越来越广泛。它引起了家具研究者的关注与提倡,被认为是不可遏制的工业美学潮流和提高产品竞争力的重要因素[130]。家具的内在性能,包括使用功能和结构等理性部分开始与感性化的外观形式联系起来。因此,中国家具设计和制作者必须在新材料和新技术的要求下,开始思考如何面对现代家具形式的设计挑战。

总之,20世纪六七十年代的家具被认为是"探索一种适应当时生活基本需求的具有明显时代痕迹的中国风格家具"[28],那么20世纪80年代的现代家具已经具有了对传统形式的设计原理展开借鉴的意义,虽然符号的提取仍然是主要方式。这类家具将传统家具的形式特征引入现代生活,试图在民族文化符号中寻找一种亲和力和人性化,以此改善现代板式家具冰冷、刻板的印象。

4.4.1 传统线型和线脚的借鉴和应用

线型和线脚是传统家具形式设计中的两大要素。由于板式结构和板材生产技术的发展,20世纪80年代家具中的线型显得过于平淡和单一。而部分从传统借鉴或直接继承而来的线型,缓解了现代板式家具原本乏味的视觉感受。例如,椅子中"S"形和"C"形的背板曲线,柜、桌或凳采用的束腰线条,柜顶、柜底和床屏等应用的各类图案线或采用曲直变化的轮廓线,柜门、屉面等边缘的轮廓装饰线,家具腿部体现出的刚劲的马蹄线或柔美的三弯弧线等。同样的,线脚的借鉴和应用也丰富了这一时期的现代家具形式,主要表现为家具腿部的线脚,柜顶或柜底的线脚,床屏边缘的线脚,桌面边缘的线脚等。从表4.8中可以看出20世纪80年代的线脚在传统线脚基础上发展出来的特征。

表4.8　20世纪80年代的家具线脚与明式家具线脚的比较

名称	20世纪80年代的家具线脚	明式家具的线脚
图示		
描述	20世纪80年代的家具线脚呈现出繁复与多样化的现象,展示了从传统(主要为明清)、近代(民国)到现代的各类线脚特征。有趣的是,与传统明式家具中的边抹线脚相比,后者的线脚显得更为简洁,且不同的线脚间都有着相似的特征,可能是明式家具的形式常给人以整体感和统一感的原因	

4.4.2 带有传统形式特征的脚架应用

脚架通常是带有传统脚型的底座。自20世纪60年代起,家具中的脚架就成为体现家具传统形式特征的重要部件。同时,与色彩和材料等一样,脚架也起到了统一家具形式的关键作用,尤其体现在单体成套家具中。这一时期的家具图册中也常用脚架的特征为家具命名。如图4.5中的成套家具,其中的双门衣柜、斗柜、梳妆凳、床及床头柜,除采用了同样素面光洁的板材和相同的表面分割方式外,它们共有的带牙板的马蹄脚架,显然突出了这些单体家具统一的、成套的特征。

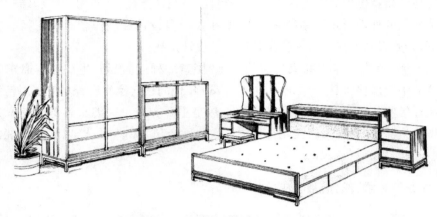

图 4.5　带牙板马蹄脚架的成套家具

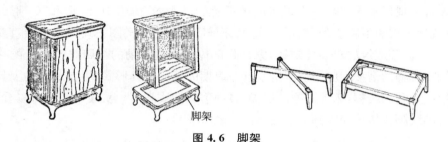

脚架

图 4.6　脚架

通常，板式部件构成的柜体，不直接落地，必须支放在一个独立的脚架（图 4.6）上，当时的南北方都采用这种造型方法[28]。家具的脚架一般分为两个部分：一为脚型，通常被设计为传统的马蹄形、三弯腿、牛角腿、鹅颈腿、仿竹式，等等；二为边线，采用壶门形、水波纹、弧形、罗锅式等，其上雕有回纹、拐子纹、云头纹等传统图案。这大概是因为实木脚架很适合这类传统制作的工艺。可以证实的是，利用板材进行包脚工艺的家具中就没有此类做法。对传统形式的借鉴和革新体现在脚架的设计演变中，它们逐渐被简化为现代式，但仍然能够看出其传统形式的源头。图 4.7 是从 20 世纪 80 年代的家具中提取出的代表性脚架，它们有着从"传统形式"到"现代形式"的多种表现。

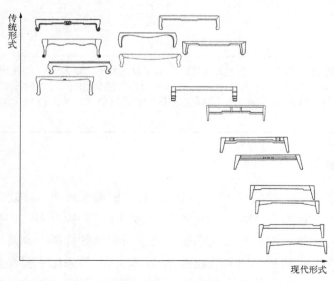

图 4.7　20 世纪 80 年代现代家具中的代表性脚架

4.4.3 其他传统形式特征的借鉴和应用

20世纪80年代的家具还从传统形式中撷取了其他特征,值得肯定的是,这些特征不是嫁接方式的应用,而是与现代需求和生产相结合的传统形式革新,以下试从椅子角度具体分析:

搭脑是传统椅子设计中的重点之一,从搭脑的本身形式来看,有马鞍式、挖油盏头式、圆便直式、骆驼背式和天宫翘式等;从搭脑与椅背的相接处来看,有"出头"和"不出头"两种。在20世纪80年代的椅子设计中,搭脑虽然延续着传统的形式,但基本都是不出头的,见图4.8。其原因应该有二:① 在狭小的空间里方便使用,避免因搭脑出头产生的碰撞;② 配合组合家具中的其他家具形式,不会显得突兀。由此可见,对传统搭脑形式的革新是在符合现代生活或审美需求的条件下进行的。

图4.8 20世纪80年代现代椅子中的搭脑

从图4.9中可以看出,这些20世纪80年代的椅子大都沿用着传统靠背的形式,特别是线条流畅、颇具装饰感的条形背板和直枨梳背形式。这些几乎不需要过多革新或改良的传统靠背形式,很明显地体现出了传统家具中颇具启发性的设计原理。当然,西方沙发椅的靠背形式也被采用了,为这一时期椅子靠背的多元化发展奠定了基础。

图4.9 20世纪80年代现代椅子中的靠背

由于居住空间的缩小,椅子扶手在20世纪80年代的椅子中并不常用,多见于休闲坐具类,如沙发和躺椅。另外,由于材料制作的便宜,传统圈椅的"马蹄形"扶手仍然被应用于竹椅和钢管椅中。为了满足现代生产技术的要求,椅子的扶手不再如传统家具那样呈现出多变的曲线形,往往以较为规则的几何形出现。

总体来看,在20世纪80年代,基于设计原理传承的家具形式设计还处于雏形的尝试阶段。"从鲁班一直传到明代家具,再到现代化工业基础上的板式家具,在设计上也未能完全摆脱以往的束缚,因此,很难有崭新的局面"[125]这一观点描述了一类在形式设计上故步自封的20世纪80年代家具,见表4.9仿传统的形式。另外,摆脱传统的束缚又是20世纪80年代这类家具努力的目标之一,它们将形式设计的重点放在从传统家具中所借鉴来的适宜比例上,见表4.9突破传统的形式。

表 4.9 20 世纪 80 年代的家具形式设计比较

仿传统的形式

名称	明黄花梨方凳(中央工艺美术学院藏品)	20 世纪 80 年代的方凳
图示		
特征	束腰、罗锅枨和马蹄腿	束腰、罗锅枨和马蹄腿
结论	方凳因线条流畅,比例舒展,显得更加简洁和现代	

突破传统的形式

名称	明式红木小方桌	20 世纪 80 年代的方桌
图示		
特征	四面平式直腿、罗锅枨加矮老	桌腿外扩且缩进、带架板
结论	两者在形式上的共通点是舒展流畅的比例	

除传统家具外,20 世纪 80 年代的家具还将近代民国(海派)家具视为形式设计的来源。由于民国(海派)家具本身就具有清广式家具、西方巴洛克和洛可可家具等的遗风,因此,20世纪 80 年代的这类家具往往形式丰富,风格混杂。但也应该视其为由传统向现代过渡的尝试。表 4.10 选取了常见的桌腿间十字枨、兽爪抓球腿、镟木椅腿和"穿靴戴帽"柜式四种形式特征,对 20 世纪 80 年代的家具与民国(海派)家具在形式特征上做了比较。

表 4.10 20 世纪 80 年代家具和民国(海派)家具的形式特征比较

特征	桌腿间十字枨	兽爪抓球腿	镟木椅腿	"穿靴戴帽"柜式
20 世纪 80 年代家具的形式特征				
民国(海派)家具的形式特征				

中国现代家具设计创新的思想与方法

4.5 雏形阶段的"一体化设计"成果

20世纪80年代家具的整体尺寸都较传统家具减小了,其主要原因是建筑及居住空间的缩小,这也使得组合及多功能类型的家具颇为畅销。板式生产和制作工艺中的标准化,以及丰富的金属连接件的应用等,都为以上的多功能需求提供了结构支持。由新需求、新材料和新技术等引发的家具功能和结构的变化,直接影响着家具形式的展示。现代设计的浪潮虽还未完全压抑住传统文化的延续,却显然已从设计手法上影响到了家具的最终形式。因为一些实例祛除了传统的束缚,开始关注起形式中的比例了。

在20世纪80年代的现代家具中,功能、结构与形式间的"一体化设计"虽然还不甚成熟和完善,但仍有很多值得借鉴的经验。能够引以为据的是:一些家具研究或者制作者在类似"一体化设计"观点上的关注和强调。以下将就椅凳类、桌几类和柜架类这三种常用类别,分别展开对20世纪80年代相关现代家具的"一体化设计"研究,主要关注家具功能、结构和形式在关联中所表现出的设计原理传承。

4.5.1 20世纪80年代的椅凳类

中国传统坐具设计中的人体工程学一度为西方现代设计师所推崇。在这一基本功能的影响下,传统椅子也相应地呈现出不同结构和形式的搭脑、靠背、扶手、脚踏等。在20世纪80年代的椅凳设计中,传统家具的人体工程学和实用性功能的设计思想依旧存在,只是在家具结构与形式的实现过程中融合了传统与现代的需求和手法。例如,现代椅子的高度已经降低,双脚可直接踏在地面上,不再需要作为脚踏的管脚枨了;对圈椅"马蹄形"扶手的借鉴与现代材料结合起来;椅子的腿足常采用直腿式,但马蹄腿和三弯腿等传统腿足形式也均有涉及;从西方输入的沙发软垫丰富了20世纪80年代的椅子。中与西、传统与现代之间的相处在这一时期的椅凳设计中显得如此和谐。具体实例见表4.11。

表4.11 20世纪80年代椅子中的"一体化设计"

图示	功能、结构与形式关联的"一体化设计"表现	
	带有"S"形曲枨靠背的餐椅	
	功能关联	背部舒适而透气,腿部活动自由。从后部挪移更方便,无障碍
	结构关联	只前面与两侧面有枨,后面无枨,坐面下有牙条,稳固性较好
	形式关联	"S"形曲枨靠背,搭脑凸起,整体简约而直率
	带有凸起搭脑的靠背椅	
	功能关联	背部舒适而透气,腿部活动自由,挪移方便
	结构关联	四面有枨,均设置在椅腿上部,稳固性较好
	形式关联	"S"形条形背板,上面施以几何镂空图案。两侧面采用传统的罗锅枨加矮老

图示	功能、结构与形式关联的"一体化设计"表现	
	弯曲钢管圈椅	
	功能关联	背部舒适性好,整条手臂均有支撑,腿部活动自由
	结构关联	钢管结构,无横枨,扶手与托泥间有竖枨加强,稳固性好
	形式关联	搭脑、扶手、椅腿和托泥连为一体,形成流畅的线条。有扇形靠背、带织物软垫
	**休闲沙发椅**	
	功能关联	整个身体都有舒适的休闲体验,手臂有弧面支撑
	结构关联	四面均有枨,扶手下部设有联帮棍
	形式关联	采用罗锅枨加矮老,坐面和靠背都是沙发软垫。扶手表面挖出下凹的弧面

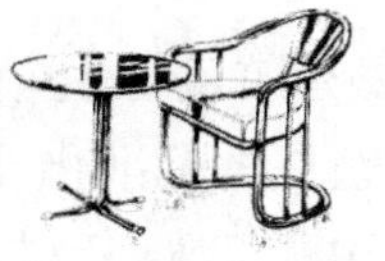

4.5.2 20 世纪 80 年代的桌几类

20 世纪 80 年代的桌几类家具已经模糊了传统家具中桌、几、案的概念。空间的狭小与使用需求的增加,扩展了桌几中多功能的设计,并由此产生出多元化的结构和形式。折叠桌的设计是空间节约的优秀案例。可以灵活使用的桌面满足了多功能设计的需要。马蹄腿是20 世纪 80 年代折叠桌桌腿的常见做法,看起来显得没有必要,这也可能是为现代结构和功能搭配一种熟悉的传统形式。在满足相同功能的前提下,新材料与新技术的应用激发了结构与形式上的创新。具体实例见表 4.12。

表 4.12　20 世纪 80 年代桌几中的"一体化设计"

图示	功能、结构与形式关联的"一体化设计"表现	
	带折叠桌面的方桌	
	功能关联	桌面可沿四边折叠,以按需求形成两种不同面积的或大或小的桌面
	结构关联	桌面下设有金属折叠机构。桌子四面有枨,结构稳定
	形式关联	桌腿采用传统的马蹄腿,无传统束腰。桌面为直线式样
	**写字桌**	
	功能关联	提供了书写和储藏的功能,可随手取放相应物品。曲线桌面的设计让身体与写字桌更接近。腿部活动自由
	结构关联	柜体、抽屉与枨都充当了连接的作用,稳固性好
	形式关联	是一种传统与现代形式的强行组合,柜体采用传统三弯腿,另一侧腿为现代直线式样
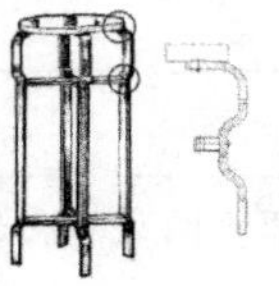	**弯曲木圆几和连接结构**	
	功能关联	运输和拆装都很方便
	结构关联	弯曲木圆几完全由金属件连接,中部与下部的十字枨加强了结构的稳固性
	形式关联	几腿借鉴传统香几三弯腿,加以现代设计手法的处理

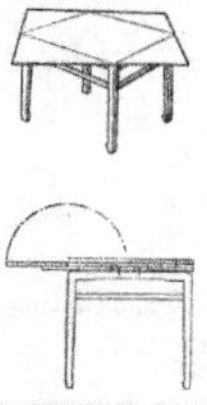

4.5.3　20世纪80年代的柜架类

柜架类是最能体现出传统家具形式中挺拔和谐的比例的。除了沿用传统柜架的基本功能外,类似单体组合家具中的结构和形式也受到了现代生活需求的影响,且现代设计的方法也为柜架类家具提供了多样化的可能。方角柜和圆角柜是传统柜类中的重要类型,在20世纪80年代的家具中,柜的发展大多从传统方角柜而来,其底部一般带有脚架。板式结构的脚架安装可以采取以下方法:① 用螺钉、圆钉及鳔胶连接。② 简化榫眼结构,腿上方开单双榫,直接与上部主体连接。③ 腿间加望板和横枨以形成脚架整体,然后与上部主体连接[125]。因此,脚架几乎是独立于柜体的部件,在功能、结构与形式设计上的自由度都很高。20世纪80年代的柜架类家具借脚架中的传统形式特征,来表达对民族文化的关注。有意思的是,很多传统方角柜的腿足却早已呈现出现代感很强的直腿式。现代拆装设计的影响在很大程度上改变了传统柜架的形式。而由传统柜架发展而来的多功能组合,如架板与抽屉的组合等方式,都被借鉴到这一时期的家具设计中。具体实例见表4.13。

表 4.13　20世纪80年代柜架中的"一体化设计"

图示	功能、结构与形式关联的"一体化设计"表现	
	带脚架的柜	
	功能关联	上部为双开门柜,下部是抽屉
	结构关联	板式结构的柜体,底部采用脚架支撑
	形式关联	可能由传统的方角柜形式而来,四面齐平且比例和谐,脚架带有传统形式的特征
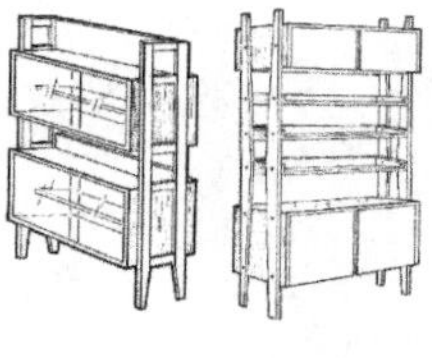	拆装式书柜	
	功能关联	两件书柜均可实现拆装。左侧书柜柜体是玻璃门,方便展示或找寻物品。柜体顶部留出空间作为架格使用
	结构关联	两件书柜的侧面框架与柜体和架板均由金属件连接
	形式关联	书柜的形式突破了传统架格的束缚
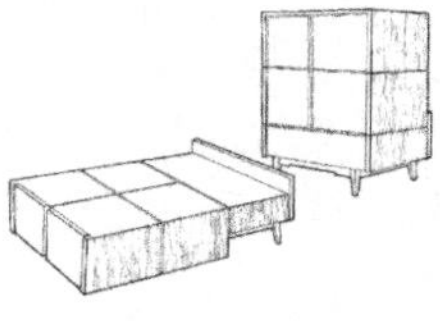	组合多用柜	
	功能关联	三个单体叠摞时形成储物的柜,顺次铺平后形成床
	结构关联	连接时可作为床使用。板式结构的单体之间无连接,以方便组合
	形式关联	其中一个单体设有床屏和腿,其余两个单体呈对称状,四面齐平

4.6　小结

从传统和现代家具设计原理的共通性入手,通过对20世纪80年代现代家具和传统家具设计原理的对比分析,得出了这一时期现代家具的传承演变特色和方式,表现为:① 传统功能在现代居室空间的需求下衍生出新的现代家具功能;② 板式工艺的引进虽对传统结构造成冲击,但板式家具中的实木框架仍然依赖着榫卯;③ 传统形式承载着民族文化的特色,常以符号方式被直接挪用,但也出现了关注传统家具形式比例的迹象。总体看来,20 世纪 80 年代的现代家具对结构与形式的传承还未找到适宜的途径,大多以符号和装饰元素的应用为主,以至于传统家具结构中因力学性能所产生的关联美学被独立出来使用,成为现代家具中不必要的形式。总之,由于传统设计经验还保有余温,而现代设计已经带来春风,20 世纪 80 年代的家具设计带有很典型的传统与现代设计融合的最初形态,可以为这类家具的后续发展和研究起到借鉴作用。

5 20世纪90年代中国现代家具与设计原理传承

20世纪90年代,家具产业发展迅猛。全国国有、集体及私营家具企业2万余家,"三资"企业650余家,年生产能力过300亿元人民币。大量现代家具的冲击几乎颠覆了中国传统家具的根脚。市场对现代家具的需求迫使中国企业走入了模仿的怪圈,传统设计的优势也被搁置。直至20世纪90年代末,一批具有前瞻性眼光的企业率先走上了从传统出发搞创新的路子。联邦家私集团的"联邦椅"成为这一阶段的标志性成果。之后,江阴印氏家具厂和澳珀家具有限公司等都相继研发了新产品,为传统家具的设计原理传承起到了很好的推动作用。

5.1 传承背景与概况:传统的困境与现代的迷茫

20世纪90年代是中国家具快速且全面发展的时期,也是中国现代家具体系初步形成的时期。据1998年统计,中国家具的工业总产值为870亿元,家具出口达22亿美元。至20世纪90年代末期,德国、意大利、法国、丹麦、西班牙、美国、新加坡、马来西亚和中国台湾等世界家具工业发达的国家和地区,都相继在中国大陆地区建立了家具独资或合资企业[131]。如果说20世纪80年代的家具还处在传统家具现代化的过渡期和试探期,那么90年代初的相关家具发展就在继续过渡中进入了迷茫和困惑期,甚至一度陷入了中断期。"中国的现代化属于'后发外生型'的东方模式,是在被动的状态下接受欧风美雨的冲击,对现代化的认识是从器物层面到制度层面,再到文化价值的层面。"[132]历来以手工为主的中国传统家具,在与机器大生产的磨合中,未能将工业设计的概念很好的融入[133]。同时,中国家具的工业设计发展也存在着很多问题,如设计的观念混乱、工业设计的社会认知度低、设计人员奇缺、设计教育落后、技术力量不足以及科技与艺术分离等[134]。国内的家具设计任务主要由工程技术人员、工艺美术家和建筑师协同承担，且还陷在模仿的圈圉[135]。据了解，在为数很少的大中专院校家具设计毕业生中，被分配到家具行业的占83.3%，除了搞家具机械或产品销售的，真正从事家具设计的只有4%[136]。西方家具文化的输入带来了诸如家具木工机械、家具材料和配件等现代生产工艺和技术，以及现代设计思想。在此影响下，中国传统家具文化遭受到了显而易见的严重冲击，加之这一时期的中国现代工业设计还处于弱势地位，致使针对"中国特色"的"本土家具"的开发变得阻碍重重[137]。

自主设计的匮乏导致20世纪90年代的家具市场上仿制品成风。在优质的高档类型中，以"美国制"或"欧式风格"的家具占据多数，仿造国外时兴款式的居其次[138]。这一时期中国家具的出口也以来样加工为主，没有自主设计的内涵[139]。国内家具行业形成了"大企业抄国外，中等企业抄深广（深圳、广东），小企业谁都仿"的现象，致使"引进仿造"和"引进改造"的设计方式一度成为主流。所谓"引进仿造"就是"照搬国外的流行款式"。这类家具在质量上有较大差异，局部造型尺度、用材以及结构等也有不同，而外观形式与装饰风格则与原版近似。以深圳和珠江三角洲为主的华南地区和以沪杭为主的华东地区的仿造对象主要是意大利、西班牙、法国、德国和北欧风格的现代或古典家具；东北、华北地区的大部分企业主要以日本或韩国的实木家具为仿造对象。"引进改造"则是引进国外式样，具体做法是"对其复杂的形式简化或对简洁的形式复杂化，对装饰要素或装饰结点按中国的审美情趣重新设计，借用、综合某些古典装饰手法运用于现代家具产品。"[140]仿制的氛围将中国家具的发展带入了恶性循环。产品的雷同直接导致价格的竞争，并为了争取利润而偷工减料，以至于质劣料差的中低档家具成为当时消费者投诉的主要对象之一。仿制成风的家具市场严重影响了中国家具的自主设计之路，一方面，针对设计的专利（知识产权）保护问题还未被中国市场认识到。例如，某企业花费重金研发出的新产品，若无有力的产权保护很容易被大量仿制，从而影响自我销售。就像"自己花钱搞设计，别人去赚钱"，这就增大了自主设计的风险。另一方面，加强自主设计的呼声也越来越大。如何寻找自主设计的途径，如何通过设计来建立强势的中国品牌，成为20世纪90年代末的家具学者和设计师认真思考的问题。

一些具有远见卓识的优秀企业率先走上了自主创新之路，它们积极地参与国际和国内的家具展会，如科隆、米兰、高点等国际家具展，或深圳、上海、广州、东莞的国际家具展。期望从中看到世界家具设计的发展趋势，把握自我品牌的发展命脉，而非只满足于仿制所带来的短期效益。这种发展背景促使中国家具的设计从"仿形"走向了"追风"，表现为在家具的自我创新中融入流行的元素，或者将多种流行元素结合起来[141]。同时，由西方传入的先进理念、技术和工艺亟待中国设计师的本土开发，而这种迫切性又恰恰与设计师脑海中根深蒂固的传统情结相耦合，一些具有民族特征的家具也逐渐崭露头角。例如，联邦家私集团在1992年自主设计制造了被称为"联邦椅"的9218型实木沙发，在当时的中国家具市场上创下了近2亿张的销售纪录。同年，1992年联邦家私集团又与中国家具协会、广东省家具协会共同主办了首次"联邦杯"中国家具设计大赛，"开创了中国现代家具设计竞赛的先河"。"联邦椅"的成功被誉为"中国传统家具向现代家具过渡的里程碑"，也极大地激励着其他企业的自主研发之路。"创造现代中国家具"和"倡导东方家具文化复兴"成为"联邦椅"之后确立的发展方向[142]。方海在"中国主义"设计研究的基础上,尝试利用传统家具设计的思维和原理,进行中国现代家具的创作。"东西方系列"便是这一尝试的最终成果,也是"东西方家具"的早期作品(参见第 7 章)。

5.2 传统功能与多样化需求

传统家具,特别是椅子设计中的人体工程学,一直是其功能设计原理中需要被关注的重点。且随着西方现代家具设计的思想和技术的持续涌入,更为科学的人体工程学被融入到以上朴素的传统人体工程学中来。图 5.1 是联邦家私集团在 1992 年自主设计制造的 9218 型实木沙发,即"联邦椅"。其创作灵感来自明式家具,采用了大众化的橡胶木。它在推出后的 10 几年里一直畅销不衰,创造了近 2 亿张总销量的奇迹。从"联邦椅"搭脑两端开始的曲线贯穿了椅背、扶手直到腿足底端,最终与底部横枨连接[143]。其中,梳背部分的"S"形人体工程学曲线为腰及背部提供了舒适的依靠体验,还解决了背部透气的问题;扶手部分的曲线能使手肘放置平坦且舒适;腿足的曲线借鉴了传统鼓腿的形式。

图 5.1　"联邦椅"

20 世纪 90 年代,"一室多用"逐渐被"一室一用"取代。一方面,单体家具中的功能继续被多样化。以柜架为例,展示与储存的功能往往被结合在一件家具中,这也是传统家具,如一些明清柜架的做法。它们为这一时期的现代柜架提供了功能和形式设计上的借鉴与启发,见表 5.1。

表 5.1　20 世纪 90 年代的单体多功能家具

名称	20 世纪 90 年代的"古玩柜"	清柏木多宝格
图示		
描述	这件 20 世纪 90 年代的"古玩柜",其上层的多宝格用来展示藏品。其采用了折线分割架格空间的方式,满足了不同尺寸藏品的展示需要。同时,错落有致的架格分布方式,也令藏品的展示更具灵活性,给人以"琳琅满目"的视觉感受。"古玩柜"的下层是两组带金属拉手的抽屉,其边缘起阳线,是用来存放藏品或常用物件的。该"古玩柜"可能采用了板式结构,其板式柜体直接落在底部的脚架上。脚架有马蹄腿和牙条。从清柏木多宝格来看,"古玩柜"几乎沿袭了传统多宝格的功能和形式,只是在形体尺寸上更小,更适合现代居住空间	

另一方面,由于居住面积的多变,基于空间的家具使用需求不再是固定的,而是要符合"灵活组合,多变适用"的原则。"灵活组合"是指消费者可以方便灵活地改变家具的组合形式;"多变适用"则要求家具的功能能够适应建筑空间的变化[144]。笔者节选了 1989 年第三期的《家具》目录,从中可以一窥 20 世纪 80 年代末和 90 年代初的家具需求。其中,"我的小天地,我设计的家具"这一栏目包含以下内容:"一室一厅小套设计""组合梳妆台""8.68 m² 斗室设计""多功能柜""多功能音响柜""一组时新梳妆台""两室一厅室内布置和家具设计""组合床""起居室组合柜,茶几"。从功能方面来看,这一时期的家具仍然以满足小面积的居室为主,多功能或者多功能组合的家具类型也依然是被关注的主要对象。与 20 世纪 80 年代一样,90 年代的现代家具中依然有单体多功能组合类型的优秀案例,见表 5.2。

表 5.2　20 世纪 90 年代的单体多功能组合家具

名称	20 世纪 90 年代的书柜	明紫檀直棖架格
图示		
描述	多功能书柜的外形简约,线条舒畅,可与明紫檀直棖架格的比例相媲美。该多功能书柜挣脱了带有传统形式特征的脚架或线脚的束缚,还在单体功能上做了符合现代居室需求的扩展。其书柜下部的柜板是向上开启的,可与柜板下部拉出的支撑架组合后形成写字桌面;不用时,将支撑架隐藏,将柜板放下,以节省空间。柜体的两侧板和背板被设计为高出顶面,形成了搁架。该书柜这种一物多用的高效率设计,体现出一种基于功能的更为持久的风格[145]。相较而言,明紫檀直棖架格也具有多样化的功能,分别存在于下部屉板形成的架格、抽屉以及上部双开门柜中。另外,用直棖代替实板的柜门具有良好的通风作用。这些都为类似多功能书柜等现代柜架的设计提供了功能方面的思路	

5.3　榫卯结构优势的弱化

20 世纪 90 年代的家具结构是随着新材料、新技术与新工艺而产生变革与突破的。且科学与合理的结构设计,能够提升产品强度,节省原材料和成本,完善产品造型艺术的表现力[146]。具体到 20 世纪 90 年代的家具,其对板式结构的应用表现如下:

其一,虽然新材料和新技术在 20 世纪 90 年代的家具中被演绎得丰富多彩,但这一时期的家具还是以实木和板式结构见多,因此,就连接结构而言,前者以榫卯为主,而后者以金属件为主。图 5.2 是 20 世纪 90 年代板式家具的部分连接方式。相较而言,传统的榫卯连接就显得更为复杂。其精密的设计和严谨的制作,虽有助于解决现代家具结构中的一些疑难杂症,却无法满足现代化大生产的需求。值得注意的是,除力学性能外,传统家具结构对形式美的贡献显然大于板式家具中的现代结构,以至于一些现代家具刻意模仿这种传统家具结构的形式美,但采用了板式结构。这显然没有体现出传统结构设计的精髓,但可能是为了寻找一种民族的形式,见表 5.3。

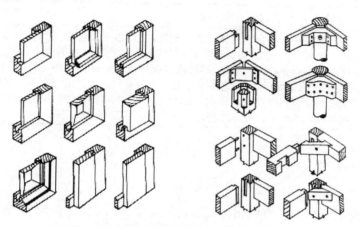

图 5.2　板式家具结构中的部分连接方式

表 5.3　20 世纪 90 年代的家具板式结构

名称	20 世纪 90 年代电视柜束腰处的结构	明式炕桌束腰处的结构
图示		
描述	电视柜的柜体顶部束腰,底部是云头纹马蹄腿脚架带雕花牙条。柜体中部有玻璃柜门。从其结构图示中可以看出,电视柜的柜面、束腰和下部柜体都是由金属螺钉连接的。其束腰部分可以看作是独立的部件,装饰的意义更大一些。在明式炕桌的束腰结构中,束腰与牙条是一木连做的,再分别与桌面和腿足榫接,使得炕桌的结构更加稳固	

其二,20 世纪 80 年代家具中的折叠结构继续在 90 年代的现代家具中流行,且更为成熟和灵活。板式部件和金属连接件使折叠的方式更加多样化。除与 20 世纪 80 年代类似的可折叠桌面的桌子类型外,还出现了书架等新类型,见表 5.4。折叠的目的不再只是为了满足功能,家具的储藏和运输等的便利也成为折叠设计的初衷。这种思想与传统折叠家具的设计原理不谋而合,或者就是从传统而来。

表 5.4　20 世纪 90 年代的家具折叠结构

名称	20 世纪 90 年代的可折叠书架	传统竹书架
图示		

名称	20 世纪 90 年代的可折叠书架	传统竹书架
描述	可折叠书架的形式简约直率。其上部为玻璃柜体,顶部被设计为侧板高出的搁架。书架的下部有两层架板,可以圆头螺钉为轴,向后翻转并收起。上部玻璃柜体取下后,书架的两侧板也能向内折合并收起。有趣的是,在传统折叠家具的实例中,有一件竹书架,其结构和功能设计与 20 世纪 90 年代的这件折叠书架十分类似。该竹书架有四层架板,可向上翻转并收起。架板周围设直棂围子。同时,在金属合页的协助下,竹书架的两侧板也可折合并收起。传统与现代功能的设计思想在这两件家具上体现出共通之处	

5.4 传统形式的突破

20 世纪 90 年代的家具正在跳出传统形式的束缚,以"一体化设计"为基础的形式设计崭露头角,单纯的传统形式符号逐渐减少。这可能与大量涌入的现代西方家具的影响以及消费者的审美转变有关;同时,板式材料和其他新材料(如塑料、金属等)的应用也是关键因素之一,因为类似于 20 世纪 80 年代的传统脚架等多是实木材料的部件。传统家具形式设计原理中的现代美学思想在此刻显现出独特的优势,它们被现代家具借鉴后经由现代生产和技术表现出来,见表 5.5。

表 5.5 20 世纪 90 年代的家具形式设计

名称	20 世纪 90 年代的餐桌椅	明式黄花梨小靠背椅(香港嘉木堂藏品)
图示		
描述	现代餐椅有"C"形背板,带条形开孔。靠背的拱形轮廓具有现代设计和工艺的痕迹。整张椅子的比例和谐,线条简约有力。与其形式设计类似的传统椅子是明黄花梨小靠背椅。其带海棠和"凸"开光的"C"形背板,靠背呈梯形轮廓。相较而言,20 世纪 90 年代的餐椅将枨子设计在椅腿上部,在兼顾牙条和枨子作用的同时,也为脚的活动提供了自由空间,且搬运方便。可见针对传统家具的形式革新是与功能和结构紧密相关的	
名称	20 世纪 90 年代的杂品柜	明黄花梨方角柜和圆角柜
图示		
描述	在传统柜类家具中,方角柜靠合页实现柜门启闭,故四面齐平;圆角柜呈梯形,因需开卯孔安侧轴,故柜的顶面延伸出柜体。20 世纪 90 年代的柜类在形式设计发展上有了更多的自由,这件杂品柜融合了传统方角柜和圆角柜各自的形式特点,这与新材料和新技术的支持息息相关。该杂品柜四面方正,顶部边缘伸出,形成类似圆角柜的"柜帽"。柜门是推拉结构的玻璃门。因此,该柜的"柜帽"与玻璃门的关系就不如传统柜类中的直接	

5.5 成长阶段的"一体化设计"成果

中国的板式家具自20世纪80年代以来都较难实现外观的创新,一直都在西方形式和传统形式间徘徊。而厌倦了老面孔的消费者欣然接受着西方家具。据《彩色流行家具》(1998年)一书介绍:"在人们求新、求异和讲究使用功能的需求下,家具像时装一样更新加快,色彩多样,功能齐全,变化无穷,可以说家具已趋于时装化。"[147]迫于市场的压力,一些企业开始仿制西方的优秀设计,而另一些企业转而回到传统工艺,做起了仿古家具,两极分化的现象形成了中间的空白,即传统与现代的分离。20世纪90年代家具的品种和用材均有丰富,为这一时期家具设计的多样化提供了可能。板式家具在前期发展迅速,但其"一统天下"的地位在后期遭遇了很大挑战。家具中缺乏满足不同层次消费者,或者不同室内环境的多样化产品。于是,软体、藤竹、金属和玻璃等家具开始流行。1994年的无锡全国家具展览订货会可以作为材料多元化发展的事实依据。22个省市的400多个厂家相继在该展览订货会上展出了木制家具、钢家具、钢木家具、玻璃家具、软家具、蜡木藤编家具等[133]。同时,多种家具的设计风格也随之陆续出现,如现代简约、欧洲古典、美式乡村、意大利前卫、日式实木和中国传统红木等风格[148]。可以说,20世纪90年代的家具设计处在挑战与机遇并存的时代,而其对设计原理的传承也符合以下主客观条件:

首先,在20世纪90年代的家具中,设计成为提高家具竞争力的核心因素。传统由继承关系发展的家具设计和制作,转入了工业化以市场需求为主导的批量生产。1987年10月,"中国工业设计协会"在北京正式成立,这预示着包括家具在内的中国工业品设计开始走向新的历程[149]。其次,家具不再只是满足使用功能的日常用具,它成为承载着社会时尚趋势、生活需求、材料和技术发展等多种信息的载体,也成为传播设计师和企业品牌理念、表达大众审美和意识的文化形态[150]。这就要求家具能够合理地处理功能、结构和形式的关系,使三者在关联设计的基础上,能够达成相互促进和突显的目的。最后,"魂系传统,根系现代"的观点被提出来,传统家具文化是中国家具发展的思想之魂,而其根基要落在现代生活需求和生产技术上[151]。

综上所述,在20世纪90年代,家具的功能、结构和形式不再是独立的,因为家具被赋予了全新的综合意义,要同时满足使用功能、生产工艺和审美需要等多种需求。另外,民族文化被认可为中国现代家具设计的思想源泉并加以重视。而以上这些都集中表现在这一时期家具的"一体化设计"中。胡景初在20世纪90年代初探讨家具创新技法时,曾提出了系统构思的设计方法,其思想方式伴随着"有规律的信息交合与动态联想"。他以椅子为例,将其设计要素分解为功能、材料和形态结构,并用三维坐标来标示(图5.3)[152]。这

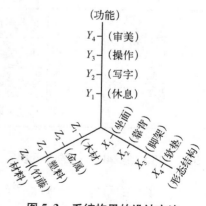

图5.3 系统构思的设计方法

种让元素进行"交合"和"联想"的方法,与传统家具设计原理中所提倡的"一体化设计"非常相似。以下将从椅凳类、桌几类和柜架类分别展开对 20 世纪 90 年代相关家具中"一体化设计"的分析,主要关注家具功能、结构和形式的关联设计,以此来衡量三者的契合度。

5.5.1 20 世纪 90 年代的椅凳类

在 20 世纪 90 年代的椅凳设计中,带有曲线的条形背板这一形式依然是舒适性功能的体现。相较 20 世纪 80 年代的椅子,圈椅中的马蹄形扶手在这一时期应用很频繁。椅子坐面多是织物软包,也有利用合理的曲面形式以寻求舒适的尝试。椅腿已经很少见到带有传统形式特征的了,简洁、精瘦和素面的椅腿已逐渐与现代结构契合起来。椅凳的结构一般满足强度即可,而不会刻意添加多余的装饰。搭脑部分的形式被简化,但其功能未被忽略。同时,罗锅枨等集结构和形式为一体的传统部件也备受青睐,成为特定民族文化的象征,见表5.6。

表 5.6 20 世纪 90 年代椅子中的"一体化设计"

图示	功能、结构和形式关联的"一体化设计"表现	
	"家家具"沙发	
	功能关联	背部、颈部均感觉舒适,坐感较好,手臂有支撑
	结构关联	厚实的搭脑和坐面起到横枨的作用,扶手起到竖枨的作用,结构稳固
	形式关联	有"S"形梳背,搭脑是加宽并做了弧面处理的。前腿向上以曲线延展至扶手,并向后继续弯曲,最终与后腿形成连接,形式新颖而有趣。坐面形成适宜的曲面
	椅子中罗锅枨的应用	
	功能关联	背部舒适,小臂有支撑,腿部活动较自由
	结构关联	四面均有枨,且为赶枨,结构稳固。条形背板有倾斜度,搭脑稍向后弯曲并延伸
	形式关联	前腿间采用罗锅枨加矮老
	带条形背板的圈椅	
	功能关联	背部舒适,坐面弹性好,手臂有支撑,腿部活动自由
	结构关联	四面无枨,坐面边框与椅腿以榫卯连接,结构较稳固
	形式关联	马蹄形扶手,带倾斜的条形背板,坐面有软垫

5.5.2 20 世纪 90 年代的桌几类

摆脱了框式结构的束缚,板式结构中的桌面享有更大的自由度。配合着金属件和相应机构的设计,桌面折叠的方式依然流行。与 20 世纪 80 年代类似,一些桌面边缘也仍有线脚的处理。无论马蹄腿仍旧与束腰结合,还是被单独使用而与桌面直接连接,其无疑都是这一时期桌几类所钟爱的传统形式,其与结构的关联性已经微乎其微。束腰也是装饰性的,其形式多由几个部件用金属件连接拼合而成。桌子的现代功能与传统形式结合起来,这对于板式结构来讲,是比较容易实现的,见表5.7。

表5.7 20世纪90年代桌几中的"一体化设计"

图示	功能、结构和形式关联的"一体化设计"表现	
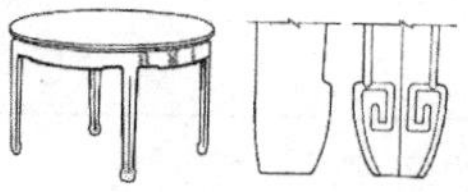	圆桌	
	功能关联	圆形桌使用无棱角障碍,腿部活动空间较大
	结构关联	无枨,桌面下有望板,结构较稳固
	形式关联	桌面采用传统束腰,加马蹄形桌腿
	写字桌	
	功能关联	提供书写和储物的功能,腿部活动自由。柜体和抽屉具备了枨的作用,脚架和柜体之间是由金属件连接的,结构较稳固
	结构关联	采用传统束腰。柜体底部是马蹄腿脚架
	形式关联	另一侧为方材直腿的现代式样
	麻将桌	
	功能关联	四面有储物抽屉,四角设有可抽出的承盘。腿部活动自由度大
	结构关联	无枨,腿足上端呈"L"形,直接与桌面以金属件连接,稳固性一般
	形式关联	与传统的四面平方桌相仿,比例合理。腿足方材,上粗下细,到底端形成简化后的马蹄
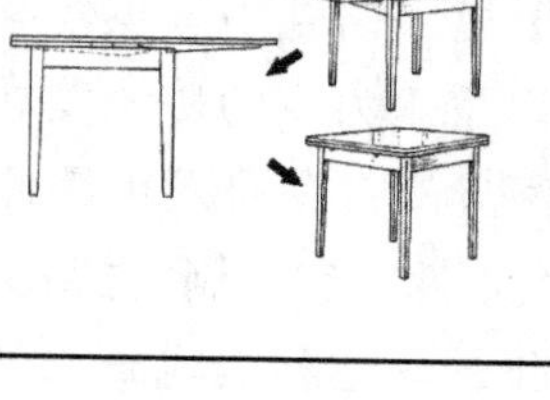	可折叠桌面的桌子	
	功能关联	桌面可折叠,能根据需要形成长桌或方桌,腿部活动自由
	结构关联	桌面下有金属折叠机构,无枨,腿间的望板使结构较稳固
	形式关联	利用了传统方桌中的比例,摆脱了传统形式符号的束缚。折叠机构隐藏在桌下望板内,桌腿上粗下细,劲挺而灵巧

5.5.3 20世纪90年代的柜架类

在20世纪90年代的柜架类家具中,带有传统形式特征的"柜帽"和脚架的使用仍屡见不鲜,特别是束腰"柜帽"和马蹄腿脚架的应用。一些从脚架中挣脱出来的柜架,在腿足与底部横枨间采用了传统形式的角牙,可能与结构有关。另外,这一时期的柜架类家具也会因折叠和拆装等结构表现出多功能的一面,见表5.8。

表 5.8　20 世纪 90 年代柜架中的"一体化设计"

图示	功能、结构和形式关联的"一体化设计"表现	
	茶具柜	
	功能关联	整个柜体主要有储物和展示的功能。由于柜体矮小,柜顶也可作为案面使用
	结构关联	板式结构的柜体底部带脚架,结构较稳固
	形式关联	柜顶采用传统束腰,脚架则有传统马蹄腿特征,柜面被有比例地划分为抽屉、单开门柜、搁架和推拉门玻璃柜
	橱柜	
	功能关联	有柜和抽屉两种储物方式,抽屉的高度适宜使用
	结构关联	板式结构的柜体底部无牙条和角牙,结构较稳固
	形式关联	柜顶带束腰,其余形式完全是现代的直线式样
	书柜	
	功能关联	柜架的功能被进一步扩展了,除储物和展示外,柜顶也形成了架格的功能
	结构关联	底部有角牙,后板和两侧板高出柜顶后进行连接,以加强结构稳定性
	形式关联	两侧板和后板在柜顶形成三面围子。马书的《明清制造》一书中有一件"明代黑漆带围子方角柜",其柜顶的三面围子和此书柜很相似。该柜柜体上部为推拉门玻璃展示柜,下部为双开门柜。比例的设置为上小下大,在视觉上增加了稳重感

5.6　小结

　　基于设计原理传承的中国现代家具的发展具有一条相对完整的路线,从 20 世纪 80 年代、90 年代、21 世纪至今。"相对"的说法是针对 20 世纪 90 年代的,这一时期中国现代家具的"仿制"风几乎压抑了传统家具的再发展。中国家具一方面走向以手工为主的传统发展之路,另一方面紧跟着西方流行的板式家具的发展方向。中国现代家具的自主研发也因此遭受了来自内外界的巨大冲击,一度陷入暂停。然而,20 世纪 90 年代末期,当"仿制"之路也被扼住了咽喉,而民族文化自省的觉悟逐渐高涨,针对传统家具现代化的理论和实践研究又展开了。这一时期的现代家具对设计原理的传承演变特色和方式表现为:① 传统多功能成为现代生活需求的启发性解决途径;② 榫卯结构不能很好地适应现代家具生产工艺,其所具备的力学优势也因此被弱化;③ 传统形式不再被归结为单一的符号,其比例和美学等开始被关注和应用。可以说,设计原理层面的传统家具现代化设计实践试图摆脱符号的束缚,十分注重和支持家具的多样化发展,以寻找能够体现传统家具"魂"或者精神的途径。但这一目标的实现也不是一蹴而就的,需要经历漫长的设计尝试与磨合期。

6 21世纪中国现代家具与设计原理传承

2000年以来,全球化加剧了民族文化的自身觉醒,越来越多的设计师和企业试图在传统家具的基础上建立起中国现代家具的世界地位。这一时期的现代家具正在摆脱传统家具仿像的束缚。随着现代设计理念的逐渐成熟与深入,传统与现代的交流融入了家具的精神和内涵之中,不再浮形于事。更重要的是,设计师开始关注传统文化的自身修养对于设计实践的重要性。虽然传统符号的堆叠现象饱受诟病,但家具对于文化的承载意义正在逐渐显现。

6.1 背景与概况:扎根传统的现代革新

至2001年,中国家具产量已居世界第五位,出口居世界第四位,家具工业产值达1 400亿元人民币,出口达45亿美元。仅在中国的"十五"期间,即2001—2005年,家具产量的年平均增长率就达到23%。自21世纪始,中国家具业就面临着前所未有的挑战。一方面,中国于2002年加入世界贸易组织(WTO),如何应对新的市场形势成为家具业竞相讨论的热点;另一方面,在21世纪初的几年里,如何建立自主品牌的问题继续困扰着家具企业。无论针对国际或者国内市场,长期且有效的产品设计规划都是品牌建立的核心内容。家具学者彭亮认为,这一时期的中国现代家具"刚刚告别幼稚期进入成长初期",且中国家具产业链出现了"橄榄现象——两头(设计、品牌)弱、中间(制造)大""缺乏原创设计,缺乏知名品牌"[153]。甚至在21世纪初的近10年里,据深圳拓璞家具设计公司研究中心提供的信息,"跟风"设计仍是主流,而真正具有市场价值的创新性产品较少[154]。企业缺乏长期有效的设计规划,产品发展方向不明朗,"人云亦云"的设计方式,导致大部分企业对品牌建立的明确性也无所适从。

"传统家具现代化"成为 21 世纪中国家具业普遍关注的主题,与 20 世纪 90 年代严重分化的两极现象("仿古"和"现代家具")不同,21 世纪的中国家具有了更多的表现形式和发展方向——"仿古""传统家具现代化""现代家具"。值得肯定的是,2007 年以来,以出口为主的中国家具企业一改往日来样定做的生产方式,开始关注起原创设计来,试图用饱含传统文化的产品赢得国外客户的青睐[155]。与"传统家具现代化"有关的设计或市场份额越来越大。而传统家具的设计原理传承也因此有了肥沃的土壤和良好的时机,不但在国内得到了呼应,也在国外实现了传播。中国传统家具类型产品的大发展为设计者和生产者提供了一个信息,即与其他家具产品相比,中国传统家具产品和具有中国特色的家具产品,具有更强大的生命力[156]。

与此同时,在 20 世纪 90 年代末就已崭露头角的、热衷于传统家具现代化研究的企业或个人,如联邦家私集团和"东西方家具"等继续在 21 世纪活跃着。2004 年,中国家具设计师首次以群体形式参加"中国家具设计师原创设计作品展"[157],这次活动对"原创"给予了鼓励,并"正面放大了中国的设计"①[158]。"源自中国"(Made From China)原创作品展于 2006 年 8 月在上海首展,为当时的中国优秀家具品牌提供了展示与交流的平台,参展企业有:曲美家具集团、联邦家私集团、迪信家具厂有限公司、今日家居发展有限公司、列奇家具有限公司、澳珀家具有限公司等[159]。特别是近年来,中国原创家具逐步走上世界舞台,并得到一致认可,令人欢欣鼓舞。"东西方家具"自 2003 年创建起,就在芬兰和瑞典举办了库卡波罗—方海中国现代竹家具巡回展和特别展等,此后,直至 2013 年,"东西方家具"又陆续多次参加了芬兰赫尔辛基欧洲当代生态设计展。"'坐下来'中国当代坐具设计展"于 2012 年 4 月 17—22 日米兰设计周期间,在托尔托纳区的场外展核心区域安萨尔多中心举办。该设计展以"椅子"为题材,通过多样化的方式演绎了传统与现代的可能性结合。参展的中国设计师多达 50 多位,包括侯正光、江黎、邵帆、胡如珊、吕永中、朱小杰、石大宇、吴为 & 刘轶楠、刘峰等;参展的企业有曲美家具集团、联邦家私集团、荣麟世佳家具制造有限公司、迪信家具厂有限公司等[160]。

对知识产权的保护和关注成为原创设计的有力支持,也是鼓励企业投身产品研发的直接动力。虽然还不尽完善,但相比 20 世纪 90 年代,政府和家具企业等都开始积极支持知识产权保护的相关工作与活动。据了解,广州市知识产权局自 2003 年开始参与广州家具展会,并派出工作人员驻场办公,协助处理纠纷 36 起。当环境恶化、资源匮乏等生态危机成为日益加剧的全球性问题时,家具业也义不容辞地采取了应对措施。"绿色""生态""可持续"等成为 21 世纪家具设计中的普遍主题,也被适宜地融入传统家具现代化设计的实践中,具体表现在诸如设计构思、材料选择、工艺生产和回收利用等整个产品的生命周期中。

6.2 传统功能介入现代情感

21 世纪的现代家具力争将"以人为本"作为设计的宗旨之一。除基于生理的人体工程学之外,情感关怀也被提上议题并付诸实践。同时,居室面积呈多样化发展,大小户型并存,家具也因功能需求的不同表现出多样化的类型。其中以单体家具、单体组合多功能家具最为突出。

6.2.1　单体家具中的文化介入

以椅子为例,传统椅子中"S"形和"C"形背板的科学性再一次被验证,在21世纪的坐具中,如椅子和沙发等,都大量采用了这种兼具人体工程学和美学的功能特征。其做法大致分为:① "S"形和"C"形曲线与条形背板的结合;② "S"形和"C"形曲线与梳背的结合。同时,传统圈椅的"马蹄形"扶手体现了中国家具所独有的功能特点。在21世纪的椅子中,"马蹄形"扶手很自然地成为传统功能演绎的主角。以下试从联邦家私集团、曲美家具集团和台湾永兴家具事业集团旗下的青木堂家具有限公司推出的系列椅子开始具体分析。

21世纪的联邦家私集团依然走在中国现代家具自主研发的前沿。多个与设计原理传承相关的家具系列都陆续面世。联邦家私集团的主设计师王润林提出了"家具文化的主张",他将联邦家私集团的原创设计描述为:以中华文化为底蕴,同时结合着世界各地的文化精髓[155]。联邦家私集团充分考虑到不同使用者的生活方式和心理诉求,特别对同时期发展的民用建筑设计、环境设计和室内设计等给予关注和分析。如前所述,家具与建筑的一体化设计不但是中西方传统家具的发展框架,也是西方现代家具持续繁荣的核心因素。能够让消费者用家具来匹配心仪的空间,满足对自我生活的渴望,这可能是联邦家私集团一直畅销不衰的主要原因[161]。自2005年起,联邦家私集团又将中国人家居生活的概念融入家具的定位及研发中,并在东西文化结合的基础上勾勒出"简约生活""自然生活""经典生活""体验生活"的未来中产阶层的生活形态[162]。自此,联邦家私集团的产品成功地在根系传统家具文化的立场上融入了现代生活的多样化需求。其相关家具作品见表6.1。

表6.1　21世纪联邦家私集团的单体家具

名称	联邦家私集团的"一品柚"餐椅	明灯挂椅
图示		
描述	"一品柚"餐椅可能从传统灯挂椅中汲取了灵感,其两端出头的搭脑是灯挂椅的形式特征。该餐椅采用了"C"形条形背板,背板有圆形开光。坐面挖出弧度以缓冲压力。餐椅的四面无枨,不影响腿部活动,也方便搬移。相较而言,这件明灯挂椅采用了"S"形背板,流畅舒展的线条展示出人体脊柱的曲线,其坐面是硬屉	
名称	联邦家私集团的"一品柚"工作椅	明黄花梨方背椅
图示		

名称	联邦家私集团的"一品柚"工作椅	明黄花梨方背椅
描述	"一品柚"工作椅带有矮靠背,其略微弯曲的"C"形靠背,已经足够为腰部和一部分背部提供支撑功能。因为使用者的状态通常是离桌面更近,从而减小了靠背的使用率。扶手与靠背轮廓连为一体,但成平直状,为小臂提供了舒适的支撑。坐面挖出弧度以减轻压力。工作椅的四面无枨,能让腿部有充分自由的活动空间。明黄花梨方背椅有着异曲同工的功能设计思想,只是采用了"S"形背板。其坐面为藤编软屉,舒适性更好	

　　曲美家具集团致力于"打造文化家具",将中国传统文化和世界多元文化结合在曲木家具设计中。在传统文化的创新上,曲美家具集团试图用曲木雅致的色调与纹理、易于弯曲造型的优质特性等,来突破传统家具单一的框架构造和偏浓重的色调[163]。在世界多元文化的接合上,曲美家具集团于 1999 年独家买断丹麦著名设计师汉斯,迈开了自主研发的步伐,并相继成立了曲美家具国际设计联盟[164]。总之,曲美家具集团力争在本土文化的基础上汲取欧洲优秀设计的理念,通过中西交流为中国原创家具品牌的塑造寻找可行的途径。其相关家具作品见表 6.2。

表 6.2　21 世纪曲美家具集团的单体家具

名称	曲美家具集团的"如是中国家"圈椅(a)和"古诺凡希"圈椅(b)	明黄花梨素圈椅(私人藏品)
图示	 (a) 　　　　(b)	
描述	"如是中国家"系列的现代圈椅,其形式简约质朴,素雅大方。圆材"马蹄形"扶手精瘦且线条流畅,扶手端部外扩,其下部有倾斜的连接件,能够为整条手臂提供支撑。该圈椅的条形背板为全素面,呈"C"形,背部舒适度较好。坐面有向下的弯曲弧度,后方两椅腿向后倾斜做支撑,椅腿上端与椅面连接处为倒圆角。腿间无枨,腿部活动的自由度大。"古诺凡希"系列的圈椅将"马蹄形"扶手的前端抬高并缩短了。这种扶手一般只为大臂提供支撑,但小臂活动的自由度也因此变大,柔软的坐垫让坐感更好。传统圈椅明显是这类现代圈椅的鼻祖,这件明黄花梨素圈椅的"马蹄形"扶手、条形靠背和藤编软屉,都具有积极的启发性,体现出其功能中的现代设计思想	

　　成立于 1997 年的青木堂家具有限公司是台湾永兴家具事业集团旗下品牌,2000 年进入中国大陆市场,以现代东方家具的研发为主。台湾永兴家具事业集团早在 1983—1996 年的产业转型期就开始了明清风格的、传统折中样式的红木家具研发。青木堂家具有限公司发展至今,已经诞生了"大器·天生""自然·理画""和风·禅定""承天·达意""简明·雅敬""圆善·臻至"等六大系列产品。值得一提的是,青木堂家具有限公司关注的是传统家具中适于现代生活的使用功能和结构等,而非从传统"中式"的形式入手进行革新[165]。其相关家具产品见表 6.3。

表 6.3　21 世纪青木堂家具有限公司的单体家具

名称	青木堂家具有限公司的"自然•理画"摇椅	清竹梳背椅
图示		
描述	"自然•理画"系列的一把摇椅是"S"形梳背应用的优秀代表。很显然,该摇椅采用了传统椅子中符合人体脊柱曲线的"S"形弧度,并利用梳背加宽了靠背面积,为后仰的背部提供了更好的舒适度。对于躺椅来说,背部会是身体重心的所在点之一,这种设计很有必要。躺椅搭脑平直且略向后弯曲,为头颈提供依靠	

6.2.2　多功能家具中的趣味体现

21 世纪的家居空间是多样性的,对家具的使用需求也相应地丰富起来。作为现代家具设计中必不可少的类型,单体组合多功能家具自 20 世纪八九十年代后,又在 21 世纪的家具类型中继续流行,且被赋予了情感与趣味性。一方面,传统家具中巧妙的组合思想被借鉴过来,并融入了现代审美和文化的含义;另一方面,传统家具中的单体功能被组合起来,包括同种和不同种单体功能的两种组合方式。这种做法不但突显了传统家具的功能设计思想,也根据现代需求转化和扩展了原有的功能,是一种将传统家具引入现代生活的尝试。其相关家具作品见表 6.4。

表 6.4　21 世纪的单体组合多功能家具

名称	多少家具有限公司的"石榴"茶几	传统"七巧桌"
图示		
描述	"石榴"茶几是由同种类但不同规格的单体组合而成的家具。其灵感可能来自于石榴籽的排列组合。其中的每个单体都具有几面和底部的搁架。这些不同规格的单体可根据居室或使用方式的需要,进行不同方式的功能组合,趣味十足。此种设计思想的家具被濮安国在《明清苏式家具》一书中提起过,名为"七巧桌",顾名思义,如七巧板一样具有多变的组合。该"七巧桌"中的单体也都具有几面和搁架,但底面的搁架是镂空的冰裂纹	

名称	多少家具有限公司的"叠罗汉"书架	清榉木夹头榫小条凳
图示		
描述	"叠罗汉"书架是对条凳这一传统家具原始功能的转化和扩展。若干件条凳依上下左右的次序叠摞起来,其凳腿起支撑和隔断作用,凳面形成了书架的架板。这可从清榉木夹头榫小条凳中看出,本着现代生活和家居设计的需求,设计师巧妙地借鉴了传统条凳中"两腿支一板"的架格的功能,并用现代设计的手法为条凳赋予了新的生命	

名称	"围契"三连交杌	明黄花梨交杌(a)和明铁力双人椅(b)
图示		  (a) (b)
描述	"围契"三连交杌由"木攻房"家具品牌创建人孙云设计。设计师用"连续"和"重复"的语汇重塑传统交杌[166],延伸它的功能。该交杌的支架两端超出杌面,形成扶手。但在实际应用中,因纵向的杌面偏窄,加之上部横枨的阻碍,此三连交杌很难坐得舒适,除非跨坐。交杌是传统家具设计中的佼佼者,其功能已被众多中西现代家具所借鉴。同时,传统家具中也具有"连续"和"重复"的设计,这件明铁力双人椅就是其中的代表	

名称	春在中国古典家具公司®的"咏竹"系列之长凳配杌架承盘	17—18世纪黄花梨交杌(a)和清柞木长凳(b)
图示		 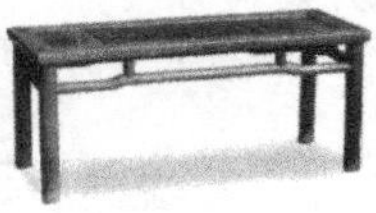 (a) (b)
描述	"咏竹"系列之长凳配杌架承盘,是一件包含交杌和长凳、由不同种类的单体组合而成的多功能家具。有趣的是,传统家具的单体功能在这里被转化和延伸,这也是现代家具在功能革新中经常使用的做法。此件家具结合了中国传统交杌和长凳的基本功能,同时将交杌的功能进行转化,使其原本的坐面变成承载的托盘。当杌架移动时,长凳的坐面空间就会被分割,以满足不同的需求。传统长凳的功能也就因此被延伸了	

6.3 榫卯与现代结构的融合

"好的产品必须跟经典的结构、材料有很大关系"[161]这一观点用来描述21世纪现代家具对传统家具结构设计原理的传承和革新,很是贴切。一方面,作为传统家具的精髓之一,榫卯结构的优势被一些企业和设计师结合到现代工艺中,试图寻找一种中国传统的继承方式[167]。例如,联邦家私集团将现代设计手法融入中国传统家具的结构中,利用榫卯处理现代家具[161];台湾永兴家具事业集团旗下的青木堂家具有限公司对传统家具的榫卯结构亦赋予了继承与再创造的意义。在叶武东(青木堂家具有限公司产品负责人)看来,较少或不借用外力,全凭木材的自身特性进行接合的榫卯方式是东方智慧的体现,也是青木堂家具有限公司应该发扬的。这一理念深刻地体现在青木堂家具有限公司设计师卢圆华设计的"榫接桌"(图6.1)上。该桌借鉴了中国台湾地区传统民居的木或竹构造中由较小木料嵌合而成的"穿斗式"梁柱系统。整张桌子没有金属件,只利用榫接进行拆装组合,所含部件有桌板、承载架系、支撑架系和拉杆系。其拆组过程十分便利[165]。联邦家私集团"一品柚"系列的家具将传统榫卯和现代拆装两种结构结合起来,旨在继承传统工艺并赋予家具韵味的同时,也能实现家具便宜的拆装。"东西方家具"也致力于使榫卯与现代家具结构彼此配合,各展所长(参见第7章详述)。另外,相当一部分设计师认为以手工制作的榫卯是出于对传统工艺的肯定和赞美。再一方面,新材料和新技术为设计原理的传承拓宽了思路,木材不再是唯一的选材,金属和塑料等的加入激发了更加丰富的现代结构。

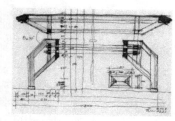

图6.1　卢圆华设计的"榫接桌"

朱小杰是澳珀家具有限公司的首席设计师,也是中国现代家具设计领域的先锋人物。他在吸取西方现代设计养分的同时,积极弘扬传统家具在设计和工艺等方面的优势。朱小杰的家具创作过程是各种因素碰撞与融合的过程。首先是传统工艺与现代技术的结合。他将实木家具中的榫卯结构刻意地突显出来,诠释了其在现代审美中力学与美学融合的思想。如图6.2的咬合的茶几,其几腿的连接部位让榫头暴露。同时,现代技术的应用支持了家具多元化材料发展的可能。其次是自然材料与现代材料的结合。乌金木是朱小杰早期作品的代表性材料,其具有装饰特性的天然纹理让原本沉静的木制家具变得跳跃而生动。在与亚克力、金属等的融合中,乌金木的纹理与质感弱化了那些现代工业材料的冰冷与单调。最后是地域文化与现代生活的结合。朱小杰从传统家具中提取出"马蹄形"扶手等特征,利用其功能来满足现代生活的需求。总之,朱小杰的家具是以实用功能为前提的,是"材质美、工艺美和艺术美"[168]的综合体现。而"使用价值,独创性和环保性"是其评价家具设计优劣的准则。针对家具结构设计的解决方式,朱小杰提出了自己的观点,他认为"材料决定了结构,结构又决定了形态"[169]。这与传统家具设计原理所提倡的家具结构的关联设计思想不谋而合,也深刻体现在朱小杰2008年设计的"玫瑰椅"(图6.3)上。朱小杰的"玫瑰椅"选材丰富,有乌金木、鸡翅木、牛皮和钢。该椅以传统玫瑰椅为原型,摒弃了传统玫瑰椅中靠背和扶手均垂直坐面的做法。其条形背板呈"S"形,使之更符合人体脊柱曲线,为背部带来舒适的体验。由于采用了现代材料,其结构体现出不同于传统木椅的新特色,见表 6.5。

图 6.2　朱小杰 2003 年设计咬合的茶几

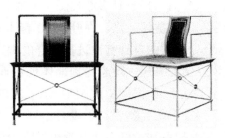

图 6.3　朱小杰 2008 年设计的"玫瑰椅"

表 6.5　"玫瑰椅"结构

名称	朱小杰的"玫瑰椅"椅腿结构	传统框架椅的椅腿结构
图示	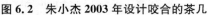	
描述	朱小杰对"玫瑰椅"的结构处理也是顺应材料特性和具有创新意味的。该椅的框架是极细的木质圆柱,温润光洁,内里贯穿钢筋以增加强度,同时有钢筋十字枨在腿间稳定椅子的结构。设计师将"玫瑰椅"的结构做法称为"建筑金属结构"的方式[170]。相较而言,由于材料的限制,传统木椅的腿足与横枨间一般用格肩榫连接。各部件为相互避让而采用"大进小出"的榫接方式。可见,在新材料与新技术的不断发展中,现代家具的结构也将更加丰富多彩	

6.4　传统形式的审美衍生

　　21 世纪的家具在形式上表现得多姿多彩,其原因可能有以下几个方面:首先,设计师不再拘泥于传统形式符号的表现,深层次的设计原理的研究逐渐成为主题。形式的设计被慎重考虑,主要以功能和结构为基础。而很多应生活和生产需求诞生的新形式都是"一体化设计"的成果。其次,21 世纪的家具诞生于一个空前广阔和各领域交叉影响的环境中。除跨界设计师的活跃以外,更多的家具设计师也将传统建筑、服装、文字、绘画等作为灵感的来源。再者,联邦家私集团的总设计师王润林在 2005 年提到:"中国家具界没有很好地深入研究简约的模式""没有深层次地探讨简约真正的内涵"。[161]然而,在之后的几年中,国外设计师的加盟使西方现代设计的思想,诸如"简约"等被直接输入,促进了传统家具的形式革新。企业也试图拓宽眼界,广纳文化,实现了不同文化间更为频繁的交流和碰撞。与此同时,中国设计师也从中受益良多,凭借着传统文化自觉性的优势,硕果颇丰。相关家具作品见表 6.6。

\中国现代家具设计创新的思想与方法

表6.6　21世纪家具的形式设计

名称	荣麟世佳家具制造有限公司的"金樽"电视柜	17—18世纪黄花梨长桌(a)和黄花梨镶红木面酒桌(b)
图示		 (a)　　　　(b)
描述	\multicolumn{2}{|}{"金樽"系列的电视柜是对传统形式的现代创新：柜面边缘用劈料制作，腿部侧角收分，柜顶有高出的围栏，底部的架板和罗锅枨采用裹腿制作，架板中部安抽屉。此电视柜通体稳重且功能实用。从传统的黄花梨长桌和镶红木面酒桌来看，其中的罗锅枨、屉板、侧角收分等传统形式，被恰当地融入现代需求中，不再是单纯的符号}	
名称	半木家具有限公司®的"徽州"套几	徽州建筑的天际线
图示		
描述	\multicolumn{2}{|}{设计师将建筑空间的概念引入家具，撷取了徽州民居中"马头墙"屋檐的形式作为套几的外部轮廓，使其轮廓线类似于徽州建筑所形成的天际线，家具与地域和空间的关系更近了。与传统套几相比(前章已有介绍)，"徽州"套几的形式更为简洁和直率。两侧板腿与几面连为一体，整体感强。板腿底部有切削出来的短小的足，使原本单调的板腿变得活泼了。可以说，"徽州"套几借用经典建筑的形式完成了家具文化的赋予和诠释}	

6.5　成熟阶段的"一体化设计"成果

21世纪的相关家具可以从两个方面探讨。第一，本土企业或设计师在对传统文化理解的基础上自主开发的家具系列，如联邦家私集团和设计师王润林、澳珀家具有限公司和设计师朱小杰、"东西方家具"和设计师方海、半木家具有限公司和设计师吕永中、多少家具有限公司和设计师侯正光，以及荣麟世佳家具制造有限公司、优再社家具制造有限公司、春在中国古典家具公司、青木堂家具有限公司、曲美家具集团、集美组室内设计工程有限公司，等等。第二，中西设计文化的交流愈加频繁，除新材料、新技术和新工艺的引进与开发外，中国的原创设计还迫切地吸收着西方设计中的优秀思想，本土企业或者个人与国外设计师或机构的合作也变得常见。例如，曲美家具集团和丹麦汉斯设计所、法国P&P设计所、丹麦鹈鹕设计所、英国鸽子设计所等一流设计团队的合作；华鹤集团聘请德国、日本著名设计大师担纲家具设计，宣扬"东方与世界的融合"；"东西方家具"与约里奥·库卡波罗的北欧现代设计思想的结合；等等。其中，中西交流的现象产生了十分有趣的结果，因为西方设计中的"中国主义"会被输入，进而对本土的现代家具产生影响。同时，在"中国设计"的创造过程中，以上企业都反复强调着中国传统文化特别是传统家具的"根基"作用。

与传统家具设计原理中"一体化设计"相关的研究,在21世纪呈白热化趋势。比起符号性质的"中国元素",设计师更倾向于关注传统家具中直率的功能、合理严谨的结构和简约而不简单的形式,并将这些融入现代设计中,进而衍生出很多具有代表性的现代家具。在频繁更新着的新材料、新技术和新需求的氛围下,这一时期的相关家具用不同方式演绎着传统与现代的对话。尤其值得一提的是,宋明家具中的文人思想深刻地影响着21世纪的原创设计师,他们开始对传统设计中的精神和思维感兴趣,也同样用设计实践表达了自我的理解。以下将从椅凳类、桌几类和柜架类,分别对21世纪以来相关家具中的"一体化设计"展开分析,主要关注家具功能、结构和形式间的关联设计。

6.5.1 21世纪的椅凳类

21世纪的椅凳类设计,基本从形式上脱离了传统符号或形式特征的局限,开始真正站在现代设计的角度来思考传统。在现当代生活需求的基础上,作为功能使用的条形背板不再受传统形式的约束,很多实例都跳出了靠背轮廓的限制。这使得拥有有机线条的传统条形背板,表现出更为强烈的现代形式感。"马蹄形"扶手跟随材料和使用需求的多样化而变化着。其传统的仪式感逐渐被淘汰,舒适成为首要的原则。例如,传统"马蹄形"扶手的搭脑部分被压低,以解放出上背部,令身体活动的自由度更大。"马蹄形"扶手的形式也丰富起来,金属等材料的应用为其带来了更便捷的塑形方式。在材料纤细单薄的前提下,其结构也能保持牢固,并由此形成了线的艺术。"马蹄形"扶手还被应用于新的家具类型上,如现代休闲沙发和贵妃椅等。舒适的椅圈和同样舒适的软垫结合起来,中西家具的元素也因此碰撞出很多的优秀作品。另外,由于"马蹄形"扶手所具有的出色的休闲功能、流畅的线条形式和较易实现的结构,它还被应用在躺椅等家具类型中。其相关家具作品见表6.7。

表6.7 21世纪椅凳中的"一体化设计"

图示	功能、结构和形式关联的"一体化设计"表现	
	藏树系列的靠背椅(耶爱第尔家居设计有限公司的创始人叶宇轩设计)	
	功能关联	背部舒适,坐面下部的架格用来存放常用的书籍或其他,便于取放
	结构关联	条形背板穿过坐面并向下延伸继续穿插过底部架板。架格由横竖板相交形成,起到枨的作用,结构较稳固
	形式关联	有"S"形条形背板,椅子下部的矩形框架内部被分割为若干空间,形成了装饰效果
	京瓷系列的首辅餐椅	
	功能关联	背部较舒适,头颈部有依靠
	结构关联	四面有枨,条形背板与椅子后部的底枨连接,结构较稳固
	形式关联	采用了具有倾斜度的条形梳背板,四腿有测角收分,宽大的坐面与高耸的条形椅背形成对比,营造出椅子庄严大器的氛围。与麦金托什设计的高背椅形式很像

图示	功能、结构和形式关联的"一体化设计"表现	
	朱小杰设计的"钱椅"⑧和"钱椅"在地面的投影	
	功能关联	背部和整条手臂都有支撑,坐姿可多变,腿部活动自由
	结构关联	由水曲柳和不锈钢制成的椅子在结构上采用了现代弯曲技术,椅腿与坐面底部十字枨相连,结构稳固性较好
	形式关联	是对传统圈椅形式的精简。搭脑降至与扶手齐平,整体呈现出一种线的造型,设计者称之为"白描的手法"
	黄竞设计的"领贤"折叠椅⑧	
	功能关联	背部舒适。可为大臂提供适当支撑,而小臂活动的自由度很大,折叠便宜
	结构关联	腿间有横枨,采用与传统交椅类似的折叠方式,金属的刚性结构令椅子的稳固性较好
	形式关联	是传统圆背交椅形式的简化和革新[171]。有短小倾斜的背板,扶手亦短小。整体部件的线条纤细而流畅
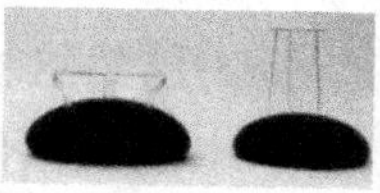	肖天宇设计的"简"沙发	
	功能关联	不同的椅背设计可提供不同的体验。坐面舒适,腿部活动的自由度很大
	结构关联	椅背采用亚克力材料和成型技术,与底部坐垫以金属件连接,结构较稳固
	形式关联	"马蹄形"扶手或带条形背板的高靠背被安装在类似于卵石的沙发坐垫上,黑色的坐垫也因此被衬托得更为淳朴而敦实,如同书法家笔锋下的顿点
	青木堂家具有限公司的"圆善臻至"躺椅	
	功能关联	背部舒适,为整条手臂提供支撑。使用者可采用坐姿和半躺姿
	结构关联	侧腿之间有枨,坐面底部的框架间有多条横枨,结构稳固
	形式关联	"马蹄形"扶手与椅腿连为一体,线条流畅而矫健,搭脑处被加宽形成弧面
 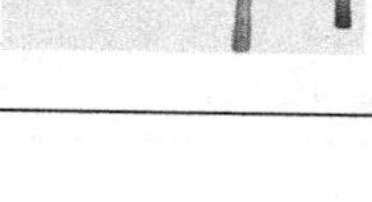	朱小杰设计的"睡美人"椅	
	功能关联	功能体现在两方面,分别是由"马蹄形"扶手和倾斜矩形背板提供的坐姿体验,前者更舒适。使用者可采用坐姿和半躺姿
	结构关联	紧贴坐面下部有枨,优良的榫卯结构加强了稳固性
	形式关联	椅子的一角为"马蹄形"扶手加"Y"形背板,正面为宽大的矩形背板。椅子一侧为板式腿,另一侧为上细下粗的柱腿

图示	功能、结构和形式关联的"一体化设计"表现	
	春在中国古典家具公司的"新境"不锈钢腿方桌和凳	
	功能关联	方凳坐感舒适,腿部活动自由
	结构关联	凳腿采用了不锈钢及其工艺,并用金属件与坐面连接,结构稳固
	形式关联	方凳借鉴了传统凳的形式,带测角收分。坐面为向下的曲面。不锈钢方材被弯折为"V"字腿形,并在足端处折出方角,视觉上的稳定感更强
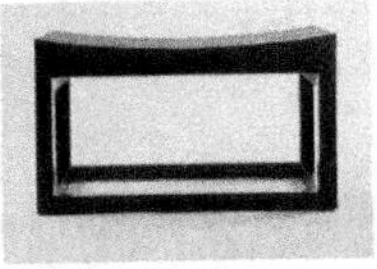	集美组室内设计工程有限公司的"逸"系列凳	
	功能关联	坐感舒适
	结构关联	四面有管脚枨,坐面下虽有角牙,但从材料判断应为装饰件
	形式关联	坐面为向下的曲面,腿与坐面间设有透明材质的角牙,整体形式静谧而空灵

6.5.2　21世纪的桌几类

21世纪的桌几类设计,试图从传统家具中摄取尽可能多的"为我所用"的思想。能够从诸多作品中看出,相比20世纪八九十年代,设计师观察传统桌、案和几的视角更为广阔了。在一定的现代需求下,以上任何一个种类或实例都可能激发设计师的灵感。虽然这些桌几拥有罕见束腰、马蹄腿甚至雕饰,但却有着与传统家具设计原理如此接近的本质与精髓。传统架几案也成为设计师所钟爱的类型。节省空间且便于移动的小方几或边几,是现代生活中不可或缺的家具类型。设计师或从传统方几入手,或由其他家具处感悟,然后将其中符合现代需求的功能、结构或形式结合到创作中来。其相关家具作品见表6.8。

表 6.8　21世纪桌几中的"一体化设计"

图示	功能、结构和形式关联的"一体化设计"表现	
	集美组室内设计工程有限公司的"明"系列餐台一	
	功能关联	腿部活动自由,不影响使用
	结构关联	桌面下部有横枨,二者之间又有短小立柱。可能是将传统罗锅枨加矮老的结构进行了现代设计手法的处理
	形式关联	通体不见传统形式的特征符号,仅从线条和比例的应用上加以借鉴
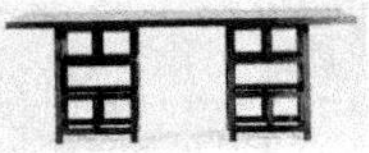	集美组室内设计工程有限公司的"明"系列餐台二	
	功能关联	腿部活动自由,台面四周都不影响使用
	结构关联	腿部为横竖枨交叉构成的框架,结构较稳定
	形式关联	可能借鉴了传统架几案的形式,但将其中的架几向内侧移动了一定距离,形成餐台底部的框架式桌腿

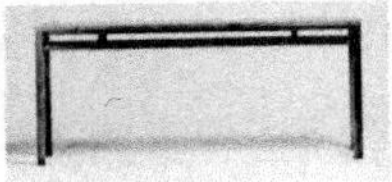

图示	功能、结构和形式关联的"一体化设计"表现	
	曲美家具集团的"如是中国家"系列茶几	
	功能关联	在传统架几案中,架几的支撑功能和案面的承载功能都被借鉴过来,但高度降低,由传统画(架几)案和书(架几)案的功能转化为现代茶几的功能
	结构关联	采用了榫卯来稳固结构,也使用了其他现代结构的配件
	形式关联	形式与传统架几案十分相似,几何的线性构成让形式透露出空灵隽永的气质
	曲美家具集团的"自在空间"系列餐桌	
	功能关联	腿部活动自由,桌面四周都不影响使用
	结构关联	两侧腿足各由八根仿竹形立柱构成,其中又两两为一组。这些立柱支撑了桌面,并与底面的矩形托子相连
	形式关联	可能借鉴了传统带托子条案的形式。立柱好似竹子从大地中生长出来,桌面向腿足外延伸
	优再社家具制造有限公司®的方几	
	功能关联	方便挪移,洒落在几面的液体不易流淌出来
	结构关联	几腿间用十字枨稳固结构
	形式关联	几面四周围有拦水沿,早期的传统矮型家具中的案就有这种做法。腿足采用上粗下细的方材,用料纤薄,轻巧可爱
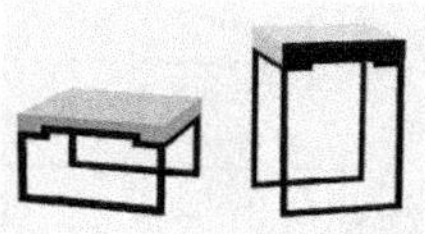	杜玛(DOMO NATURE)®的漆边几	
	功能关联	几的高度尺寸变化满足了多种需求
	结构关联	几腿采用金属及其成型工艺,结构稳定
	形式关联	金属框架的上部采用了传统牙头与牙条所形成的轮廓线,或者由罗锅枨简化而来

6.5.3　21 世纪的柜架类

　　传统柜类中经典的方角柜和圆角柜设计,依然为 21 世纪以来的柜架提供着启发性的设计原理。只是,在新材料、新技术和新需求的背景下,现代家具采用多样化的方式来演绎着传统。一方面,方角柜四面平的形式与其庄重和谐的比例成为现代柜类借鉴的主要部分。现代居室空间的面积允许"异形"家具的陈设,传统圆角柜的侧角收分也因此成为现代柜类彰显个性的选择,只是侧角的斜度会因审美的具体需要而改变。另一方面,传统方角柜和圆角柜内部架格与抽屉的空间分割,提供了多功能的储藏方式,也为这一时期的现代家具带来了功能设计的启发。或者说,传统柜类的这种功能思想本身就与现代家具产生了共通性。与此同时,传统架格的功能和形式也被 21 世纪以来的家具提取出来,再加以现代设计手法的处理。在结构上,这一时期的实木柜架类家具倾向于对传统榫卯的应用,其目的是为了体现优秀工艺的精神和内涵。另外,传统家具中的其他储物类型也成为 21 世纪设计师的灵感来源,这种实践的设计成果往往给人耳目一新的感觉。其相关家具作品见表 6.9。

表 6.9　21 世纪柜架类的"一体化设计"

图示	功能、结构和形式关联的"一体化设计"表现	
	半木家具有限公司的"徽州"百宝柜	
	功能关联	可作为卧室柜和餐边柜使用。柜底留出的空间方便日常的清扫,柜内分割的空间能够提供 10 余种置物方式
	结构关联	榫卯的应用加强了结构的稳固性
	形式关联	四面平的柜体借鉴了传统方角柜的形式。柜体有带方腿的基座,柜内的空间分割呈现出多样化的几何形,整体显得简洁而雅致
	集美组室内设计工程有限公司®的高餐柜	
	功能关联	具有满足实际需求的储物功能,上部架格可用来存放调料罐等需随时取用的物品,下部存放餐具类等需保持洁净的物品
	结构关联	柜体的外部支撑框架由横竖材相交构成,结构较稳固
	形式关联	柜的外部框架采用了传统圆角柜的侧角收分。柜体上部是带有方形几何镂空的架格,下部是双开门柜。材料以尽量本质的方式呈现,显得古朴而自然。此餐柜的"平、直、方、正"体现出对产品的最高标准,也反射着设计师"个人的精神"[172]
	春在中国古典家具公司的"清品"圆角矮柜	
	功能关联	在具有储物功能的同时,柜顶还有搁置功能
	结构关联	榫卯的应用加强了结构的稳固性
	形式关联	借鉴了传统圆角柜的形式,但加以适当的现代设计处理,如减小了立柱的侧角收分,还将柜体设计为低且长的现代矮柜式,并漆为白色,显得稳健而细致
	素元设计咨询有限公司的"中合系列"书架	
	功能关联	具有展示和储物功能
	结构关联	底部有牙条,架格由横竖板材相交构成,加强了书架结构的稳定性
	形式关联	书架四角的内部倒圆,使得整体轮廓呈外圆内方,柔和亲切。架格部分的空间被栅格分割,中部有抽屉,其面板凸起,有球形拉手。但传统架格将抽屉设计在中下部位的做法能给予更为稳定的视觉感

图示	功能、结构和形式关联的"一体化设计"表现	
	木美家具有限公司®的 M 号"提箱"(TITIAN_M)	
	功能关联	柜体有储物功能,柜顶有案面的置物功能,且一侧的围子使得一定高度的物件不易从柜顶滑落
	结构关联	现代技术的融入让结构稳固
	形式关联	借鉴了传统提盒的形式,"提梁"被移至柜体一侧形成围子。"盒"的部分形成双开门柜体,内部空间分割多样且合理。两扇加厚柜门的内侧被挖空,并分层设置储物盒,类似于一般冰箱门的设计。形式的整体感很强,显得洁净雅致

6.6　中国现代家具设计原理传承的演变方式及比较

结合第 4—6 章对中国现代家具设计原理传承的具体研究,表 6.10 展示了 20 世纪 80 年代、90 年代和 21 世纪以来的传承演变方式比较。

表 6.10　中国现代家具设计原理传承的演变方式比较

阶段	设计原理传承的演变方式及比较						"一体化设计"表现
	功能及比较		结构及比较		形式及比较		
20 世纪 80 年代	传统功能在现代居室空间的需求中衍生出新的现代家具功能	从现代衍生↓	传统结构受板式工艺冲击,但榫卯在实木框架制作方面的优势依然突出	受现代冲击↓	传统形式常被归结为符号而直接挪用	符号的应用↓	雏形阶段
20 世纪 90 年代	传统多功能成为现代需求的启发性解决途径	启发现代↓	榫卯等结构在与现代生产工艺的结合中表现出劣势	与现代不合↓	传统形式美学中包含的设计思想被借鉴和应用	设计思想的应用↓	成长阶段
21 世纪	传统功能注重与现代情感和趣味的结合	与现代结合	榫卯被赋予文化的内涵,同时为现代家具的结构难题提供便捷的解决方式	与现代互补	传统形式被尝试与现代设计手法结合,趋于满足大众的现代审美	与现代结合	成熟阶段

6.7　小结

在 21 世纪的中国现代家具发展中,设计原理传承的应用方式日趋成熟,其中的一些家具还在国际舞台上一展风采,它们未必带有传统家具的任何形式或者装饰元素,但其带给观者的精神享受却是传统家具特别是明式家具才能给予的。这些初步成果的取得对中国家具设计品牌的建立以及相关家具设计理论研究的深入等都具有现实的促进意义。这一时期家具的传承演变方式表现为:① 传统功能在现代多元化的需求下被扩展和移位,增加了与情感和趣味的结合;② 作为传统工艺的结晶,榫卯不但被赋予文化的意味,还为现代结构的难题提供便捷的解决方式;③ 在与现代设计手法的融合中,传统形式趋于满足大众的现代审美。然而,存在的问题也是显而易见的,相当数量的仿古家具刻意选用贵重木材和传统手工工艺,其成品往往昂贵且需定制,与普通大众的消费和生活理念相去甚远,在某种程度上阻碍了这类家具的推广和发展。因此,本书提供了一种从设计原理传承出发的现代家具设计途径,强调传统与现代家具设计存在共通性;倡导从选材、设计到生产工艺等体现出传统家具的多样化发展,让这类家具走进寻常百姓家,同时也能让大众积极参与到传统家具的现代化设计革新中来。

7 "东西方家具"实例研究

7.1 "东西方家具"的品牌创建及发展概况

7.1.1 "东西方家具"品牌创建的背景

1997 年,"东西方家具"的设计师开始了针对设计原理传承的设计尝试,"龙椅"的雏形就是这一尝试的成果。1998 年,"龙椅"的设计逐渐完善,"东西方家具"的设计师又陆续创作出了早期的"东西方系列"①。同年,带着对中国传统木作工艺的尊崇与渴望,设计师一行踏访了无锡江阴的长泾小镇,并详细考察了当地印氏家具厂的相关制作与生产流程,设计师自此开始了与印氏家具厂的长期合作。2004 年以后,"东西方系列"扩大了设计范围,其新产品包括:深圳家具研究开发院的家具系列、休闲椅系列、书房家具系列、躺椅和摇椅系列,以及多次参加芬兰生态设计展的竹产品系列。

7.1.2 "东西方家具"的品牌文化

"东西方家具"的文化内涵体现在其建立伊始的初衷到卓有成效的发展乃至未来可持续规划的全部。

首先,"东西方家具"的设计师因振兴传统工艺和引领现代家具设计可持续发展的共同理想,倾心促成了"东西方家具"的合作项目。此项目不仅为传统工艺向现代设计的转化建立了有效的实践方式,也为中西设计文化的深入交流提供了广阔的平台。对传统元素情有独钟的约里奥·库卡波罗有感于中国木作工艺的魅力不可自拔,当他决定以榫卯作为其新一期中国式作品的结构基础时,他那北欧背景下的高超的家具设计水平就已为中国现代家具的发展注入了鲜活的动力,而榫卯工艺亦在与现代设计的密切合作中寻觅到再继承和再发展的合理渠道。

其次,"东西方"系列不但立足于传统木作的榫卯结构,亦取材于中国传统家具中的功能与形式精髓,具体体现在早期的"东西方系列""明式意向"以及"中国几"等。

再者,已然跻身于世界家具制造和出口量首位的中国,长期以来深陷本土家具设计与品牌滞后的泥淖,这种发展的被动性大大削弱了其在现代家具领域内的竞争力和主导地位。"东西方家具"是中西文化交流下设计原理传承的代表,稳健和良性的前期发展,很可能引导其成为中国现代家具品牌的中坚力量。

最后,"东西方家具"自研发起,就致力于可持续设计的实践与传播,这点充分体现在其所使用的生态材料——竹集成材上。森林砍伐的行为可能很难制止,但竹材的应用能够对生态环境产生戏剧性的积极影响[173]。家具学者林作新认为,中国传统家具的用材历程是符合就地取材的,一般采用"可轻易获得的资源"。古代中国家具以榆木、松木、榉木和楠木等为主,在榉木资源日渐枯竭后,东南亚类似于紫檀等的硬木才被引入,明末至乾隆年间,黄花梨、鸡翅木、铁力木和紫檀等陆续匮乏,酸枝木和花梨木等又被作为新材料来代替。因此,在中国传统家具的现代化探索中,要求脱离名贵木材的束缚,提倡对新材料的开发和利用[15]。早期的"东西方系列"是以红木或者紫檀制作的,但其属稀缺木材,且在长途运输和异地环境下,如北欧,会产生因湿度变化而引发的木材变形。因此,在符合中国传统韵味、易得、生态、物理性能优良、易于加工等特点的综合考虑下,竹集成材成为"东西方家具"后续设计的最佳材料[174]。"东西方家具"设计师曾提到:"在生态材料的选择上,我们很看好速生林的竹材,已经淘汰了实木材料的做法,太不环保了。芬兰设计也很钟爱竹材且具有历史,但这在中国还是新事物,需要推广。"

竹集成材在"东西方家具"设计中的应用具有以下重要的意义:一是竹集成材自身的环保意义。竹集成材的原料取自速生林类的原竹,经加工后,不但保留了原竹诸如纹理通直、色泽淡雅、材质坚韧及可与硬阔叶树种媲美的诸多优良特性,还利用胶合、防虫、防霉和防腐等处理摒弃了原竹材料的劣势[175]。二是通过优秀设计激发大众对于生态生活需求的推广意义。竹家具的使用和推广需要优秀设计的支持,但大多关注竹材应用的研究却鲜有这方面的强调。中国现代家具设计师明显体会到竹材应用的优势及其改善环境的意义,也试图从传统家具中寻找优秀设计的本源,而西方的先进设计思想能够为竹材的创新性使用注入新鲜的血液,如"东西方家具"中的北欧设计思想。总之,合理的设计能够提升竹集成材家具的核心价值,彻底释放竹集成材的独特优势,并因此激发大众对生态生活的主动需求[176]。

近年来,民族文化的信心觉醒引发了对传统设计文化的回顾与关注,而坐拥丰厚文化遗产的中国设计师可谓"近水楼台"和"向阳花木",然其"得月""为春"之路却未必轻松,究其原因,实为有效且合理的设计理论和方法的不足。对"东西方家具"的设计研究,有利于深刻而具体地了解设计原理传承的理论意义和应用价值,亦能竖立"东西方家具"在中国现代家具设计领域的标杆作用。自创建初期至今,"东西方家具"(图7.1)已频频亮相于国内外各大家具展,获得了业内外人士的广泛肯定与赞誉(可参见附录三和附录四中"东西方家具"代表性作品及项目合作目录)。

图 7.1 "东西方家具"部分作品

7.2 设计师和制作者的思想与理念

西方设计师——库卡波罗。库卡波罗对中国传统元素情有独钟,其作品"图腾椅"系列中就有采用中国龙图案的。"东西方家具"是库卡波罗近 10 多年来的重要作品,他用北欧现代设计的手法重塑了中国传统家具的形象。同时,"印式家具"提供的榫卯结构使库卡波罗对竹材家具的简约设计达到了极致,为中国传统工艺在现代家具设计领域的弘扬创造了机遇。

中国设计师——方海。在"东西方家具"的设计中,设计师对材料的运用深刻体现出传统与现代的积极对话:① "东西方家具"采用具有中国传统底蕴的竹集成材;② 成都天府国际社区的教堂大门融合了红木与竹集成材的古今优势;③ 北京某工作室大门用红木和玻璃演绎着和谐旋律。

家具制作者——印氏家具厂。印氏家具厂具有丰富的传统红木家具制作经验。在"东西方家具"的制作过程中,印氏家具厂利用其对传统榫卯的合理设计,解决了现代家具结构中的颇多难题。

7.2.1 北欧设计师的功能主义

库卡波罗是北欧著名的现代设计大师之一,也是获奖最多的设计师之一,在 20 世纪下半叶的 50 年间,他几乎荣获过国际国内有关室内和家具设计的所有著名奖项[177]。在库卡波罗的设计生涯中,"创新"和"实用"无疑是两个被涉及最多的名词。从"创新"的角度来讲,"卡路塞利 412 椅"(图 7.2)是库卡波罗在 1965 年利用玻璃纤维塑料进行创新设计的代表

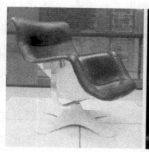

图 7.2 库卡波罗设计的"卡路塞利 412 椅"

作，被称为"最舒适的椅子"。该椅堪称美学与功能完美融合的典范。其有机的外壳符合人体曲线，只要铺衬一张薄皮革就能满足舒适的需要。椅座将旋转和摇摆功能结合起来，使用者可轻易尝试多种坐姿，却不用晃动身体[178]。20世纪70年代的石油危机使得库卡波罗在材料创新方面有了新的起点，以钢和胶合板为主体材料的办公家具系列至今畅销不衰。从"实用"的角度来看，对办公家具的研发和设计充分展示了库卡波罗对人体工程学的娴熟应用。这些办公家具包括普拉诺、斯加拉、芬克图斯、费依尔、西乐库斯、A系列休闲椅、实验系列后现代组合家具，以及以计算机工作者为主体的视觉系列办公家具。另外，库卡波罗"创新"和"实用"的设计思想还被扩展到诸如建筑、灯具、电话、电冰箱、农机具以及平面设计等方面[179]。

"东西方家具"的设计中饱含着这位北欧功能主义大师对于"创新"和"实用"的独特理解。首先，库卡波罗赋予了"东西方家具"两种意义上的创新，包括对中国传统设计思想的创新和对材料的创新。"东西方家具"的系列设计全面展示了库卡波罗对中国传统文化的情有独钟，他极力推崇中国传统家具中的实用性功能和简洁形式，并用其北欧现代设计的手法进行创新。他认为民族与现代化并不矛盾，且民族化已经逐渐成为一个具有悠久历史国家的设计核心[180]。在谈到传统与现代设计结合的问题时，库卡波罗曾这样答道："传统怎样与现代结合是个很复杂且几乎没有答案的问题，我只是在不断尝试和应用。将传统形式简化的方式只是一种手法，而原则是保留传统的ID，即传统的象征符号，如梅兰竹菊的图案波普（POP）色彩或者其他，等等。"①

库卡波罗对中国传统榫卯的设计及制作工艺赞叹不已。他认为，"中国传统的榫卯结构很成熟且能够解决很多现代家具中的结构问题，而印氏家具也是这样做的"②。从连接方式来看，"东西方家具"主要分为两大类：一类为不可拆装的榫卯连接；一类为可拆装的榫卯和金属件的组合连接。榫卯工艺为库卡波罗的简约设计提供了十分必要的结构支持，同时，库卡波罗卓越的现代设计也为传统榫卯的创新提供了广阔的发展空间。库卡波罗对于中国传统设计的眷恋还体现在色彩上面。在某次为椅子涂饰的选色过程中，他和夫人提出用"中国黄"来诠释椅子色彩的意义，希望色彩也能承担一部分功能，即审美和文化的展示。提出想法后，库大师（库卡波罗）立即找来色板，与夫人商讨，还与众人探讨关于选色的问题，对于设计的认真态度溢于言表。对于颜色的重视还在于材料的表现，库大师（库卡波罗）在细心比较之后选择了一款与竹子相匹配的颜色，并认为它更加自然（More Natural）。正如其本人所讲："芬兰有创新，但中国有传统。"[180]库卡波罗想从中国传统家具中汲取灵感，并进行现代家具设计的创新。据介绍，现代家具的世界市场份额是90%以上，林作新认为"中国韵味"要以现代家具的方式展示才会有大市场，"中国才能出现世界级的设计大师"[15]。

竹材是中国传统家具中的常用材料，其速生林的环保特性也使其再次成为现代家具设计师的宠儿。然而，就目前来看，中国设计师并未专注于竹材特性的创新，仅将其视为木材替代品的想法值得深思和商榷。可以借鉴的是，在"东西方家具"的设计中，库卡波罗凭借着以往对材料创新的丰富经验，利用竹集成材的弹性和强度等优势，创作出了一批颇能体现材料特性的作品,为本土材料在中国家具设计中的应用和发展起到了良好的推动作用。无锡大剧院的设计者——佩卡·萨米宁(Pekka Salminen)曾对"东西方家具"的竹制家具赞赏有加:"约里奥·库卡波罗和方海对竹材的应用启发了我,因此我在无锡大剧院的室内设计中也多次用到了这种材料。"㊷

其次,库卡波罗对"实用"的解读也深刻反映在他的"东西方家具"作品中。他曾在访谈中提到了自己是如何发现"实用"这一设计真谛的:"在求学时代,我实际上没有真正地涉猎过传统手工艺的制作,尽管我曾在博物馆里参观并做过一些测绘,在那里我看到了真正的传统极品之作,它们加工精美,材质上乘,技术高超;我尤其对其实用功能甚感兴趣,它们常常令我思考如何用新的方式使其更具现代色彩,这就是我的设计背景。我很快开始更清醒、更深刻地意识到,形式并不是根本的东西,形式问题很容易解决。家具必须首先考虑其实用意义,其次才是它的审美价值。要想成为现代设计师,最好是遵循一条明确的实用原则。"[2]

"东西方家具"中的每一件作品都遵循着"以人为本"的原则(图7.3)。就椅子而言,休闲椅和工作椅能够用简洁的形式——坐面高度、坐面进深、靠背与坐面夹角等直接表达出各自不同的使用功能。"东西方家具"椅子的使用者也谈到了自己的亲身体会:休闲椅能帮助你放松精神,慢慢入睡;而工作椅能助你减轻疲劳,效率加倍。无论处于休闲或工作状态,用户都能得到舒适的坐姿体验。笔者有幸参与到库卡波罗的一次工作中,他对着其最新设计的椅子样板,试用不同材料来替换椅子的靠背与坐面,反复审视并与众人商讨,以便得到较为合理的答案。期间,库卡波罗多次坐到之前设计完成的办公椅上,体验是否可以用较厚和触感较硬的织物来填充这款最新椅子的坐面。他以实际感受让大家了解,因其各自的使用功能不同,办公椅和休闲椅的靠背所选用的织物状况也是不同的。对人体工程学数据已经了如指掌的库卡波罗,还是会谨慎地对待每一次新的设计(图7.4)。"龙椅"的研制就伴随着不断的试坐实验,其过程甚至持续了一年。方海和库卡波罗反复调整座椅的断面宽度、连接角度,其精细程度达到了毫米级别。最终,在历时两年的舒适度等的检验之后,"龙椅"才真正得以完善[174]。这里有一件趣事,在众人围着库大师(库卡波罗)谈论家具时,笔者偶尔看到库大师(库卡波罗)的夫人在角落里独自看书,便上前搭讪,夫人无奈地感叹:"我就知道他会在这里待上一天,所以我带了喜欢的书用来打发时间。"听到这里,笔者突然想到了库卡波罗对其设计的总结:"就是一连串的认真而又耐心的日常活动。"[180]

库卡波罗对"实用"的阐释还体现在"东西方家具"的生态意义上。在2009年的芬兰生态特别展上,库卡波罗的"闪电椅"(图7.5)成为其生态思想的完美象征。"闪电椅"是一款轻质的扶手椅,当时采用的是芬兰的本土木材——桦木。它适用于多种环境和多类使用者,能够用于家居环境或者公共场所。更重要的是,由于那些规则简洁的几何构件,以及可轻易拆卸和互换的组装方式,"闪电椅"从生产、存放、包装、运输到维修,乃至再利用和再循环的几乎整个生命周期,都能实现便捷且低耗的生态目的[181]。这在大力提倡可持续设计的今天,不得不说是最为"实用"的设计案例。当然,来到中国以后,"闪电椅"又与竹集成材结合起来了,使其生态理念更为完善。

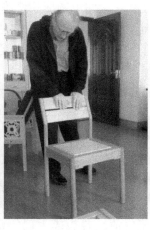

图 7.3　库卡波罗设计的
人体工程学用椅　　　　图 7.4　库卡波罗测试
靠背舒适度　　　　图 7.5　库卡波罗设计
的"闪电椅"

7.2.2　中国设计师对传承的探索

　　近 10 多年来,"东西方家具"设计师始终致力于将北欧现代设计中的优秀文化引入中国,以期更好地推动中国现代家具设计的发展,建立中国的原创品牌(图 7.6)。"东西方家具"便是这一举措的代表性成果。

图 7.6　方海(左一)与印式家具
厂探讨制作方案

　　设计师方海以明式圈椅为原型,提取了其中符合现代人体工程学的"马蹄形"扶手和条形背板。胶合板便捷的生产工艺简化了以上部件的制作过程,现代材料和技术的优势得以体现。最终,第一把"东西合璧"的椅子[图 7.7(a)]于 1998 年在芬兰阿旺特家具公司成功制造,而库卡波罗"博物馆椅"的结构框架成为其进一步完善的出发点。这种现代椅的框架能够为功能延伸提供更好的支持,如椅子叠摞功能的延伸。1998—1999 年,方海和库卡波罗共同创作了"东方"和"西方"系列椅,统称为"东西方系列"椅[图 7.7(b)和图 7.8]。

其中的"东方椅"[图 7.7(c)]便是后来"龙椅"(图 7.9)的前身。1998 年初,设计师委托江阴的印氏家具厂代为制作"东西方系列"椅。具体的制作过程是传统和现代进行结合的又一次尝试,主要体现在材料的使用和连接结构的选用等:① 硬木做结构,胶合板做坐面和背板,用金属连接件连接;② 以普通木材做结构,胶合板做坐面和背板,用金属连接件连接;③ 硬木和普通木材做结构,坐面框架用金属件连接;④ 硬木通体制作,用传统榫卯连接。另外,若坐面和靠背都采用框架结构,就可以根据需要进行其他材质的表面填充。

(a)   (b)   (c)

图 7.7　方海早期设计的椅子

注：(a) 用胶合板设计的"东西合璧"的椅子；(b) "东西方系列"椅；(c) 方海制作的"东方椅"。

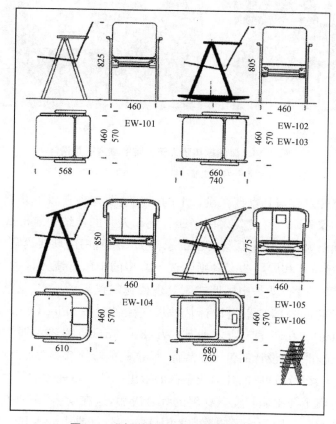

图 7.8　"东西方系列"椅设计图（mm）

图 7.9　"龙椅"

继"东西方系列"椅的成功研发后，早期"东西方家具"其他系列的开发便陆续展开了。"龙椅"之后，又产生了"明式意向"和"中国几"等赋有鲜明传统特色的现代家具。在家具必须与建筑设计相匹配并实现共同发展的观念指导下，"东西方家具"承担了多个建筑和室内项目的陈设任务。深圳家具研究开发院的室内家具设计便是其中的优秀代表，见图 7.10。

（a）

（b）

图 7.10　深圳家具研究开发院的室内家具设计

注：（a）大堂家具；（b）主楼二楼休息区内的"东西方系列"家具。

深圳家具研究开发院与其家具在设计上的匹配主要体现在以下几点：一是对中国传统元素的应用。深圳家具研究开发院采用了四合院和天井的传统建筑形式，其家具也被赋予了传统设计的内涵。大堂与休息厅会客区的家具试图用直白的现代语言表述一种中国传统氛围。而会议室、接待室和展厅的家具则筛选了典型的中国传统元素进行再创造，如"明式意向"休闲会议椅和"龙椅"就是中国明式家具现代化的代表[182]。二是色彩与风格的统一。深圳家具研究开发院的外墙与室内设计从彼埃·蒙德里安（Piet Cornelies Mondrian）、保罗·克利（Paul Klee）和瓦西里·康定斯基（W. Kandinsky）的艺术创作中寻找灵感，并以红、黄和蓝作为建筑和室内设计的色彩主旋律，而这些色彩的节奏感亦体现于室内的家具设计中。另外，建筑与家具设计中的几何线条都展示出一种回归理性的风格。

中国设计师方海十分提倡和注重材料的综合应用，这在诸多"东西方家具"研发中都体现得淋漓尽致。成都天府国际社区的教堂大门（图 7.11）就是由红木和竹集成材以各自的优势结合而成的。一方面，由于教堂大门体量巨大，红木制成的门框结构可以提供足够的支撑强度；另一方面，门面采用了竹集成材的大面积板材，避免了由红木进行小料拼接的不便，同时也极大地减轻了大门的整体重量。

方海在北京的设计工作室大门是"东西方家具"设计中的经典作品（图 7.12）。其门面是由波浪形的构件经由榫卯连接而成，直接反映出传统榫卯工艺在现代设计中的卓越表现。同时，通过对红木与玻璃的应用，该大门的设计展示出传统与现代材料的完美融合。具有相同思想的作品还有方海设计的"中国地图"方桌，其桌面地图是由榫卯拼接了20多种木材边角料形成的。

图 7.11　成都天府国际社区教堂大门的部分制作过程

图 7.12　制作完成的方海设计工作室的大门

7.2.3　制作者对传统工艺的践行

印氏家具厂在"东西方家具"设计中承担着重要的结构设计任务，即利用传统榫卯的优势，来解决现代家具中的结构问题，并对榫卯自身进行革新的过程。总体可归纳为：一是在传统结构中找优势；二是在现代家具中找创新。

回想与"东西方家具"设计师的第一次合作，印氏家具厂就大胆地否定掉了设计师选用的躺椅的连接结构，改用中国的榫卯结构取而代之。事实是，牢固美观的榫卯结构折服了这些设计师，之后的设计图中再未标注有关结构的图注。因为他们信任印氏家具厂对结构的把握和应用，这也为设计师的构思带来了更大的发展空间。正如印氏家具厂印洪强所说："我觉得一件好的设计是需要好的技术来支撑的，否则就丧失了好设计的意义，不能实现的设计只能是空谈。'东西方家具'的椅子具有优良的功能性，特别是人体工程学这部分，需要精密的尺寸和结构来实现，再加上椅子的设计一向简约到极致，若不能用足够的强度加以保证，很容易松动。"⑮

"龙椅"的制作是印氏家具厂的代表性作品，充分展示了他们在家具结构设计和制作工艺上的娴熟技能。濮安国曾说：手工技艺和制作工艺是传统红木家具的精华部分，它们促使材料和部件呈现出优美的形式，并通过形式传达出"作为物质产品的文化性和艺术性"[183]。"龙椅"的前期结构主要为北欧现代设计中的常用手法，即金属件连接。当"龙椅"交于印氏家具厂后，榫卯结构的优势才真正体现出来。经印氏家具厂利用榫卯而重新设计过的实木"龙椅"，将其放置在街边早餐摊长达 10 多年后，该"龙椅"的各构件连接处依然牢固，令人惊叹。从生态意义来看,产品寿命若能持续20年的话,那么,其生命周期中由运输所产生的消耗就可以降到最低[181]。

具体来讲,"龙椅"中的榫卯结构和工艺主要体现在两个方面:① "龙椅"的"马蹄形"扶手。在"龙椅"投产的初期,计划用现代的热弯工艺来加工"马蹄形"扶手。但经印氏家具厂仔细考虑后发现,用榫卯结构来实现"马蹄形"的做法更加牢固和持久。特别针对竹集成材来说,其中的竹纤维很容易因弯曲而脱裂开。另外,如果从竹集成材的工厂特别定制"马蹄形"扶手,将会大大增加生产成本。综合各种不利因素后,印氏家具厂决定对传统榫卯进行改造,并以此作为"龙椅""马蹄形"扶手的最终结构,保证其对牢固和美观的双重要求。由于弧形加工的难度,印氏家具厂还特别为"马蹄形"扶手的榫卯制作了一整套的加工模具(图7.13),简化了这种高难度榫卯结构的制作过程(图7.14),为传统榫卯的革新提供了重要的范本。② 实现"龙椅"可叠摞功能的连接件,姑且称其为"可叠摞连接件"。此连接件位于扶手与椅腿的连接处,见图7.15。经印氏家具厂负责人印洪强回忆:"第一次与设计师探讨的时候,他们建议用小料拼合连接,这是欧洲的做法,也可以充分利用余料,见图7.16(a);但我们建议用'一木连做',原因是强度更好,同时,一木连做的开料方式只要得当,并不会浪费材料,反而节省了单独做小料的人工,且符合要求的小料也是不好找的。我们说'一木连做'的方法已经有几千年的历史了,充分证明了它在结构上的优越性。最终,设计师同意了我们的做法,而事实也证明这种决定是正确的。"

图7.13　印洪强设计的"龙椅"制作模具

图7.14　"龙椅"制作模具的应用演示

（a）

（b）

图7.15　可叠摞"龙椅"的连接件

注:(a)连接件;(b)"龙椅"的叠摞方式和状态。

的确,明代圈椅的前腿与鹅脖就有"一木连做"的例子,马未都认为这"从客观上保证了椅具的稳定坚固"[80]。为了实现叠摞的功能,"龙椅"在采用胶合板制作的初期,使用的是"L"形金属连接件。而在实木"龙椅"生产中,印氏家具厂将连接件改为"一木连做"的榫卯式,使其在增加强度的同时也实现了叠摞的功能。同样的,在竹集成材"龙椅"的研发中,印氏家具厂依然用榫卯实现了"可叠摞连接件"的"一木连做"式。只不过,由于竹集成材板材厚度的尺寸限制,"可叠摞连接件"不能整块挖出。此"一木连做"式是在印氏家具厂严谨的榫卯制作下完成的,见图7.16(b)。

印氏家具厂的印洪强先生始终保持着充足的学习和思考热情。在与"东西方家具"设计师的长期合作中,印洪强耳濡目染且亲身体验过太多如何产生优秀产品的设计因素。他常提起设计师给予自己的启发,并将这些启发运用到自我的设计实践中。虽然印洪强主要担任家具的结构设计和制作工作,但他也多次参与到"东西方家具"的研发探讨中来。已经掌握了丰富的传统红木家具制作经验的印洪强,十分提倡对北欧现代家具设计的研究与借鉴,他在设计师的推荐下,浏览了最新的家具书籍或图册,并前往北欧对学校、家具工作室或工厂进行实地考察。在日积月累的学习和实践中,印洪强逐渐揣摩出了一套符合自身的设计方法,图7.17是印洪强针对椅背曲线所进行的人体工程学设计过程。图7.17(a)是根据需要设计出的各类椅背曲线模板,图7.17(b)是印洪强演示他如何检验这些模板的舒适度的,具体为:将模板沿人体背部脊椎线放置,通过试坐来体验舒适度。经笔者体验,这种方法的确能够为具体设计提供参考。

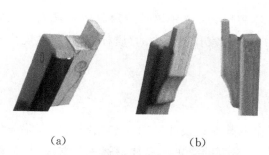

(a)　　　　　　　　　(b)

图7.16　"龙椅"的叠摞连接件演变

注:(a)小料拼合的叠摞连接件;(b)竹集成材制作的叠摞连接件。

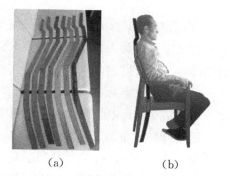

(a)　　　　　　　(b)

图7.17　椅背曲线的设计过程

注:(a)椅背曲线模板;(b)检验椅背模板的舒适度。

在谈到其早期的家具制作时,印洪强极力推荐了几本有关家具设计和制作的书籍(图7.18)。在印洪强的反复翻阅下,这些20世纪七八十年代出版的家具资料已显出破旧状。印洪强认为这些书籍对他有着启蒙作用,他从中学习并积累了众多经验,其中的若干家具还被他模仿制作过。印洪强毫不避讳对现今家具设计书籍的看法,认为其中的一些让他这个做了几十年家具的木匠都感到懵懂。他很希望家具制作的实际知识能够进课堂。随着大家对"东西方家具"的普遍认可和推崇,其中的工艺价值已然得到了很好的传播。

图 7.18 印洪强反复翻阅的参考书籍

7.3 "东西方家具"与设计原理传承

"东西方家具"设计承载着中国传统家具在功能、结构和形式以及三者间一体化设计等方面所积累的、具有启发性的设计原理;同时,也为中国传统设计与北欧现代设计的完美契合提供了优秀的范例。这主要体现在以下方面:一为中国传统家具中的功能主义与库卡波罗功能主义的集大成;二为中国传统的榫卯结构与现代金属件连接结构的优势互补;三为中国传统家具形式中的"简朴"和现代"简约"设计的融合。最后,能够将以上纷繁复杂的元素进行关联和协同性的设计,"东西方家具"显然取得了颇具指导意义的"一体化设计"成果。值得注意的是,以上种种结合正是基于传统与现代在设计思想上的共通性,因此会显得和谐而自然,不会产生理念背离的"排异反应"。

7.3.1 人体工程学和"朴实性"功能的集大成

"东西方家具"实现了功能上的集大成,具体表现为:① 中国传统家具的朴素人体工程学和北欧家具现代人体工程学的集大成;② 中国传统家具功能中的"质朴性"与北欧现代家具功能中"实用性"的集大成,即"朴实性"。

1)"东西方家具"中的人体工程学

(1)北欧家具中的现代人体工程学

温情脉脉的北欧设计向来将"以人为本"作为其家具设计中的根本原则。早在第一代现代家具设计大师中,芬兰的阿尔瓦·阿尔托和丹麦的凯尔·克林特就用北欧独具"温暖气质"的设计手法对冷漠的"国际式"进行了创新,其中就包含有对人体舒适度的慎重考虑。阿尔托的"帕米奥"椅(图 7.19)是为帕米奥疗养院设计的系列家具之一,其整体都是由层压胶合板弯曲而成,椅背与椅面的角度被设计成符合人体工程学,能够最大限度地发挥其适宜休闲和放松的功能。同时,椅背的横向开口为人体的背部提供了良好的透气性[179]。克林特注重对传统家具的再设计,而现代设计的人体工程学便是"再设计"的重要方法之一。克林特的躺椅(图 7.20)展示了合理的人体坐姿,其坐面采用了具有良好弹性和透气性的藤[28]。

瑞典的布鲁诺·马松(Bruno Mathsson)是第二代现代家具设计大师中的杰出人物,他也是现代家具领域内研究人体工程学的先驱者之一。马松的椅子造型是由人体的坐姿形态决定的,这在其 1934 年设计的弯曲板条(Eva)休闲椅系列(图 7.21)中表现得尤为明显。椅

图 7.19　阿尔托设计的"帕米奥"椅

图 7.20　克林特设计的躺椅

子的弯曲胶合板勾勒出一种看似随意的优美线条,却饱含着严谨的人体工程学依据。同时,编织皮革的椅面能够为人体带来更具弹性和透气性的舒适体验。马松在晚年开始应用人体工程学设计电脑桌,为后来的类似家具带来了开创性的借鉴[184]。库卡波罗隶属于第三代现代家具设计大师,自 20 世纪 70 年代以后,他开始尝试用钢和胶合板作为主要材料,进行办公家具和公共家具的开发。库卡波罗的办公家具体现出一种近乎纯洁的人体工程学思想,是一系列完全以人体工程学作为设计依据的家具风格(图 7.22)。

图 7.21　马松设计的"Eva"休闲椅

图 7.22　库卡波罗设计的"费依尔"办公椅

除此之外,芬兰的伊玛里·塔佩瓦拉(Ilmari Tapiovaara)、约里奥·威勒海蒙(Yrjö Wiherheimo)和丹麦的穆根思·库奇(Mogens Koch)等,都将与人体工程学相关的设计思想融入各自的家具中。可以说,人体工程学是北欧家具中不可或缺的设计依据和理念。

(2)"东西方家具"中人体工程学的集大成

"东西方家具"在人体工程学方面对传统和现代进行集成的方式,曾经频频出现于西方现代家具设计的舞台。西方设计师的"中国主义"作品中就有对中国家具功能的借鉴,充分体现了中国传统家具功能中的启发性,以及中西方在功能设计上的共通性。

"东西方系列"之"龙椅",也是"东西方家具"早期的代表作品,它将中国明式家具中的朴素人体工程学与库卡波罗设计中的北欧人体工程学完美结合,其舒适性已得到中外专业人士的普遍认可。"龙椅"的原型来自明式家具中的圈椅。圈椅是中国传统家具中典型的人体工程学设计代表。其以"马蹄形"扶手将椅背与扶手轮廓连为一体,既扩充了人体坐姿的自由度,又为手臂提供了更为舒适的放置方式。圈椅的条形背板亦为中国传统家具中的人体工程学特征,能够为背部提供适宜的支撑。"东西方家具"中的"龙椅"正是撷取了以上的"马蹄形"扶手和条形背板,并利用现代设计手法将二者的传统形式进行了简化。

关于"龙椅",印氏家具厂负责人印洪强曾这样描述:"心无旁念地坐在'龙椅'上,你会慢慢入睡。"这种体验要归功于库卡波罗应用于"龙椅"的人体工程学数据。中国的传统圈椅椅面是近乎水平的,仅凭"马蹄形"扶手和条形背板的倾斜角度来满足坐姿的舒适需求,无疑将限制或者无法实现最大舒适度。库卡波罗的人体工程学为传统圈椅注入了灵活的血液,"龙椅"的坐面和椅背等部件,能够配合使用功能而产生不同的角度和高度,如在办公"龙椅"和休闲"龙椅"中,两者的部件间角度及尺寸均不同,这也是现代设计"以人为本"的充分体现,见图 7.23 和图 7.24。

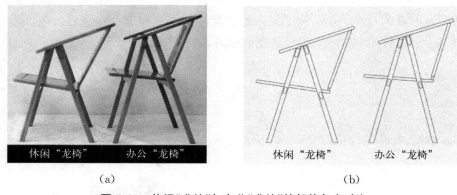

图 7.23　休闲"龙椅"与办公"龙椅"的部件角度对比

注:(a) 产品对比图;(b) 结构对比图。

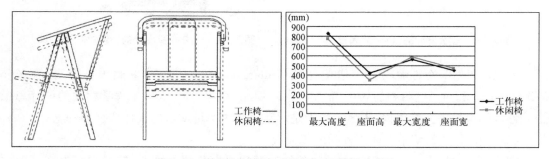

图 7.24　休闲"龙椅"与办公"龙椅"的尺寸对比

图 7.25 中列举了其他几种具有代表性的"东西方家具"坐姿演示,有助于进一步理解"东西方家具"在人体工程学方面所做出的努力。

中国现代家具设计创新的思想与方法

图示和名称	坐姿演示和描述

吧椅

吧椅靠背可为腰部做支撑，腿间横枨用来搁脚，坐姿自由度相对大。如侧坐（右图）时，两足可分踏在前与侧面横枨上，手臂可置于靠背

靠背椅

由多个竹板条构成的坐面和靠背，充分发挥了竹材的弹性优势，带来舒适的体验。落座后，双腿自然下垂，大腿与坐面接触处无压力。背部贴合背板，倾斜度适宜

躺椅（带脚凳）

躺椅中设计了三种不同斜度和长度的部件，分别承担了人体头颈部、背部和臀部的休闲功能。两臂自然落在扶手上，小腿与足可置于脚凳上

摇椅

摇椅的椅背设计符合人体从头颈、背部直至腰部的自然曲线。后躺时，可将两脚踩在由底部弯曲枨延伸出的脚踏上（左）。采用一般坐姿时，两脚落在脚踏上可保持身体重心前倾，维持摇椅的稳定（右）

（a）

图示和名称	坐姿演示和描述

短扶手靠背椅

短扶手的设计为大腿部位留出了更多自由的空间,使人体坐姿具有多样性。腿部可侧向伸展,身体同时向后方倾斜,手臂顺势依靠在扶手上。该扶手的设计体现出更多休闲功能

扶手休闲椅一

该休闲椅扶手与腿部共用一个框架,扶手部分狭窄,但不影响手肘放置的舒适度,因身体重力全部落在倾斜的靠背上。坐面与靠背的夹角是精心设计过的,大腿部位不会承受过多压力,腿脚部可自然延伸且放置在地面

扶手休闲椅二

该扶手椅的坐面与靠背夹角减小,坐面升高,提供了与上图休闲椅不同的坐姿体验,可作为会议椅和餐椅

三人"龙椅"

由单人"龙椅"衍生而来,用于家庭或公共场所供多人使用。其人体工程学思想见前述单人"龙椅"

(b)

图示和名称	坐姿演示和描述
 三人休闲椅	 利用扶手将坐面隔离,便于使用者对个人空间的认同,适宜公共场所使用,其人体工程学设计同前述休闲椅
 软包躺椅	 该躺椅的靠背部分被合理地分为两段,分别为下靠背与上靠背。坐面与靠背间的夹角设计符合人体半躺的姿态。软包的处理令坐面与靠背具备充足的弹性,感觉温暖和舒适。扶手高度适宜,刚好使小臂自然垂放其上
 躺椅	 该躺椅的坐面与靠背形成符合半躺姿态的曲面。坐面与腰靠部分的夹角为腰椎部分留出了合理的自由空间。当人体放松地躺下时,胸部很自然地呈开阔姿态,感觉舒展。两小臂自然垂放在扶手上。该躺椅使双脚放置于地面,但也配有脚凳
 软包休闲椅	 该休闲椅加软包,使得原本就具有科学的人体工程学倾角的坐面和靠背更为舒适。腿部自然下垂,脚落在地面。大臂亦自然下垂,使得小臂落在扶手上

(c)

图 7.25 几种代表性"东西方家具"的坐姿演示

2)"东西方家具"中的"朴实性"功能

(1) 北欧家具中的"实用性"

对实用性的关注是北欧设计师作品中的共同特点,他们将设计看作是解决实际问题并提升生活质量的重要手段。芬兰的昂蒂·诺米斯耐米(Antti Nurmesniemi)就是其中颇具代表性的设计大师。其 1951 年的成名作"桑拿凳"(图 7.26),近乎完美地诠释了北欧设计中的实用性。"桑拿凳"的材质主要有两种,凳面是胶合板,椅腿为防水柚木。马蹄形的凳面由边缘向中央倾斜,呈内凹的状态,坐起来不但舒适稳当,还能促使滴落在凳面的水自然流下。

该"桑拿凳"的设计淳朴简洁,连椅腿与凳面相连的节点也坦然裸露。设计师显然考虑到了芬兰桑拿浴的特点及浴者的使用需求,使作品完全从实用性出发。诺米斯耐米的可调节躺椅是另一个实用性设计的典范。如图 7.27 所示,躺椅的椅背可通过椅子下方的机构,沿着坐面进行调节。可以看出,每一次地调节都能使椅背和坐面形成新的功能,尽可能多地满足多种使用需求。

图 7.26 诺米斯耐米设计的"桑拿凳"

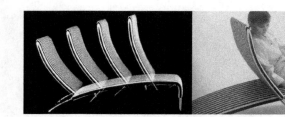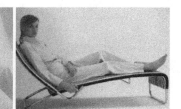

图 7.27 诺米斯耐米设计的躺椅

丹麦设计师阿诺·雅克比松(Arne Jacobsen)于 1951—1952 年设计的三足"蚁"椅是丹麦第一件能完全被工业化批量生产的家具。与后来的四足"蚁"椅一样,它们的材料和构造都极其简单和经济,而轻便和可叠摞的实用性赢得了消费者的一致爱戴。四足"蚁"椅是 20 世纪销量最大的现代家具之一。此外还有丹麦设计师布吉·穆根森(Borge Mogensen),他经常从最普通的民间家具中获取灵感,并将其应用在普通市民的家具设计中,实用性的考虑自然是具有重大意义的。

(2) "东西方家具"中"朴实性"功能的集大成

"东西方家具"中的"朴实性"结合了中国传统家具和北欧家具中的功能特色,主要体现在材料应用和按需设计两个方面。竹集成材家具质轻、易携、易挪动;合理的设计以坦率的方式满足叠摞、拆装和多种日常需求,成为不必"绞尽脑汁"使用的家具。以拆装为例,家具部件以"数量少""种类少""连接件少"为设计原则,不用说明书即可快速安装,且误装率很低。

图 7.28 的竹书架是以明式家具的架格设计作为灵感来源的。书架通体素面,除架板

外,均由条形板材以栅栏方式构成,节约材料的同时也减轻了书架的自重,笔者(无相关经验及培训的女子)可轻易将其搬起并挪动。经巧妙的设计,书架的栅栏部件兼具结构与功能,并承担着两类挡板任务。一是与架板接触的栅格挡板,可防止大小物件滑落。顶部亦三面有围子,可搁置物品。二是架板间的栅格挡板,为书籍或大物件的存放提供了保障。让每个部件都具有实际意义,这就是"朴实性"的体现。

图 7.28　竹书架

　　使同一类型的家具尽量满足多样化的需求,是"东西方家具"研发中的尝试。图 7.29(a)的长桌系列利用底部桌腿间连接支架的结构变化,形成了两种使用功能,充分体现出"东西方家具"的实用性设计原则。该系列包含办公桌和会议桌(餐桌)两类。办公桌的桌腿间支架采用"一侧连接式",能够扩大另一侧的腿部活动空间,多为单人单侧使用,见图 7.29(b)。会议桌(餐桌)的支架是"中央连接式",这种结构满足两侧同时使用,且腿部活动无障碍,一般为多人多侧使用,见图 7.29(c)。

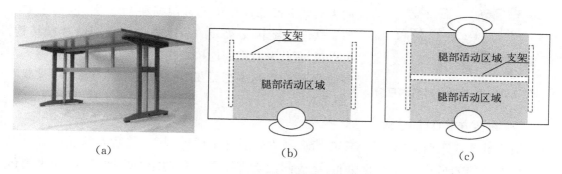

(a)　　　　　　　　　(b)　　　　　　　　　(c)

图 7.29　竹长桌的功能设计

注:(a) 竹长桌;(b) 采用"一侧连接式"的办公桌;(c) 采用"中央连接式"的会议桌(餐桌)。

7.3.2　榫卯与现代结构的优势互补

1) 北欧家具中的现代结构

　　与中国传统应用于木作的榫卯结构相比,北欧现代设计中的家具结构多随着新材料的出现而产生,也可以说,家具的结构问题是在材料创新的阶段产生并不断解决的。桦木在芬兰当地供应充足,却不易被弯曲。设计大师阿尔托的想法是将一根桦木材料沿纹理从一端锯开,然后将这些薄的木片再胶合起来。在对层压胶合板进行了多年的潜心研究后,阿尔托设计了一系列胶合板家具,维堡图书馆的可叠摞圆凳(图 7.30)便是其中的代表。这件圆凳的精彩之处便是被称作"阿尔托凳腿"的结构设计,具体指面板与承足的连接,即以层压板条在顶部弯曲后用螺钉固定于坐面板下部的方法,解决了长久以来坐面与承足的连接难题[8]。保尔·雅荷尔摩(Paul Kjaerholm)设计的椅子全部以钢构架取代丹麦传统的实木构架,这一全新的构架材料需要创新性的连接方式。雅荷尔摩通过精确的设计来定位螺钉的位置和尺度,使其椅子的主体部分能够完全用螺钉和螺帽进行组装,强调了椅子的整体感,而坐面和椅背则施以皮革、棕藤和其他编织品[185]。例如,其 1965 年设计的躺椅和 1967 年设计的悬挑椅(图 7.31)。

图 7.30　阿尔托设计的圆凳

图 7.31　雅荷尔摩设计的悬挑椅

图 7.32　旋转办公椅和软包椅

需要强调的是,北欧现代家具中的结构设计还必须满足现代生产和生活的需求,如家具的可拆装、可叠摞和可折叠等。这些结构设计便于家具的运输、搬移和储存,从而大大减少产品周期中的资源损耗[186]。另外,椅子中类似于软包和旋转支架等的装配也催生了新的连接结构。可以说,现代家具中的连接结构为中国传统家具提供了众多的革新方式,这些都能在"东西方家具"的设计中被找到(图 7.32)。

2)"东西方家具"的结构

创立至今,"东西方家具"已然在诸多国内外展览中博得众彩,其骄人的成绩不只在于设计上简约的形式与合理的功能,还应归功于支撑形式和功能的榫卯结构,即中国传统木作工艺的精华与核心。传统榫卯在"东西方家具"中扮演的重要角色使其顺利地转化为现代设计中的结构要素,并充分展示了其在结构设计方面胜于西方的本土优势。据介绍,"东西方家具"设计师交与印氏家具厂的设计稿可完全省略与结构相关的说明,因为后者对榫卯结构设计的丰富经验足以满足"东西方家具"对形式和功能的创新需求。

结合"东西方家具"的具体设计和制作,可知榫卯在当代家具设计中的应用优势主要有以下几点:① 以传统方法实现可拆卸功能。制作严谨且设计合理的榫卯能够在无钉无胶的状况下将多种构件组合成品,或使成品易拆卸以便搬运储存,构件的互换也满足了模式化设计与生产的可能。因为不用钉胶,家具构件的外部连接件被省略,同时也避免了由粘胶所导致的如游离甲醛等的排放问题。这也是目前消费者在家具选购时的首要顾虑。② 在不可拆卸的前提下,利用榫卯能够解决现代家具造型的结构难题。在"东西方家具"多年的设计合作中,印氏家具厂成功地利用榫卯接合的方式解决和完善了家具结构中的强度问题,并由此赋予了优秀设计本应具有的结构美。③ 组装家具中的榫卯应用。榫卯的使用能够为现代设计的结构问题带去福音。对于组装家具而言，其各固定单元的内部结构可以利用榫卯实现加固，合理的榫卯设计也能够从家具整体中省略多余构件，如枨的使用。另外，这些固定单元之间又可配合螺钉进行组装，真正使传统的榫卯与现代生产、生活方式结合起来。这也正是"东西方家具"的结构特色。

7.3.3 "简朴"与"简约"的形式融合

胡德生认为，"明式家具的造型虽式样纷呈，常有变化，但有一个基点，即是简练""几根线条和组合造型，给人以静而美、简而稳、舒朗而空灵的艺术效果"。[95]可以说，简洁流畅的线条和自然朴实的设色是中国传统家具形式设计的代表性内容。与此同时，作为现代芬兰家具的设计代表，库卡波罗的家具作品在形式设计上具有直接明快、尊重材料本身属性的特点。尤其是对简明灵动的直线应用，在其"芬克图斯"系列椅和"A"系列椅中表现得特别明显。可以说，中西家具的形式设计从"简"与"自然"的角度实现了共通。

1）北欧家具中的"简约"形式

北欧现代家具的形式多姿多彩，以艾洛·阿尼奥（Eero Aarnio）和库卡波罗为例，前者是"以艺术为本"的浪漫主义大师，而后者是"以人为本"的功能主义大师。阿尼奥家具的艺术形式要归功于其对新材料的应用。由玻璃纤维塑料制成的"球椅"（图7.33）一改木制椅子的传统形式，球状壳体在前部开口，内部铺软垫，给人以太空旅行般的梦幻感受。阿尼奥对玻璃钢的钟爱最大化地扩充着他的想象力，"香皂椅""番茄椅""方程式椅"等相继呈现出颇具浪漫色彩的有机形式，而大胆的用色更增添了这些家具的趣味性。阿尼奥的家具形式是在新材料与新技术的背景下，突破传统且富有时代气息的特征和符号[187]。

库卡波罗的家具形式也是跟随新材料和新技术的产生而发展的，其"芬克图斯"系列（图7.34）和"A"系列都是胶合板和钢的结合。库卡波罗在这些椅子中对胶合板和钢采用了最为直接的处理，即平板切割或直线切割使用，放弃了它们的可塑性。如此一来，椅子的形式保留了更为简洁的整体性，而适宜的线型比例赋予了椅子轻巧的灵动性，正如库卡波罗设计的"东西方家具"作品一样。

图 7.33 阿尼奥设计的"球椅"

图 7.34 库卡波罗设计的"芬克图斯椅"

2)"东西方家具"的形式

　　竹材是中国传统家具中的重要用材,不只因为竹材所特有的韧性和可塑性,还在于竹子本身的文化内涵,历来咏竹之声不衰,它被称作"梅兰竹菊"的四君子之一,还是"梅松竹"岁寒三友之一。"东西方家具"采用竹集成材作为主要用材,其一是本着竹材原料的生态意义,其二便是竹子中所蕴含着的文人气质,更符合"东西方家具"雅致简洁的形式特征。凭借着多年来对材料研究和应用的丰富经验,库卡波罗在"东西方家具"中展示了他对竹集成材的创新。椅子的条形背板和坐面将最大限度地发挥了竹集成材的优良弹性,从而对人体与椅子接触所产生的作用力进行缓冲处理,见图7.35。同时,从整体来讲,精瘦挺拔的家具构件形式,是出自对竹集成材纵向强度较大的考虑和肯定。

　　"中国几"的构想来自传统家具中的茶几和茶桌,见图7.36(a)。它有着四面平式的方几形式,整体轮廓简洁而含蓄。桌面下方的牙条被设计为平直的现代式,同时施以传统纹样的雕刻。"中国几"的几腿是符合库卡波罗家具的线型比例的,轻巧而灵动。几面舍弃了传统的木制攒边做法,而是在框架四边挖槽,并改用现代家具中常用的玻璃进行粘胶盖板,极大地降低了几面装配的复杂性,见图7.36(b)。

图7.35 竹材在靠背处的弹性演示

(a)　　　　　　　　　　　(b)

图7.36 "中国几"设计

注:(a)"中国几";(b)"中国几"的几面框架。

　　与此同时,作为形式要素中的重要构成部分,"东西方家具"对于材料特别是竹集成材的色泽和纹理的灵活应用亦可作为传统设色行为的传承代表。对于传统家具设色的现代设计转化,其关键还是要把握传统设色行为中的巧思与意匠。此过程不排除对于经典设色的再创造和再利用,但其基础要建立在符合现代家具设计的功能与结构需求上,切莫陷入模仿或身份主义的圄圄。"东西方家具"设计为设色传承提供了重要参考。一方面,保留竹材纹理的同时施以通透性较好的油漆。油漆的色相、明度等经过仔细斟酌后使得家具呈现出多样化的格调,如雅致、沉稳、活泼、时尚等,用以满足不同消费者的需求。另一方面,覆盖竹材纹理并施以饱和度较高的多色油漆,这类家具体现出平面设计中的视觉和色彩元素,具有浓烈的装饰意味,见图7.37。

图 7.37　竹椅凳中的多种色彩

7.3.4　"东西方家具"的"一体化设计"整体观

1）由功能体现出的"一体化设计"

"东西方家具"的功能设计中秉承着中国传统家具对"质朴性"的功能需求,同时也体现出北欧现代家具在功能方面的"实用性"特点。显然,前者要求一目了然的家具形式,而后者则规定了牢固便捷的家具结构。

"东西方家具"设计师库卡波罗曾谈到:"经常有人问我,你是怎样做设计的,我想说的是,我只是做了我所需要的,功能是设计的根本,把你需要的用简单的方式表达出来,我的设计就是这样产生的。"这句话完整总结了"东西方家具"从功能角度展开研发的设计思想,即家具功能是"设计的根本"和"所需要的",而家具的结构和形式则采用"简单的方式"。可以说,在"东西方家具"的设计中,功能、结构和形式间始终有着相互制约的关联性。

（1）功能与形式关联中的"一体化设计"

除了对坐姿技术的考虑,以及对不同功能需求的满足以外,椅子的设计还必须给使用者以美学上的愉悦[188]。在"东西方家具"的形式设计中,中国明式家具优雅的线型与北欧现代家具中简洁的轮廓相得益彰,形式中的每一个元素都有相应功能的承载,处理得干净利落。椅子是"东西方家具"中的主要系列,从靠背、坐面到扶手,椅子中每一个部件的形式都是特定功能的反映。或言之,使用功能的不同会导致形式上的相异,这充分说明了"东西方家具"中功能与形式设计的关联性和协同性,即"一体化设计"。

（2）功能与结构关联中的"一体化设计"

"按需设计"的策略需要相应家具结构的支持,这点在"东西方家具"中表现得更为明显。家具结构在设计上要具有牢固性和灵活性的诸多特点。首先,牢固性源于设计思想中"简单的方式"。当家具中的结构和形式都"宁少不多,宁简勿繁"时,牢固性就成为家具是否实用的灵魂性指标。同时,"东西方家具"还远销欧洲,这就要求椅子的结构还要考虑欧洲使用者的特性,既要满足他们的坐姿舒适性,又要承受高于亚洲人均值的体重。其次,灵活性这一结构特点主要体现在家具的多功能应用中,如家具中多种功能的组合或者不同功能之间的切换。图 7.38 是

图 7.38　"东西方家具"的儿童椅

库卡波罗设计的儿童椅,该椅子的高度和坐面的进深都可以通过合理的结构设计实现调节,用以满足不同年龄段儿童的使用。

2)由结构体现出的"一体化设计"

"东西方家具"以可拆装家具为主,因此,其结构设计"博众家之长",采用了以下两种方式:一是中国传统家具中的榫卯连接结构,主要应用于每个组装单元内部的构件连接,属于固定式;二是西方现代家具中的金属件连接结构,用来实现家具各组装单元之间的连接,属于可拆卸式。另外,不可拆装的家具结构也被设计成具有叠摞功能。毋庸置疑,印氏家具厂的结构设计是"东西方家具"设计的灵魂之一。特别是,"东西方家具"的榫卯结构是传统木作工艺再创造的成果。一方面,它继承了传统榫卯制作的优秀经验,主要利用部件自身的连接来完成牢固和简化结构的目的;另一方面,部件的榫和卯经过合理设计又能够满足现代机器的生产加工,以及较好地解决现代设计中的结构问题。可以说,适宜的结构为椅子的功能和形式的实现提供了确切的保证,也促使三者在"一体化设计"的关系中更为紧密。

(1)结构与功能关联中的"一体化设计"

"东西方家具"中的可拆装结构对家具的形式设计产生了特殊的要求。为了加强结构的牢固性,同时又有利于可拆装家具的运输和组装,"东西方家具"系列中每个家具的单元件数量都被压缩到最少。以椅子为例,它们通常由四种单元件构成,而合理的结构设计使得椅子组装时所需的金属螺钉数量也被压缩至八个,见表7.1四种单元件示例。在"东西方家具"的可拆装椅子中,躺椅是较为特殊的一例。在严谨的人体工程学设计下,相较四种单元件的椅子,躺椅多了头靠这个部分,即包含了五种单元件,见表7.1五种单元件示例。还有部分椅子是由六种单元件经由十个螺钉组装而成的,与四种单元件的椅子不同,在此类椅子的左右侧面中,扶手和前后椅腿是相互分离的两个单元件,即总共由六种单元件构成,见表7.1六种单元件示例。

表7.1　可拆装椅子的单元件示例

四种单元件示例		
椅子图示	单元件图示	
单元件数量:四个(左右单元件可互换)(此例为靠背椅,无扶手,但单元件设计原则同扶手椅)	椅面	靠背(靠背与底面横枨一体)
	左侧面(扶手与左侧前后腿一体)	右侧面(扶手与右侧前后腿一体)

\中国现代家具设计创新的思想与方法

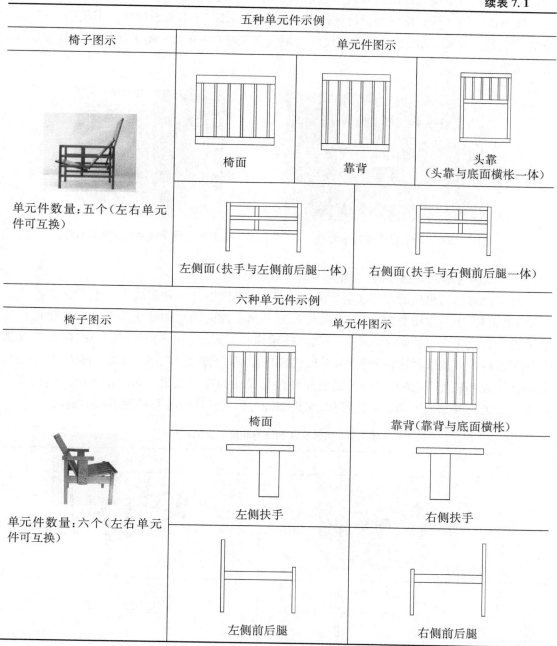

五种单元件示例			
椅子图示	单元件图示		
单元件数量:五个(左右单元件可互换)	椅面	靠背	头靠(头靠与底面横枨一体)
	左侧面(扶手与左侧前后腿一体)		右侧面(扶手与右侧前后腿一体)

六种单元件示例		
椅子图示	单元件图示	
单元件数量:六个(左右单元件可互换)	椅面	靠背(靠背与底面横枨)
	左侧扶手	右侧扶手
	左侧前后腿	右侧前后腿

除便于运输和储存外,"东西方家具"可拆装结构的优势还有:① 由于采用了可拆装单元件的设计,椅子的维修也变得更为方便;② 在大多数可拆装椅子中,对称且可互换的单元件简化了使用者的组装过程,再也不会困扰于左右反装的现象了。

"东西方家具"中各单元件尺寸的制约能够实现包装和运输的便捷。图 7.39 是一把小型家居椅的单元件设计,从图中可以看出,椅子的四种单元件设置了某一方向上的相同尺寸,如此一来,椅子单元件的包装就不会浪费额外的空间了,而椅子单元件的周边也不会因过分突出而受损。同样精细的设计还体现在"东西方家具"的书架设计中。书架的背板被拆分为完全对称的两个单元件,其宽度尺寸与侧板及架板的一致,方便了产品的包装和运输,见图7.40。

图 7.39　小型椅的单元件

图 7.40　便于包装和运输的书架

(2) 结构与形式关联中的"一体化设计"

　　有了榫卯结构提供的牢固优势,"东西方家具"足以展开多种形式设计的尝试。茶几是"东西方家具"中的重要类型之一,也是设计师利用部件间的结构变化来创造多样化形式的良好案例。表7.2是针对茶几一和茶几二在结构和形式上的不同所做的对比:两张茶几都采用了玻璃与竹集成材这两种材料,其形式都具有"东西方家具"一贯的劲瘦挺拔,只是茶几一略微严肃和稳重,而茶几二给人以更加轻便与灵动的视觉效果。而产生如此差别的原因在于二者的框架结构不同。由此可知,家具结构与形式设计间的关联性不可小觑。

表 7.2　两张茶几在结构和形式上的对比

	茶几一	茶几二
产品图		
结构对比		
形式对比	桌面全封闭框架;形式简洁,全封闭框架体现出严肃性和稳重性,线条劲挺	桌面半封闭框架;形式简洁,半封闭框架体现出玻璃材质的灵动性,线条劲挺

中国现代家具设计创新的思想与方法

印氏家具厂的办公室有一张利用榫卯实现拆装的办公桌。整个结构中没有多余的连接配件,仅凭榫卯来实现桌子的拆卸和组装功能。这为榫卯工艺在现代组装类家具中的发展提供了一个可能的设计范本,因为传统家具中的榫卯多被设计或被理解为固定式。其实,此类可拆卸的榫卯结构也源于传统做法,一般被用于"用材重硕,尺寸宽大"的家具中,如"夹头榫带托子大画案"和"插肩榫大画案"[41]。如图7.41所示,该办公桌的牙条和牙头被设计为一个整体部件,它与桌腿端部的连接方式源自传统的夹头榫结构。王世襄认为,夹头榫是明及清前期家具最常见的结构形式之一。正规的夹头榫应当是腿端开长口,同时夹牙条和牙头的。其优点是加大了案腿上端与案面的接触面,增强了刚性节点,使案面和案腿的角度不易变动[41]。整张办公桌的单元件包括:落地支撑件两个(每个支撑件都是两条桌腿与两条横枨的组合)、牙条两个、桌面一个。其组装过程见图7.41。

图 7.41　榫卯结构的可拆装办公桌

　　图7.42是"东西方家具"的一件"多功能伞架"。从图中可以看出,该伞架是由多种单元件经由榫卯组装起来的,主要为方直榫。当然,其拆卸也极其方便。

图 7.42　榫卯结构的可拆装"多功能伞架"

　　突破性的家具功能需要创新性的结构设计。印氏家具厂用众多实际案例展示了家具功

"扭转锁定"单元件演示

"扭转锁定"结构示意

图 7.43　可拆装书架的结构

能与结构之间丝丝相扣的联系。作为中外多所学校的实习基地,印氏家具厂为相对成熟的学生作品提供相应的结构设计和制作服务。图 7.43 是可拆装书架的学生作品。其立柱与架板间最初设计为简易的直插嵌入式结构,但并不能满足书架的使用功能,甚至无法使书架保持稳固站立。后经由印氏家具厂改良,立柱与架板间形成了"扭转锁定"的拆装方式,见图 7.43 中的结构展示,也使这一书架设计最终得以成品。

3)由形式体现出的"一体化设计"

(1)形式与功能关联中的"一体化设计"

"东西方家具"的简约形式要求设计师对家具的功能具有娴熟的掌握能力。当整个椅子的部件都是直线型,且采用硬质材料时,其舒适度的大小就与合理的人体工程学数据息息相关。"东西方家具"中的椅子大部分由坐面、靠背、左侧面和右侧面这四个单元件组成,自然的,椅子所展示出的功能也都体现在以上单元件或者单元件之间的适宜设计和配合之中。图 7.44 是两款休闲椅的对比图。在靠背与坐面的夹角、坐面进深、扶手高度、靠背高度和坐面宽度等方面,两款椅子呈现出不同的人体工程学设计,由此提供了两种不同的坐姿和休闲体验。

图 7.44　两款休闲椅的形式对比

家具形式的适宜改变能够拓展家具的功能。"东西方家具"的设计本身就是一种"更好的家具"的实验过程。多年来,"东西方家具"的设计师不断地进行着自身家具的改良设计,试图将每一款家具都尽善尽美。图 7.45 是具有不同形式的框架休闲椅 A 和 B,两者的区别在于椅子靠背板的不同。休闲椅 A 是全封闭的条形靠背板,休闲椅 B 是半封闭的条形靠背板。相比之下,B 在不影响功能与结构的前提

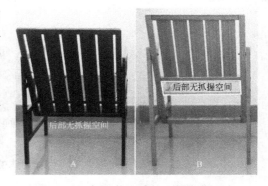

图 7.45　框架休闲椅的两种靠背形式

下，提供了椅子背部的抓握空间，方便搬移的操作，拓展了椅子的功能。

（2）形式与结构关联中的"一体化设计"

"东西方家具"所使用的竹集成材板材的厚度通常为 20 mm，经加工后为 18 mm，也是家具最终的部件厚度。而板材平面的切割也遵循形式设计中"简"的原则。如果可以将这些部件拟人化，则可以用"纤瘦"和"单薄"来形容。而严谨的结构及其工艺是简约形式得以实现的重要支持。设计师威沙·洪科宁（Vesa Honknen）很欣赏"东西方家具"的设计，尤其对利用榫卯来加强椅子结构的设计很感兴趣，他提到："这样简单的形式需要足够强的结构，否则这把椅子坐不了几个星期就会散架的。"为了最大限度地发挥传统榫卯的结构意义，印氏家具厂对重要连接节点的榫卯制作采取了先机器后人工的两道工序，即在机器加工完卯口之后，利用人工将其四边改方形，成传统样，而榫头则直接由机器加工为方形，印氏家具厂对此的解释为："机器加工的榫卯在接合时会产生过大的缝隙，现在的通常做法是填胶，导致胶体脱落后家具也散了。"相对而言，现代诸多实木家具的设计与制造只强调了榫卯的连接形式，却忽视了其更为重要的结构改善与加强功能，从而未能体现出传统榫卯之精髓所在。

图 7.46　竹方凳

图 7.46 是一张方凳，它在形式上借鉴了传统明清方凳，体现出清新典雅的气质。该方凳充分利用了竹集成材单向强度大的优势，结合榫卯科学的构造原理，能够以精瘦的部件满足成人的平均载重量，同时轻便易携。方凳凳面的下部是连接两侧腿足的矩形框式横枨。相比传统的腿间横枨，此结构的应用突显出轻盈简约、统一和谐的形式特征。

"东西方家具"的"中式椅"是其"一体化设计"的另一优秀代表，是采用红木来研发的，其原型为传统圈椅，见图 7.47（a）。据印氏家具厂介绍，"中式椅"还有采用竹集成材进行研发的考

虑。"中式椅"的后腿采用了西方特别是北欧现代家具中常用的斜腿式。坐面与下部牙条被设计为一体，显得更为轻盈简约。"马蹄形"扶手和椅腿都是精瘦的圆材部件，这通常是金属椅子所体现出的形式特点。"中式椅"在形式上的这些创新，得益于精密的榫卯结构和严谨的加工工艺，见图 7.47（b）。可以说，为现代家具的形式提供一种本土化的、以榫卯为基础的结构解决方式，是"东西方家具"秉承的设计宗旨之一。

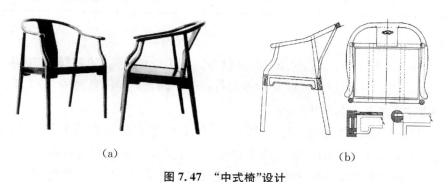

（a）　　　　　　　　　　　　　　　（b）

图 7.47　"中式椅"设计

注：(a)"中式椅"；(b)"中式椅"的结构。

7.3.5 基于设计评价的"东西方家具"感性意象研究

1) 实验的目的

"东西方家具"的作品洋溢着传统家具的意象特征,这也是当下传统家具现代化设计的目标之一。为了论证"东西方家具"与传统家具在感性意象上的共通性,以及得出该意象与"东西方家具"设计元素间的关系,从而为设计师提供明确和科学的参考,以下展开了对"东西方家具"的感性意象研究。该实验将为传统家具现代化的作品或实践成果提供定量层面的评价方法。实验采用的方法和数学模型基础是数量化理论Ⅰ类。

2) 实验的思路

(1) 实验样本和意象词汇的选取

从"东西方家具"的系列作品中选取了 25 个样本(包括靠背椅、扶手椅、吧椅、方凳、桌),经 6 位实验专家(从事设计教育的老师 3 位,从事设计工作的设计师 3 位)利用亲和图法(KJ法)对"东西方家具"样本进行分类筛选,最终确定了 15 个研究样本。筛选依据为:剔除各样本群中相似度高的样本,剔除具特殊和罕见形式的样本。

从相关书籍、杂志、广告和网站资料中选取 48 对与传统家具感性描述相关的词汇。让 6 位专家利用 KJ 法对词汇进行分类筛选,筛选的依据为:剔除相似度高的词汇,剔除不常用的词汇,剔除含义模糊的词汇,选用能够代表传统家具特征的意象词汇,并列出其反义词。反义词的设置不能选用带有贬义的词汇,避免误导测试者的意象评价。最终得到表 7.3 的 4 对意象词汇。

表 7.3 意象词汇

意象词汇	反义词
朴素的	奢华的
简练的	复杂的
浑厚的	轻盈的
含蓄的	张扬的

(2) 调查问卷的设计

将 15 个样本进行混合(参见附录五),并结合以上 4 对意象词汇制成调查问卷。该问卷采用 5 点量表的语意分析法(SD 法)对样本进行打分。调查问卷模板如图 7.48 所示。

(3) 调查结果的整理与分析

调查问卷受试人员一共有 25 人,男性 9 名,女性 16 名。受试人员中有 17 位是具有设计教育背景或从事设计工作的专业人员,8 位是非专业人员。对问卷进行整理后得到表 7.4 的实验数据(分析方式可参见第 2 章,不再赘述)。以"朴素的"意象评价为例,由表 7.4 可知,样本 12 的实验结果为"−1.72",是最"朴素的"样本。

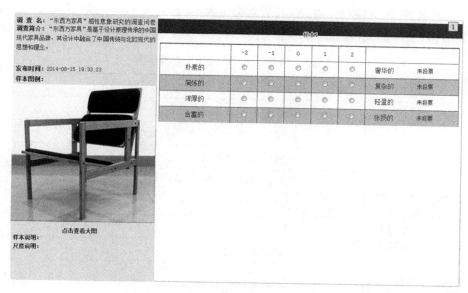

图7.48 "东西方家具"感性意象调查问卷

表7.4 "东西方家具"感性意象调查结果

	朴素的	简练的	浑厚的	含蓄的
样本 1	−0.56	−0.84	0.76	0.20
样本 2	−0.04	−1.40	0.88	−0.32
样本 3	0.08	0.32	−1.16	0.32
样本 4	−1.20	−1.20	0.72	−0.60
样本 5	0.12	0.56	−0.68	0.92
样本 6	−0.56	−0.24	0.32	−0.36
样本 7	−1.08	−1.20	0.68	−0.24
样本 8	−0.36	−0.08	−1.20	−0.32
样本 9	0.08	−0.8	1.04	0.28
样本 10	0.00	0.20	−0.08	0.36
样本 11	−1.24	−1.48	0.12	−0.72
样本 12	−1.72	−1.56	0.88	−0.64
样本 13	−0.80	0.36	−0.48	−0.24
样本 14	0.12	0.72	0.44	1.44
样本 15	0.36	0.32	0.16	1.08

（4）设计元素的提取和分类

由实验专家根据相关专业知识,并采用 KJ 法对实验样本进行设计元素的提取和分类,最终确定了表7.5 中的三种设计元素(项目),每个项目又各有类目。设样本意象评价值(定量变量)为 y,设设计元素(定性变量、项目)为 x,则线型(项目)为 x_1,其所含类目表示为 x_{11},

x_{12} , x_{13} , x_{14} ;"虚实"比例(项目)为 x_2 ,其所含类目表示为 x_{21} , x_{22} , x_{23} ;颜色(项目)为 x_3 ,其所含类目表示为 x_{31} , x_{32} , x_{33} ,见表7.5。

表 7.5 "东西方家具"设计元素的分类

编号	项目	编号	类目
x_1	线型	x_{11}	动线为主(直斜线、弯曲线)
		x_{12}	静线为主(与地面近似垂直或水平的线)
		x_{13}	直斜线与静线的结合
		x_{14}	弯曲线与静线的结合
x_2	"虚(部件围合空间)实(部件)"比例	x_{21}	"虚"大于"实"
		x_{22}	"实"大于"虚"
		x_{23}	"虚实"比例相当
x_3	颜色	x_{31}	深沉为主
		x_{32}	淡雅为主
		x_{33}	其他颜色

(5) 定性变量的编码转换

本实验仍然采用第2章中数量化理论Ⅰ类的定性变量分析方法。由式(1)(参见第2章)得到表7.6中关于15个样本和类目关系的定性变量编码。

表 7.6 "东西方家具"的定性变量编码

样本 / 类目	x_{11}	x_{12}	x_{13}	x_{14}	x_{21}	x_{22}	x_{23}	x_{31}	x_{32}	x_{33}
1	0	0	1	0	0	0	1	0	0	1
2	1	0	0	0	1	0	0	1	0	0
3	0	0	1	0	0	1	0	0	1	0
4	0	1	0	0	1	0	0	0	1	0
5	0	0	1	0	1	0	0	0	0	1
6	0	1	0	0	0	1	0	1	0	0
7	1	0	0	0	1	0	0	0	1	0
8	0	0	1	0	0	0	1	1	0	0
9	1	0	0	0	0	0	1	1	0	0
10	0	0	0	1	1	0	0	1	0	0
11	0	0	0	0	1	0	0	1	0	0
12	0	1	0	0	0	0	1	0	1	0
13	0	1	0	0	1	0	0	1	1	0
14	0	0	1	0	1	0	0	0	1	0
15	0	0	1	0	0	0	0	0	0	1

（6）实验数据分析

经数量化理论Ⅰ类对样本和类目进行分析后，本实验最终得到如下数据：

表 7.7 至表 7.10 分别展示了项目与类目对相应意象的贡献。以表 7.7 为例，标准系数体现了"线型""'虚实'比例""颜色"中各类目对"朴素的—奢华的"这一意象评价值的贡献。标准系数越接近"2"，该类目对"奢华的"评价值贡献越大；反之，越接近"－2"的类目对"朴素的"评价值贡献越大。从表 7.7 中可知，在"线型"（项目 x_1）这一设计元素中，x_{12} 对"朴素的"意象评价值贡献最大，其值为"－0.664"，即"静线为主（与地面近似垂直或水平的线）"的线型设计最能表现出朴素的感觉。再以表 7.8 为例（"简练的"），在"颜色"（项目 x_3）对"简练的"意象评价值的贡献中，x_{33}——"－0.313"表现为最大，说明在 15 个"东西方家具"样本中，除木质和竹材以外的色彩涂饰能够使其看起来更简练。样本中表现为黑色与竹材原色的结合，以及黑色为主、其他色辅助的涂饰方式。在表 7.10 中，就"虚实"比例（项目 x_2）对"含蓄的"意象评价值来看，"'虚实'比例相当"（x_{23}）的类目贡献最大。而当家具部件的"实"大于围合空间的"虚"时，该样本表现出偏向"张扬"的意象。

偏相关系数反映出项目在各意象上与样本的相关程度，结果越接近 1，二者的相关性越大。从表 7.7 至表 7.10 中的偏相关系数可知，"线型"（项目）对各意象评价值的贡献最大，对其意象表达的影响也最大。以对"简练的"意象评价值贡献为例，其"颜色"（x_3）的偏相关系数为 0.343，远小于"线型"的影响。

从复相关系数来看，"朴素的"意象评价值与其项目、类目的线性相关程度最高，为0.937，模型精度也最高。相对于其他意象，"浑厚的"表现出较低的复相关系数，为"0.776"。据笔者对受测者的回访及对样本的再分析，总结其原因可能如下：① 受测人群对"浑厚的—轻盈的"意象理解偏差较大，主要为设计背景的人员与非专业人员的理解偏差，理工科背景的人员与文科背景人员的理解偏差。②"浑厚—轻盈的"这一意象概括了部分"东西方家具"的意象特征，但不是其核心和代表性意象。

表 7.7 "朴素的"意象的实验结果

项目	类目	标准系数	偏相关系数
x_1	x_{11}	0.117	
	x_{12}	－0.664	0.874
	x_{13}	0.459	
	x_{14}	0.215	
x_2	x_{21}	0.004	
	x_{22}	0.370	0.616
	x_{23}	－0.229	
x_3	x_{31}	0.234	
	x_{32}	－0.279	0.643
	x_{33}	－0.082	
复相关系数 R		0.937	

表 7.8 "简练的"意象的实验结果

项目	类目	标准系数	偏相关系数
x_1	x_{11}	-0.748	0.729
	x_{12}	-0.478	
	x_{13}	0.700	
	x_{14}	0.436	
x_2	x_{21}	-0.032	0.304
	x_{22}	0.318	
	x_{23}	-0.146	
x_3	x_{31}	0.217	0.343
	x_{32}	-0.117	
	x_{33}	-0.313	
复相关系数 R		0.825	

表 7.9 "浑厚的"意象的实验结果

项目	类目	标准系数	偏相关系数
x_1	x_{11}	0.901	0.753
	x_{12}	0.325	
	x_{13}	-0.753	
	x_{14}	0.185	
x_2	x_{21}	-0.016	0.184
	x_{22}	-0.139	
	x_{23}	0.107	
x_3	x_{31}	-0.409	0.597
	x_{32}	0.159	
	x_{33}	0.690	
复相关系数 R		0.776	

表 7.10 "含蓄的"意象的实验结果

项目	类目	标准系数	偏相关系数
x_1	x_{11}	-0.094	0.682
	x_{12}	-0.517	
	x_{13}	0.424	
	x_{14}	0.326	

中国现代家具设计创新的思想与方法

项目	类目	标准系数	偏相关系数
x_2	x_{21}	0.058	
	x_{22}	0.116	0.273
	x_{23}	-0.151	
x_3	x_{31}	-0.101	
	x_{32}	0.007	0.266
	x_{33}	0.225	
复相关系数 R		0.806	

3）实验结论

（1）得出了"东西方家具"具有传统家具的"朴素的""简练的""浑厚的""含蓄的"意象特征的结论，实验数据证明了其作为传统家具设计原理传承的典范意义，也由此提出了基于感性意象研究的针对传统家具现代化设计的定量评价途径和方法。

（2）从对"东西方家具"的感性意象研究中可知，其各项目、类目对相应意象的贡献。以"含蓄的"意象为例，设计师要着重把握线型的设计，尤其关注以静线为主（与地面近似垂直或水平的线）的线型。同时，"线型"这一设计元素对以上传统家具代表性意象的表现都具有最高的贡献，设计师应当将其作为构思的重点。可结合第2章中对传统家具线型研究的结果进行考虑。

（3）由于在 KJ 法分类、实验人员的设定、意象词的确定等实验环节还存在不足，以致实验结果在精度上也出现不足，如"浑厚的"意象评价值与其项目、类目的线性程度未达到优秀。但实验的结果仍在意象研究的正常范围内，仍可为设计师提供相应参考。

7.4 小结

以竹集成材作为主要选材的"东西方家具"是设计原理传承的实践代表。其设计师和制作者在中西文化的碰撞与交融中实现了对传统家具的现代设计革新。一方面，"东西方家具"的功能、结构和形式充分萃取了传统家具中与现代设计共通的思想，且适宜地与北欧设计结合起来，使得传统家具完成了与国际现代设计接轨的华丽变身，具体表现为：在功能上，传统家具的朴素人体工程学与北欧家具的现代人体工程学相融，传统家具的"质朴性"与北欧家具的"实用性"结合；在结构上，传统家具的榫卯接合与北欧家具的金属件连接实现了优势互补；在形式上，传统家具与北欧家具在"简"和"自然"的理念中实现了契合。另一方面，"东西方家具"十分注重功能、结构和形式的关联设计，即"一体化设计"的整体思维。每一设计要素的特征形成都是整体关系中的必要和必然，避免了冗余部分的生成。同时，在关联设计的协同合作中，功能、结构和形式能够彼此制约和支持，有助于消除某一要素因独立而走向极端的可能，也有助于产生各个要素因相互促进而发挥极致的可能。总之，对"东西方家具"的研究验证了从设计原理传承展开的传统家具现代化设计的可行性。

同时,为了验证"东西方家具"与传统家具意象的共通性,本章利用数量化理论Ⅰ类的方法对"东西方家具"展开了感性意象研究,提出了传统家具现代化设计的定量评价方法,同时揭示了"东西方家具"设计元素对相关意象的贡献,为设计师提供了参考依据。

下篇 汇聚

8　相关家具研究的表意梳理

8.1　表意及其应用

表意多指语言符号与它所表现的概念或事物之间的关系，或者所指系统和能指系统构成的表达含义的功能。所指（Signifie）和能指（Signifiant）是由语言学家费尔迪南·德·索绪尔（Ferdinand de Saussure）提出的语言符号内部的两个要素，所指代替符号的概念，能指代替符号的音响形象，即发音[189]。

对差异性的深入了解往往是建立明确性的捷径。为了验证设计原理传承研究和应用的可行性并突出其特色，将引入表意的能指与所指系统对相关研究进行比较和梳理，主要涉及的概念包括：① 能指与所指间存在"含蓄意指"的关系模式。当所指随着时间与情境等的变化发生移位时，能指的第一层符号呈现出缺位状态，但并未完全丧失第一层所指。只是在第一层的基础上衍生出另一个所指，二者才彼此促进，相互激发。例如，"中国风"所指的历时性演变。同时，所指移位的无限性能够产生多重意义。例如，当下对"新中式"所指的理解和探讨。② 语言符号存在任意性的特点，能指与所指之间的联系不是必然和肯定的。因此，在相关家具研究"名词"的表意中，能指存在多样性，而所指存在交叉性，即"名词"的能指不同，但其建构的思想来源可能是相互影响和借鉴的。例如，针对西方家具研究的"中国主义"所指中对设计原理等的关注将为本书提供理论支持，但其能指将不能直接冠在以设计原理传承为主旨的中国现代家具研究上。

8.2　"中国风"的表意解读

"中国风"的能指具有多样性，也被称为"中国风格"

"中国情趣"或者"东方情趣"等,法语称为"Chinoiserie",英语称为"Sharawdgi",或者拼为"Sharawaggi"。据考证,这个词很可能源自中国南方的某种方言,有"不经意的优雅"或"漫无秩序的优雅"之意[190]。在韦伯英语大百科全书中,"中国风"的定义包括两个方面:一是指18世纪欧洲出现的一种装饰风格潮流,以复杂的图案为特征;二是指用这种风格装饰的物品,或采用这种风格的实例。在《最新英汉美术名词与技法辞典》里,"Chinoiserie"被解释为"中国式""中国风格",具体解释为:"受到中国艺术影响的装饰性物品。中国艺术风格的潮流出现在建筑、室内装饰、家具、陶瓷、挂毯、墙纸和小装饰物中,也出现在美术作品中,反映了对中国的浪漫想象,这种艺术在18世纪达到顶峰,尽管中国式风格仍是装饰艺术中的标准主题,但中国时尚却在1795年结束。"[191]

从以上定义可以看出,"中国风"的研究具有特定的时期和地域,即"18世纪"(一般是17—18世纪)和"欧洲"。因此,"中国风"的所指实际上是一种基于中西文化交流下的装饰风格,这种装饰风格又与欧洲的设计运动(如巴洛克、洛可可等)相互融合与促进,最终形成了风靡一时且颇具影响力的"中国风"浪潮。袁宣萍在其研究中强调了"中国风"设计的特点,指出它利用中国元素进行表面装饰以追求异国情调,但缺乏对这些元素的深层次理解,只是一种程式化的装饰手法[192]。玛格丽特·曼德丽在《西方人眼中的中国传统家具》一文中也谈到:在19世纪最初10年里产生的"中国风"家具并不是中国家具实质的体现[98]。

从"含蓄意指"的角度来看,"中国风",或者"中国风格",其所指在当代设计中得到了衍生,主要为针对中国传统元素的应用和表现,其场域不再以西方国家为主,而是扩散至受到中国传统艺术文化影响的世界各地。其目的也不仅仅为了满足对异国情调的需求和好奇心,而是体现着对中国文化深层次了解后所产生的自觉性与认同感。当代"中国风"作品一般直接采用具有象征性质的传统符号,包括书法绘画、日常器物和建筑园林等的符号、纹饰和色彩。

8.3 "中国风"的发展背景

8.3.1 欧洲审美趣味对"中国风"的影响

"中国风"的形成是基于中西文化交流这一大背景的,而文化交流则是促进设计发展的重要动力。中华民族是有着开拓精神的民族。早在公元前2世纪末,西汉张骞的西域之行就为中国与西域以及与西方国家的交往建立了纽带[193]。公元前6世纪,波斯帝国将古希腊和印度等文明的影响扩散到了中国。自公元初年起,中国丝绸作为一种异邦精品开始在埃及备受推崇,而埃及输入中国的琉璃制品以及公元5世纪传入的琉璃制造方法,都在一定程度上给予中国设计以全新的发展天地[194]。

随着佛教文化在东汉时期的传入,以希腊、罗马式装饰手法表现印度、罗马题材的犍陀罗艺术影响了中国新疆地区的艺术表现,包括绘画、工艺美术、雕刻和建筑等。唐以来贸易和佛教文化的兴盛为中西文化交流提供了更为广阔的平台,敦煌壁画中的图像诉说着那个时代文化交流的熙攘。宋时政府鼓励海外贸易,中国瓷器出口占据着重要地位。精美的宋瓷不但是中国人的传统瑰宝,更是异域人士积极效仿的对象。元代的中西交流是以马可·波罗(Marco Polo)访华为代表的。这位意大利著名的旅行家在游历中国 17 年后,以一本《马可·波罗游记》向欧洲人展示了中国的富庶与神秘,也激起了欧洲人对中国财富与文明的无限向往,继而引发了新航线的开辟,并导致了新大陆的发现。明末清初被称为中西文化交流的第三次高潮期,以利玛窦和郎世宁为代表的欧洲传教士为中国带来了西方的艺术与科技,并由此诞生了一批以圆明园为代表的西式建筑。与此同时,中国传统的文学、史学、经学、儒学等也被介绍到欧洲去,对后者的启蒙运动产生了深刻的影响[195]。

在中西文化交流的史诗中,对"中国风"产生直接影响的篇章主要如下:首先,游记文学的影响。事实上,游记作为一种探索新世界的记录和传播形式,理所当然地成为"中国风"设计师攫取灵感和素材的来源之一。除上面已经提到的《马可·波罗游记》外,在欧洲较为流传的游记文学还有 14 世纪中叶的《约翰·曼德维尔爵士游记》,西班牙传教士胡安·冈萨雷斯·德·门多萨(Juan Gonzalez de Mendoza)在 17 世纪出版的《中国游记》等。另外,传教士因职业的特殊性成为游记文学作者的主要群体,他们对异国他乡的描绘成为欧洲了解世界的窗口。其中较为著名的是《利玛窦中国札记》、意大利人卫匡国在 1654 年出版的《鞑靼战记》、德国人基尔雪的《中国图志》、法国人白晋的《康熙大帝传》等。1665 年,荷兰的约翰·纽霍夫以图文并茂的方式记录了他在中国的所见所闻,并以《东印度公司遣使晋见中国鞑靼皇帝记》的著作出版,其书中绘制的南京琉璃塔是欧洲最有名的中国建筑,成为英国邱园中式宝塔的参照[190]。

其次,中国外销艺术品的影响。"中国风"设计师还从中国出口的外销品中汲取经验,这些外销品种类繁多,主要包括瓷器和漆家具。最初对中国外销艺术品的仿制开始于 16 世纪晚期,而"中国风"设计兴起于 17 世纪中期以后。从家具外销、输出的时期和种类来看:17—18 世纪以漆家具为主,竹和藤家具晚至 18 世纪才有输出,而硬木家具引起西方重视主要始于 20 世纪初。可见,对 17—18 世纪欧洲的"中国风"设计影响最大的是外销漆家具[192]。到了 18 世纪早期,中国货物在欧洲特别是在英国的影响力越来越大,以至于中国的瓷器、室内陈设织物、壁纸和家具成为主人引以为豪的物品[196]。这些物品通常是西方的形式和装饰,但它们仍然保持了中国物质文化的历史特色。图 8.1 是一件英式镀金带翻盖的青花瓷大啤酒杯,其杯身和杯盖上绘制着中国元素的图案。在早期,一些中国外销品仅能从装饰中一些类似于涡纹的细节中看到欧洲风格的影子,其他则完全是标准的中国元素[197]。

为了迎合西方客户的需求,中国的工匠和商人适时地改造了外销品的传统工艺,诸如图案和造型。这些"非原作"的改变从某种程度上误导了欧洲人,让他们以为中国人也认可"中国风"设计中的图案。或者说,他们以为正宗中国艺术就是"中国风"的这个样子[190]。图 8.2 是 1850—1870 年广州画匠创作的外销画,为迎合西方顾客的喜好而采用了西方绘画的技法。

最后,审美趣味的转变和需求。17—18 世纪的法国被称为"伟大世纪"。这个时期的人们表达出一种对于外来艺术、外来文化的新奇和向往。奥利弗·英佩(Oliver Impey)认为"中国风"产生于欧洲人对东方的梦想,对相关物品的收藏始于好奇心的需求,后来才逐渐转变为对美的关注[198]。欧洲设计师在"中国风"这一浪潮中扮演了引导和满足大众追求梦想的重要角色。他们的作品普遍建立在一种对遥远东方国度的幻象之上,其理想生活就是"东方乐土上的人们整日捕蜂捉蝶、品茗、垂钓、吸烟枪,并且总是撑着帷伞"。"中国风"的设计师试图借用美好愿景去改变现状。他们借鉴颇具异域特色的东方元素,来满足那个时代欧洲贵族对新奇的追逐与偏爱。如图 8.3 的家具装饰图案中包含有穿中国服饰的人物、中国拱桥、小舟、房屋,还有中国人劳作的场景等。整个画面的构图方式也是中国绘画技法中所常用的。图 8.4 是欧洲人凭想象建造出的"中国风"亭子与中国亭子的对比,可以看出,二者在建造形式、风格和部件的细节处理上都表现得高度相似。

图 8.1　英式镀金带翻盖啤酒杯

图 8.2　广州外销画"园林景色"

图 8.3　家具中的东方元素图案

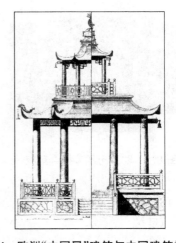

图 8.4　欧洲"中国风"建筑与中国建筑的对比

　　然而,欧洲设计师并不刻意模仿原创,他们本着西方特有的审美理念和创作技法,将焦点集中在中国艺术的实用性上,而不是中国艺术作品所强调的内涵与哲理[190]。即使当时的欧洲设计师能够直接对话中国艺术或设计作品,他们也会适时地将之改变以迎合欧洲市场的需求。洪再新认为,"18 世纪欧洲和中国的美术交流显露了中西艺术的重要差异。双方在时代的局限中都没能真正理解对方的艺术价值及其文化内涵,却通过差异更多地认识了自己,重新确定了自己在传统中的位置"[199]。

8.3.2　漆家具的输出对"中国风"的影响

　　高档硬木家具自明万历年间才兴起,万历年以前,中国的传统家具主要是指漆家具,它也是贯穿于中国家具发展史的重要类别。战国时期的楚就有生产漆器和家具的历史。秦汉形成了漆器发展的一个高潮，除质地上乘且形式美观外，漆器的品种和数量也都形成了一定的规模。漆家具的设计和制作在明清两代表现得更为卓越，主要体现在品种的丰富和工艺的精湛上，而其发展也在此时达到了巅峰，见图8.5。

　　风靡欧洲的"中国风"家具受到了中国漆家具的深刻影响。早在15世纪，中国漆家具就被输入欧洲，并因其独特的工艺和瑰丽的色彩赢得西方上层人士的宠爱。他们甚至将家具远涉重洋运送到中国，只为对家具进行中国漆艺的涂饰加工。曾几何时，漆家具一度被西方认为是家具设计与漆器绘画技术的完美结合，也是中国家具的代表。中国17—18世纪的外销漆家具包括填漆家具和（彩绘）描金家具。前者是具有典型中国特色的漆家具，它们采用较为便捷的"刻灰"工艺，主要流行于17世纪中期，是较早一批出口欧洲的中国漆家具。（彩绘）描金家具是在17世纪后期大量外销的漆家具，当时也被称为"洋漆"或"仿倭漆"，是由日本"莳绘"的描金画漆工艺发展而来的。图8.6的木盒在色彩和形式上的灵感都来自于日本漆器，制作者还刻意模仿了日本漆艺中的竖构图。由于中国针对漆家具的研究远远落后于日本，以至于西方人常常将日本漆产品看作是高品质的典范，也错误地认为漆家具起源于日本。经考古学验证，中国自汉出土的精美漆器中的工艺，远早于日本提出的发明时期[199]。

图8.5　明万历黑漆描金药柜

图8.6　约1750年的黑底描金风景画漆木盒

8.4　"中国风"家具

8.4.1　巴洛克和洛可可的"中国风"家具

　　"中国风"家具自17世纪初发端，真正开始流行是在17世纪50年代以后，这与当时欧洲艺术领域的巴洛克（Baroque）时期正好重叠。因此，这段时期的"中国风"家具，又被称为巴洛克"中国风"家具，以体块沉重和硕大、装饰豪华和精美而著称。德国著名的艺术家达哥利是巴洛克"中国风"的设计师代表，他能赋予东方家具更为浪漫的想象。在与巴洛克风格的结合中，"中国风"的特征主要体现在家具的装饰图案上。这些家具的种类包括写字台、时钟、椅子、桌子和镜子，以及专门为进口的东方漆柜所设计和配置的底座等。除了应用于家具之外，中国情趣的主题图案还被广泛应用于具有巴洛克风格的室内装饰壁纸上。

"中国风"和洛可可(Rococo)是同期同步发展的。洛可可的艺术理念和当时欧洲人所见到的中国艺术有不少相通之处,都是精致纤巧且注重细节。欧洲的艺术家和工匠从来自中国的艺术品和工艺装饰品中找到了美感,包括细腻的造型和色彩艳丽的图案等,尤其符合洛可可艺术的欣赏品味。洛可可那种看似不经意的、柔和纤细的风格特点,正是淡雅精致的中国艺术品,特别是瓷器、漆器、壁纸等装饰艺术品所展现出来的特性。洛可可艺术中常用的"非对称"图案,也与中国艺术中的审美趣味不谋而合[190]。这就为洛可可"中国风"的形成奠定了可能的基础。可以说,洛可可的审美趣味为"中国风"提供了生根发芽的土壤,而"中国风"的发展又促进了洛可可的繁荣与多样化。

洛可可"中国风"家具的各面都由曲线构成,装饰纹样也是优美的曲线,喜用非对称的构图方式。家具腿间少用枨,且多以三弯腿为主,成为那个时期最具代表性的家具设计特征[185],如图8.7的"安后式"靠背椅。值得一提的是,古斯塔夫·艾克认为18世纪的高背"安后式"椅的设计灵感源自中国的传统靠背椅。他还在一件明代三腿香几上找到了在17世纪传入欧洲的细长腿形,即"螳螂腿",并推测它是欧洲"克贝尔"弯足的来源[77]。

在商品流通的带动下,中国外销品在影响欧洲装饰风格的同时,也将欧洲的巴洛克和洛可可风格引进了中国。清中期以后,西方的巴洛克和洛可可的各类艺术品相继输入广东[200],对清代广式家具以及后来的民国家具设计,都产生了一定的来自异国文化的影响[201]。英国设计师托马斯·奇彭代尔(Thomas Chippendale)在对中国明式家具深入研究的基础上,提出了"中国家具洛可可化的可能性"。家具学者蔡易安认为奇彭代尔的这一猜想在清代广式家具的设计中得到了验证[57]。大成在《民国家具价值汇典》一书中也提出民国椅子中的三弯腿设计来自于18世纪奇彭代尔的家具[202]。巴洛克风格对广式家具的影响十分典型地体现在家具的装饰上。这类装饰具有很强的立体感和空间感,常采用浮雕、高雕、通雕、圆雕和线刻等手法。家具的表面雕饰有"十之八九"的比例说法(图8.8)。而以"卖花"著称的家具雕刻,大多是受到了洛可可风格的影响(图8.9)。此外,广式家具中的透雕和大理石螺钿镶嵌等也是西方洛可可家具和艺术品所常用的装饰方法。

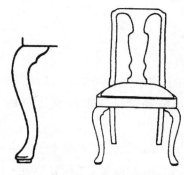

图8.7 "安后式"靠背椅和三弯腿　图8.8 酸枝镂雕龙纹扶手大椅　图8.9 鸡翅木嵌瘿木面靠背椅

8.4.2 奇彭代尔的"中国风"家具

奇彭代尔的家具是英国洛可可"中国风"的典型代表。中国的建筑、家具,特别是清式家具中的装饰风格,都成为奇彭代尔家具设计的灵感来源。除设计本身外,奇彭代尔家具的盛行还应归功于他在 1754 年出版的《绅士与橱柜制造者指南》。该书的副标题为"哥特式、中国式和现代式常用家具中最优雅与实用之图例",较为具体而全面地描述了其中家具的设计风格。该书中还附有多达 160 幅桌子、椅子、摆放瓷器的橱柜等"中国风"家具的图样,是当时较为抢手的家具设计手册,并相继于 1754—1762 年出了三版。奇彭代尔在这三个版本中展示了 11 种"中国风"的椅子设计,其特征主要体现于椅腿、椅背和扶手。"中国风"也因此从装饰性功能向多重的更为广泛的实用功能扩展了[190]。"中国风"装饰与家具部件结合起来,而不再独立于家具的功能和结构之外。

奇彭代尔家具中式样繁多的格纹装饰成为其设计的特点,这些格纹应该来源于中国的传统建筑或家具。高脚柜顶部类似于中国的建筑屋顶,有的像四坡顶小亭子,亭檐四角还吊挂风铃;玻璃柜门上的格纹仿效中国的窗棂格,见图 8.10(a)。椅子的方柱形腿上有"卍"字浮雕,腿与望板间有花牙子或透雕的牙条。椅子的靠背和扶手下方的格纹都模仿了中国家具所采用过的装饰图案,见图 8.10(b)。可见,除中国建筑中门和窗棂格的图案外,中国传统架子床和榻围子上的图案,以及传统柜或架格面板上的图案等,都有可能是奇彭代尔"中国风"装饰的来源。

(a)   (b)

图 8.10　奇彭代尔设计的"中国风"家具

注:(a)"中国柜";(b)"中国椅"。

8.5　"中国主义"的表意解读

"中国主义"这一能指的英译为"Chinesism",它的所指是中国传统家具的形式、功能和设计原理;或者灵感直接或间接源于中国传统家具的形式、功能和设计原理的现代家具设计[34]。

"中国主义"是站在现代设计的角度来理解中国传统家具的。其所指颠覆和细化了西方设计界一直沿用的、仅仅停留在装饰层面的"中国风"概念。另外,相较单纯的"鉴赏"来讲,"中国主义"的所指是对传统家具"新的合理的诠释"[34]。可以说,"中国主义"的提出最大限度地扩充了中国家具设计理念对于西方家具领域的影响深度和广度,也从根本上确立了中国家具体系在世界现代设计领域内的重要地位。

"中国主义"家具研究的兴趣点始于吉瑞特·托马斯·里特维尔德(Gerrit Thomas Rietveld)的红蓝椅(图 8.11),其设计构思居然与中国宋代刘松年《四景山水图》(夏)中的一件躺椅(图 8.12)完全一样。在《现代家具设计中的"中国主义"》一书中,作者方海以椅子为例,肯定了中国传统家具和西方现代家具在某些设计思想上的相似或相同性,并着重阐述了传统椅子,如框架椅、折叠椅、圈椅、竹藤椅、自然式椅和躺椅(或休闲椅)等,为诸多西方现代椅子给予的形式、功能和设计原理。"中国主义"的研究目的是"启发和刺激当代建筑师和设计师从历史和其他文化中获取更多的灵感"[34]。

图 8.11 "红蓝椅"及其分解轴测图

图 8.12 宋代刘松年《四景山水图》(夏)局部中的一件躺椅

8.6 "中国主义"的发展背景

8.6.1 西方收藏热对"中国主义"的影响

"中国主义"的形成背景可以从两个方面来探讨:首先,明清(硬木)家具的收藏热为西方学者和设计师提供了深入了解中国家具的契机,也让他们发现了传统家具中所蕴含的先进设计思想。

16 世纪末至 17 世纪初的清康熙年间,大量明式家具从上层阶级流入民间,主要为黄花梨和紫檀类的硬木家具,后被西方传教士收集并运回国内,用以陈设或收藏,此时的欧洲,巴洛克和洛可可家具正随着文艺复兴运动的日渐式微而衰落。在西方设计师看来,这些明式家具有着"静中带动,动中带静"的理想形式,是他们一直在寻找的。至 17—18 世纪"中国风"的盛行时期,西方设计师已经意识到了中国装饰风格所体现出的功能性和表现力。19世纪下半叶和 20 世纪上半叶,随着文化交流和战争的爆发,一批批来自英国、法国、德国、比利时、荷兰、意大利、俄国、瑞典、丹麦、澳大利亚、日本和美国等国家的学者、收藏家和鉴赏家,他们或购买或掠夺了大量的明清家具,以及有关中国家具和室内布置的书籍。这些物品中的大部分后来被收进西方国家的许多著名博物馆中。在历经数次的外流后,国外的中国家具收藏品多数是二级,少数为一级或三级。而国内的此类家具收藏品则多数是三级和四级,极少数够得上二级。无论是数量还是质量,国外此类的家具收藏品都要优于国内[27]。频繁的收藏和博物馆展示活动为西方学者和设计师提供了直接了解中国传统家具的良好平台。他们立刻认识到这些家具中所存在的"现代"特性，即"直率的设计理念、精巧细致的构造、材料润饰的慎重选择和高度发达的技艺，以及对人体尺度舒适的全面考虑"[27]。可以想象，在如此认识的影响下，西方的现代家具于 19 世纪下半叶和 20 世纪上半叶，在材料和设计思想上产生了很大的变化。自 20 世纪 30 年代起，中国传统家具特别是硬木家具，被西方学者频繁推崇和赞赏，认为其具有朴素的装饰和精简的结构④。与此同时，早在 19 世纪末和 20 世纪初，敏感而善于思考的西方设计师就开始创作"中国主义"的现代家具了。

其次，西方现代设计运动所产生的各种思潮，与中国传统家具中的设计思想具有惊人的相似性。这让处于疑惑中的西方设计师拥有了在中国家具中找到答案的可能。20 世纪 20 年代初，查尔斯·麦金托什（Charles Rennie Mackintosh）、弗兰克·劳埃德·赖特（Frank Lloyd Wright）和里特维尔德开始了与"中国风"完全不同的设计尝试，即"中国主义"家具的创作。20 世纪 30 年代以后，西方家具设计中开始出现简单的图案装饰和几何方式的布局，而这些变化都与中国明式家具的影响有关。工艺美术运动的先驱者，诸如英国的威廉·莫里斯（William Morris）和爱德华·戈德温（Edward William Godwin）等，坚信"好的设计本质上应是朴实的，并可在任何情况下使用，且具有高质量的技艺"[203]。莫里斯提倡功能和美观的结合，虽然他所采用的手工艺方式背离了工业生产的趋势和方向，且将哥特式和自然主义的装饰应用在自己的作品中[204]。工艺美术运动是现代主义的起点，它摒弃无意义的装饰，崇尚在作品中诚实地表达功能、材料和技术。很显然，以上这些思想都能够在中国传统家具中被找到。包豪斯家具一直被认为是现代设计的典范，但其所蕴含的设计思想也同样出现在中国宋明家具中。

当密斯·凡·德·罗（Ludwig Mies Van der Rohe）的"少即是多"的思想被极端化后，现代设计运动中的"国际风格"在 20 世纪 50 年代下半期，偏离了功能至上的轨道，仅仅执着于如何将形式设计为"少"或"更少"。甚至不惜违背功能的需求，沦为冷漠的形式主义[205]。这时，中国明式家具所体现出的"温情"再次赢得了西方设计师的关注，他们试图以此为参考来软化"国际风格"中的僵硬和古板。由此可见，中国传统家具曾屡次对西方现代设计的改革产生促进作用。这无疑是继"中国风"之后，中西设计文化交流的又一成果。

8.6.2 硬木家具的输出对"中国主义"的影响

中国硬木家具是 20 世纪西方家具研究的主要对象，它们由珍贵的硬木制成，因自然的纹理美而闻名，其特色还包括适度、和谐和雅致的设计。硬木家具大多出现在晚明和清初时期，饱含着文人气息，是明式家具的精华。巴尔的摩艺术博物馆于 1946 年为中国硬木家具做了第一场东海岸的展览，使得这些家具存在于功能和结构中的先进设计思想得以曝光，还包括"简洁的设计、优美的线条和天然木材的美感"。西方学者曾屡次将硬木家具冠以"古典"的美名。劳伦斯·西科曼在 1978 年的第三届西尔斯 21 世纪赫尔斯金奖讲座中提到，中国硬木家具能让他"联想到一种古典类型"⑤[205]。在 20 世纪初期（三四十年代），硬木家具吸引了居住在北京的外国人。其中深受包豪斯美学和其他现代运动思潮影响的一些人，开始收藏或者研究中国硬木家具，并且在回国的时候大量带回。这些硬木家具的收藏品逐渐取代了主导西方 18—19 世纪收藏领域的漆家具的地位[116]。

作为"中国主义"研究中的主要对象,硬木家具及其所包含的先进设计思想,已然得到了西方设计师的认可和一致推崇,并通过他们"中国主义"的作品体现出来。这些作品是中国传统与现代设计结合应用的典范,具有大量值得深究的成功经验。因此,对其的研究不但有利于民族文化的继承和发扬,也为中国现代家具的发展奠定了深厚的历史基础,更有利于中国本土家具设计的信心塑造。

8.7 "中国主义"家具

8.7.1 北欧设计师的"中国主义"家具

北欧的设计师一直拒绝狭隘的模仿,虽也受到国际式设计的影响,但尊重传统和自然的原则让他们的设计更富有人性化[206]。从这点看来,同样"舒适"和"人性化"的中国传统家具得到这些设计师的钟爱,并成为他们灵感的来源就不足为奇了。

1932 年,丹麦的设计师奥利·瓦歇尔(Ole Wanscher)在《家具类型》一书中,第一次提到了中国家具在世界家具体系中的重要作用[34]。而丹麦的其他设计师也明显肯定和验证了这一作用,汉斯·维格纳就是其中的典型代表,其"中国主义"的作品享誉世界。维格纳热衷于自然材料的应用,对家具的设计需求有着深刻的理解,也因此执着于在作品中表现功能与形式美的结合。维格纳与中国圈椅的结缘产生于一件委托任务的解决方案:如何用最少的且部分采用来自丹麦森林的材料,来设计一把具有优美曲线的扶手椅?从维格纳 1943 年完成的中国椅系列中可以看到,他显然从中国圈椅中找到了上述答案。维格纳在舒适度的要求下对圈椅的"马蹄形"扶手做了改良:他将扶手的手臂支撑部分做成水平,并通体简化了传统圈椅的线条和构件。在此基础上,维格纳最初的"中国椅"设计至少有九种版本,而它们在维格纳后期的不断试验和创新中又有了新的发展。与"中国椅"相比,"Y"形椅在扶手和条形背板处都做了改变,形成半圆椅,为手臂的搁置提供了不一样的体验,见图 8.13(a)。1949年,在设计了"圆椅"(Round Chair)之后,维格纳迎来了他的国际影响力和在销售方面的巨大成功。美国《室内设计》杂志曾将"圆椅"作为封面并称赞它是"世界上最美的椅子"。这把椅子后来干脆被简称为"The Chair",见图 8.13(b)。与之前的作品相比,"The Chair"的搭脑部分被加宽,这使原本支撑背部的条形背板得以省略,也使其整体更为简洁[207]。1952 年的牛角椅可以看作是将"The Chair"的扶手减短,这为手臂提供了更多自由度。此外,丹麦设计师凯尔·克林特(Kaare Klint)和建筑师卡尔·彼得森(Carl Petersen)在 1914 年为福堡(Faaborg)博物馆设计

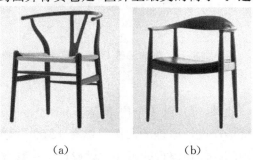

(a)   (b)

图 8.13 维格纳设计的"中国主义"椅子

注:(a)"The Chair";(b)"Y"形椅。

的福堡(Faaborg)椅、霍夫曼·奥尔森(Hovmand Olsen)于1957年设计的180号扶手椅(丹麦语:椅子)的设计原理都明显来自于中国圈椅。

瑞典设计师也是"中国主义"的忠实践行者。汉斯·约翰松(Hans Johansson)在1960年设计了一把源自中国传统靠背椅的现代椅子。该椅子加宽了原型的条形背板,带有弯曲的轭。建筑师卡尔·埃里克·艾克瑟卢氏(Karl Erik Ekselius)在1958年设计了一把带有"S"形条形背板的椅子,搭脑也有向上的凸起,都是中国传统靠背椅的常见做法。另外,挪威的阿尔内·霍尔沃森(Arne Halvorson)在他1965年的餐椅靠背设计中采用了梳背式。

8.7.2 其他西方设计师的"中国主义"家具

格林兄弟的家具被认为是西方"中国主义"设计的早期代表。他们的家具以"结构和工艺决定质量",具有间接性、功能性、空间感和为整体性考虑的结构设计,体现着典型的"中国主义"特征。中国传统椅子中的罗锅枨、角牙、条形背板和云纹等具有功能和结构意义的形式,都被格林兄弟多次借鉴和采用。但他们不是纯粹的模仿和挪用,而是创造性地改变原型,使其更加符合简洁和实用的设计原则。格林兄弟椅子的另一个特征是对"关门钉"的使用,而这一连接方式是中国传统椅子所固有的。在格林兄弟这里,"关门钉"成为结构和形式的完美结合体,见图8.14。

由阿切勒·卡斯蒂格利奥尼(Achille Castiglioni)设计的列尔纳(Lierna)餐椅(图8.15),其形式简洁,使用轻便。椅子条形背板的设计体现出一种来自中国传统的灵感。

图8.14　格林兄弟1907年设计的扶手椅

图8.15　卡斯蒂格利奥尼设计的
列尔纳(Lierna)餐椅

此外,维尔纳·布拉泽(Werner Blaser)在《折椅》中展示了13种类型,其中体现了中国传统折椅设计原理的案例居然有12种。奥托·瓦格纳(Otto Wagner)在1906年为奥地利帝国邮政储蓄银行的营业大厅设计了一款方凳(图8.16),其框架的设计原理类似于中国宋代的凳。中国竹藤家具也同样为西方的现代设计带去了灵感,以致欧洲和美国在19世纪初一度出现了仿竹家具热。

圈椅是传统椅子中颇具代表性的一类,其"马蹄形"扶手的线条圆润、优美,同时也为使用者提供了背部与手臂支撑的舒适体验。善于观察的西方设计师当然不会忽视这一富含现代理念的设计原理,很多活跃的当代设计师也为之倾倒。法国新锐设计师菲利普·斯塔克(Philippe Starck)在 2008 年利用聚碳酸酯、铝、木材等多种材料,设计出了颇富梦幻色彩的新作品——明式椅(Mi Ming)(图 8.17)。

帕斯卡·阿尔曼(Pascal Allaman)在 2013 年的上海国际家具展中推出了自己的"中国主义"作品——明椅(MING)(图 8.18)。设计师将中国圈椅的传统符号融入现代的工艺和生活态度中,试图使"MING"椅成为一款容易与环境搭配的现代圈椅。该椅采用烤漆工艺,其坐面为马鞍皮编织。

 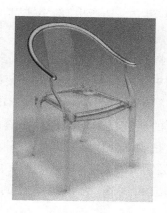 

图 8.16 瓦格纳 1906 年　　图 8.17 斯塔克 2008 年设计的　　图 8.18 阿尔曼设计
　　　　设计的方凳　　　　　　　　　　明式椅　　　　　　　　　　的明椅

8.8 "新中式"的表意解读

目前具有代表性的"新中式"的所指为:"中国传统风格文化意义在当前时代背景下的演绎,是对中国当代文化充分理解基础上的当代设计。"[208]其涉及范围很广,包括家具、建筑与室内设计、服装与产品设计等,成为具有"中式"特色的相关研究与实践的专有能指。

家具学者刘文金等人在 2002 年的"首届中国家具产业发展国际研讨会"上,这样界定了家具设计领域的"新中式"概念,具体为:一是基于当代审美的对于中国传统家具的现代化改造;二是基于中国当代审美现状的对于具有中国特色的当代家具的思考[209]。从此概念可归纳其所指为:① 设计实践(第一条)和意识形态(第二条)被结合考虑;② 现代家具是"新中式"设计的目标,而传统家具是"新中式"设计借鉴的原型;③ 此概念的创建是基于宏观角度的,其中的"当代审美""现代化改造""中国特色"等都有着被进一步细化的可能。"新中式"概念在 2002 年的建立颇具意义,它为之前纷繁多样的相关研究理清了今后思考的方向。此后,关于"新中式"所指的探讨和研究呈白热化。以下几位学者的观点和建议是具有代表性的:

家具学者胡景初在 2009 年从能指出发,谈到了"新中式"的两个重要内涵:一是"新";二是"中"。他认为"新中式"家具要在保持中国传统家具特色的基础上,展示新的形式与功能。他还进一步解释了"新中式"的研究目的,即在用材、结构、工艺、装饰、用途等方面对传统家具加以现代化的革新。另外,他还提出了对"新中式"设计的一些看法,如将传统家具的元素与现代实木家具进行结合,倡导内有"精"和"神",外有经现代手法处理的抽象和符号化的传统形象[210]。张天星认为目前对"新中式"所指的理解,属于"仁者见仁,智者见智"。而他本人对"新中式"的观点具有包容性,认为对传统家具的改良设计、传统元素与现代设计的结合、企业与高校合作的原创设计等都属于"新中式"的范畴,只是以上结果的最终形式不同而已。同时,他也肯定了"新中式"必须在中国文化的前提下,如在制作技术上表现出具有传统工艺精神的榫卯、雕刻和髹漆等,满足现代的生活方式[211]。许美琪认为"新中式"的所指应为"样式"的开发,而不是"风格"的建立。他指出"新中式"应该是中国文化在传统和现代两个层面的融合[212]。

综上所述,"新中式"在其所指移位的无限性上产生了多重相关意义,但都具备如下的共同特征:"新中式"首先是体现中国传统家具特色的。传统家具的形式和结构等都可以作为借鉴。其次,"新中式"是要符合现代生活和文化需求的,这使它与"仿古"家具有着明显的区别。可见,"新中式"家具的研究是为中国现代家具的发展寻找一个品牌建立的途径,而浑厚的传统家具文化显然是中国现代家具设计品牌的坚实奠基。从现有设计来看,"新中式"挖掘了传统家具中种类繁多的元素,包括思想文化、材料结构、装饰风格、形式特征,等等。总之,"新中式"的提出和实践,为传统家具的继承和发扬搭建了一个现代舞台。

8.9 "新中式"的发展背景

8.9.1 民族文化对"新中式"的影响

"新中式"的形成背景如下:民族文化的自信心需要在现代设计领域内得以重建。中国家具体系曾在世界舞台上扮演着重要角色,包括漆家具于17—18世纪在欧洲掀起的"中国风"浪潮,以及宋代和明代家具特别是硬木家具对西方现代领域内"中国主义"设计的影响。如今,传统家具依然是引以为豪的民族文化,但中国家具在现代领域内的成果却是凤毛麟角。兴起于20世纪90年代的针对西方家具的"仿制风",严重阻碍了中国现代家具的自主研发之路。缺乏"身份"和"特色"的中国现代家具无法得到世界的认同,民族文化的自信心亟待重建。

8.9.2 建筑发展对"新中式"的影响

建筑或室内设计的发展一直与家具保持着同一步调,"新中式"的出现也不会是偶然的。一方面,现代生活对于室内设计风格的需求呈多元化,中式装修的典雅、现代设计的简约以及现代生活所提倡的使用便捷等逐渐融合在一起[213]。另一方面,在全球化的大氛围下,文化趋同的程度越来越高,民族文化反而更受青睐,成为个性识别的身份象征。中外建筑师竭其所能地从中国传统文化中撷取灵感,创作出一批颇具民族特色的"中国现代建筑"。其中的代表性作品有贝聿铭的香山饭店和苏州博物馆、美国建筑师阿德里安·史密斯(Adrian Smith)依据中国传统塔形风格设计的上海金茂大厦,以及 2010 年上海世博会中国馆(图8.19)等。因此,作为建筑空间和建筑功能的重要组成部分,家具也被赋予了"传统将如何与现代结合"的设计使命。图 8.20(a)和(b)是中国设计师朱小杰为中国馆设计的室内家具。

图 8.19　2010 上海世博会中国馆

（a）　　　　　　　　　（b）

图 8.20　朱小杰 2010 年设计的上海世博会中国馆家具

注:(a) 沙发;(b) 茶几。

8.10　"新中式"家具

　　与"新中式"家具相关的设计探索在 20 世纪 90 年代就已展开。较有影响力的是中国第五届国际家具展览会的金奖作品——吴明光设计的"明概念"家具(图 8.21)。它被认为是中国明式家具的风格再造,能够运用现代设计的手法将明式家具的设计元素进行分解和重构,最终产生了既符合现代生活需求,又表现出民族特色的新类型[214]。在谈到中国家具文化的继承时,吴明光认为既要继承中国家具文化,又要突破传统的条条框框,并注重与时代的结合。他还特别反对热衷于传统家具中关于匠气和形而上学的意识研究,认为这样反而忽视了传统家具中具有现代意义的空间感和尺度感,导致仅仅套用刻板而庸俗的传统家具形式[215]。

　　针对"新中式"家具的理论研究和实践设计在 21 世纪初的几年里逐步升温,至今仍为业界探讨的重点。一些企业和设计师通过自己的感悟和理解进行着"新中式"家具的设计尝试。红古轩家具有限公司是"新中式"家具研发的领跑者之一,也是第二届全国家具设计师代表大会上"中国家具设计引领奖"的获得者。主创设计师林良举亦被授予"中国家具设计新星奖"。其代表作品有 2011 年的"新中式"作品《春秋》[216]。红古轩家具有限公司的"新中式红木家具"系列自 2005 年起被陆续推出,这使得该企业在"新中式"道路上的发展方向逐渐明朗化。红古轩家具有限公司倡导将历史和这个时代的健康、文化和审美等融合起来,进而打造多元化的"新中式"作品(图 8.22)[217]。除产品本身外,红古轩家具有限公司还致力于传统家具现代化的设计传播,不但在 2009 年创建了国内首家以"红古轩"为名的"红木文化体验馆",还于 2008 年起多次承办"红古轩杯""新中式"大赛。

图 8.21 吴明光设计的"明概念"家具   图 8.22 红古轩家具有限公司的"新中式"餐桌椅

成立于 2000 年的深圳景初家具设计有限公司在中国业内成就卓著,曾荣获 2012 年的中国家具设计机构十佳奖。其推崇的设计哲学包括主张设计师作为核心市场竞争力的"设计至上论",认为设计决定生产和销售的"设计决定论",反对抄袭的"设计诚信论"和倡导可持续发展的"设计生态论"[218]。作为家具研发的专业公司,景初家具设计有限公司自然会在传统家具的革新浪潮中跃跃欲试,且先后推出了"写意东方系列",将唐至清不同的建筑和家具风格融合起来,并采用精湛的传统工艺加以表现。家具的整体气氛简朴、稳重,而人体工程学等以人为本的现代设计思想也被融入其中。"竹韵"系列,在对竹子的线条与结构进行深入把握的基础上,尝试将竹子的传统文化含义与现代审美结合起来;"乌金物语"系列,更多地展示了针对意识领域的传承。其家具构件中有简洁舒畅的曲线和拙朴稳重的直线,前者多用在沙发扶手、椅子搭脑等部位,后者多用在腿与面板处。在乌金木华美沉静的纹理衬托下,该家具系列整体流露出含蓄雅致、醇厚朴实的传统家具韵味,同时不失现代美学的表现。

此外,深圳祥利工艺家俬有限公司、浙江的年年红家具集团和顺德的三有家具有限公司等都是 21 世纪初致力于"新中式"家具研发的家具企业。而在频繁举行的家具设计竞赛中也有着众多"新中式"家具的身影,且被认为是参赛者选择的热门题材。

8.11 "中国风""中国主义"和"新中式"

表 8.1 是对以上"中国风""中国主义""新中式"家具研究分析的总结和比较。

表 8.1 "中国风""中国主义"和"新中式"比较

能指	所指				比较
	阶段和时期	地域和范围	产生背景	理念和表现	
"中国风"	17—18 世纪	欧洲为主	对东方异国情调的向往与好奇心	以东方元素为主的家具装饰手法	"风格"(装饰手法与审美潮流孕育的形式特征)
	当代	世界范围内	中国传统艺术的广泛影响	以中国传统艺术领域内元素与符号为主的家具装饰手法	

能指	所指				比较
	阶段和时期	地域和范围	产生背景	理念和表现	
"中国主义"	现当代	中国以外的范围	硬木家具收藏热与现代设计运动的困惑	借鉴中国传统家具形式、功能与设计原理的现代设计思想	"主义"(现代家具设计的理论学说和思想体系)
"新中式"	20世纪90年代以来	中国	对"仿制"风的反省和民族自信重塑的需求	基于当代审美的中国传统家具特色的再创新	"式样"(固有的格式)

8.12 其他相关家具研究的梳理

据笔者统计,除以上提及的"中国风""中国主义"和"新中式"外,目前的其他相关研究普遍涉及如下名词:"仿古设计""复古设计"和"中式新古典主义"等。

若从表意来看,"仿古设计""复古设计"和"中式新古典主义"各自的所指之间具有明显的差别,不能一概而论地将以上能指都拉进传统家具现代化这一所指范围中,避免在滥用能指任意性的同时,忽略了能指和所指间的同一性。同时,这些概念所涉及的相应设计思想也会随着以下表意分析逐一显现。

8.12.1 仿古设计和复古设计

以《辞海》为拷,"仿古"的解释有二:一为模拟古器物或古艺术品;二为模仿古人。由此可见,仿古设计的所指范围应主要为古玩的鉴赏和收藏领域。《髹饰录》尚古篇有"仿效"一说,其解为"模拟历代古器及宋、元名匠所造,或诸夷、倭制等者",意同"仿古",其目的在于"为好古之士备玩赏"。仿古设计在中国传统设计史中占有重要的一席之地,特别是明中晚期兴起的复古思潮金石学,它从审美需求上极力促进了仿古设计的繁荣[219]。然而,仿古绝非照搬照抄,《髹饰录》中的"总论成饰而不载造法",为的是鼓励工匠"温古知新",意思是在温习古法和古器物的过程中,能够有所顿悟并创出新意,即"不必要形似,唯得古人之巧趣与土风之所以然为主"[220]。

"复古"在《辞海》中有恢复旧制的含义,泛指恢复旧的制度、风尚等。复古设计在《长物志》的造物思想中屡有提及。其中几榻卷有"飞角处不可太尖,须平圆,乃古式"的天然几设计方法,而"黑漆断纹者为甲品""床以宋、元断纹小漆床为第一"[26]的理念均体现出设计者对"断纹"这一古制元素的偏爱,并借此使器物"俱自然古雅"。

综上可知,仿古设计和复古设计中的确不乏从"借鉴"到"创新"的过程,但此过程的形成是以传统设计为主场的,鲜有与现代设计的对接,是游历于现代设计之外的独立范畴,可将其视为传统设计的纯粹延续。

8.12.2　中式新古典主义

"中式新古典主义"似乎是针对设计转化且表意较为全面的设计风格。其可以归纳为在中国传统美学的规范之下,运用现代的材质及工艺,去演绎传统文化中的经典精髓,使作品不仅拥有典雅、端庄的气质,并具有明显时代特征的设计方法[221]。可以说,"中式新古典主义"在表意的能指和所指之间的确存在同一性,但究其所指,其思想偏重于宏观的设计评价风格,缺乏微观的设计指导,存在进一步被细化的可能。例如,"传统美学"和"经典精髓"等这一系列概念的理解需要较高的传统文化修养和较强的传统设计理念的过滤能力,即一种传统文化上的自觉性。对于大多数当代设计师来讲,传统设计思想始终是"犹抱琵琶半遮面",具体表现为:家具创作未能在"中"与"新"之间找到合理的转化点,且大多徒劳于脱离了文化功能的符号堆叠,刘文金先生等人称其为对"原文化结构中分离出来的孤零零的视觉样式"进行的拼贴与剪裁[209]。而针对此类设计思想的误解已经促成了大范围的仿像氤氲,使得中国传统设计中的精英文化——意象被影像所替代[20],即拈来了"中"的影像,却未赋予"新"的意象。

8.12.3　调研与反思

笔者对"仿古设计"做了一定的市场调查,作为与"新中式"有着不同发展方向的文化继承方式,其现状堪忧。以下将以东阳红木家具市场为例:

如果说东阳的雕刻是红木家具得以在当地火热发展的主要原因之一,那么笔者并未在现今市场上看到这种卓越工艺的普遍发展。在2011年的东阳红木家具市场上,红木家具的制作特别是雕刻工艺已经沦为珍贵木材的附属品,大多以机器雕刻为主。据一位商家介绍,即便偶遇以手工雕刻的产品,也至少有1%—2%是经机器参与的。而另一位商家介绍,现在的红木家具厂很难见到纯手工制品了。笔者在这里并没有反对现代机器大生产的极端意识,只是困惑于在目前的红木家具设计中要怎样合理地把握机器和手工艺的关系。否则将会产生两种我们并不期待的结果:一是过分依赖机器降低成本和扩大销量,却导致优秀的手工艺传统,如雕刻和榫卯逐渐沦为机器大生产的牺牲品,徒有继承优秀传统之名。许美琪曾对中国红木家具的生产现状忧心忡忡,他认为,"中国红木家具的生产厂家普遍缺乏设计而对明清式风格的精髓又没有真正领会,许多产品中已失去中国优秀传统家具的神韵而流于粗俗。在加工技术上,也有粗制滥造的倾向"[222]。二是与大生产分离的手工艺得不到可持续发展,即无法适应现代的生产或者生活。同时,手工艺若不能转化为有效的价值,也会阻碍自身发展。例如,因无回报或者经济回报较少,诸多传统工艺的继承者也将越来越少,甚至很多已经出现了断代或者濒临消亡的危险。

笔者认为当今中国家具"仿古设计"的发展,应当提倡以消费者应用为主和以木材保护为主并存。若普通木材能够满足消费者应用就尽量不用珍稀木材,彻底将卖木材的行为目的转化到卖设计的焦点上来,努力提升红木家具的"设计品味"⑧[223]。这也是一种创新性的可持续发展,以设计需求和生活需求的综合指数来选择木材,真正做到物尽其用。

8.13 小结

　　表意的能指与所指系统为相关家具研究提供了明确清晰的梳理途径,也突出了本书从设计原理展开的研究特色。一方面,本章采用其"含蓄意指"的特性揭示了"中国风"在所指衍生层面所体现出的历时性演变。历史上的"中国风",其所指主要涉及流行于 17—18 世纪欧洲的以中国元素作为母题的装饰风格。其研究中的原型家具是传统漆家具,目标为欧洲设计师的家具作品。当下,处于民族文化振兴背景下的"中国风"衍生至更广范围内的对中国各类元素进行再创造的设计思想与行为。同时,本章指出"新中式"在不同语境与时代下存在着所指的移位,进而影响其设计实践的发展过程。另一方面,利用能指与所指间的任意性特点,本章解读了"中国主义"所指中涉及的由西方设计师感悟的中国传统家具的形式、功能和设计原理,主要为传统宋代和明代家具,涵盖竹藤家具和其他乡村软木家具。可见,"中国主义"的所指与设计原理传承研究存在交叉性,为中国家具如何协调传统与现代的关系提供了借鉴,其所指也验证了设计原理传承对中国现代家具的意义及其可行性。虽然"中国主义"的能指不宜直接应用在中国本土,但从任意性特点来看,与研究相关的新能指应当也可以被呼吁。

　　另外,针对名词和概念丰富的其他相关研究,本章仍旧利用表意的梳理方法使其在能指与所指的分析中显现出差异性,也因此体现出一些研究的名词和概念在表意上存在的不足,以致无法归纳出明确和直观的设计方法来指导实践。因此,当务之急是在"百家争鸣"的相关家具设计研究中撇清"孰是孰非",并在有效的梳理中把握研究的合理性。

9 研究展望

9.1 主要结论

以传统家具及中西现代家具为研究对象,以传统家具现代化设计理论和方法为研究目的,结合历史学、艺术学、设计学、认知心理学和工学等方法,对传统家具设计原理及其在中国现代家具中所传承的意义、表现和途径展开了深入研究。研究结论是对传统家具现代化理论研究的补充,对中国现代家具产业的转型和设计发展都具有重要的促进意义,主要结论如下:

(1) 传统家具的设计原理与现代家具设计存在共通性

传统家具的设计原理曾是西方"中国主义"作品的灵感来源,是被实践检验同时为指导实践而形成的设计思想的本质和规律,烙刻着中西文化交流的印记。以传统和现代家具设计原理的共通性为基础,结合传统家具与现代家具的比较研究,得出传统家具设计原理在解决现代家具难题方面所具备的优势,也由此得出设计原理传承对中国现代家具发展的重要意义。

(2) 从设计原理传承展开的中国现代家具研究需遵循系统的研究模式

研究模式表现为:① 剖析"传承的溯源":以经典的现代设计理论和实践作品作为引子和论据,提取传统家具中的先进设计原理。② 理清"传承的流变":梳理了 20 世纪 80 年代以来中国现代家具从沿袭、迷茫到革新的传承演变方式。③ 提炼"传承的汇聚":结合相关家具研究的比较和评价,突显了设计原理传承研究的可行性和特色。

(3) 符合现代设计视角的传统家具设计原理主要存在于功能、结构和形式,以及"一体化设计"整体观中

从传统与现代、中与西的家具比较研究可知,这些设

计原理包括:功能中的人体工程学和实用性,结构中的功能为本、力学与美学的结合,形式中的关联设计和现代美学,以及功能、结构和形式的"一体化设计"整体观。

（4）为家具研究的比较和评价拓展了新的方法

应用表意的能指和所指系统拓展了对"中国风""中国主义"和"新中式"等进行比较和评价的新方法。

（5）设计原理传承具备理论和实践基础,其可行性得到验证

结合"溯源"与"流变"部分,尤其通过对传统家具设计原理的分析、相关家具研究的比较和"东西方家具"的实例研究,验证了由设计原理传承展开的传统家具现代化设计的理论和方法研究是可行的。

（6）感性意象研究为传统家具美学与现代意象需求的融合拓展了应用的途径

结合了感性工学的方法,应用数量化理论Ⅰ类对传统家具展开了现代美学的意象评价研究,得到了搭脑线型、扶手线型和券口线型对传统家具现代美学的贡献,拓展了传统家具设计元素的现代化应用途径和方法,为当代设计师提供了对传统家具线型提取的科学依据。以传统家具的代表性意象作为评价准则,以"东西方家具"作为评价对象,展开了基于设计评价的"东西方家具"感性意象研究,得到了设计元素对"东西方家具"意象的贡献,提出了基于意象认知共通性的传统家具现代化设计的评价方法,为致力于传统家具现代化设计的设计师提供了重要的参考。

9.2　研究的创新点

（1）构建了针对传统家具现代化设计理论和方法的系统研究模式

以传统和现代家具设计原理的共通性为基础,结合设计原理的提取（"溯源"）、设计原理的传承演变（"流变"）以及设计原理传承研究的可行性与特点（"汇聚"）三部分,构建了针对传统家具现代化设计理论和方法的系统研究模式。

（2）提出了基于意象评价的传统家具现代化应用途径和评价方法

从现代用户的意象认知出发,结合传统家具的现代美学研究,对传统家具及其设计元素展开感性意象的定量研究,得到了设计元素与意象的关联,拓展了基于现代意象需求的传统家具现代化应用途径。以传统家具的代表性意象作为准则,以"东西方家具"作为对象,利用意象认知的共通性提出了传统家具现代化设计的评价方法。

（3）提出了基于表意的能指和所指系统的家具研究的比较和评价方法

应用表意的能指和所指系统对相关家具研究进行了梳理,提出了由"含蓄意指"、所指的衍生与移位、能指的多样性与所指的交叉性相结合的家具研究的比较和评价方法。

9.3　研究展望

研究从现代设计的视角对传统家具进行审视,并借鉴西方的现代家具作品和设计理论

对传统家具的设计原理展开研究，以期为中国现代家具设计提供理论研究的补充和实践应用的参考。本书不但为传统家具的后续研究拓展了新的途径和方法，也为传统文化领域内的其他器物研究提供了新的视角和模式。但因研究对象的年代跨度大、内容庞杂，导致研究的过程仍存在一定的不足，主要体现在以下几个方面：

（1）传统家具设计是涵盖思想文化、艺术美学、工艺技术等诸多方面的系统行为，本书主要以现代设计的视角对传统家具的设计原理展开探讨和提取。因此，后续研究的视角和对象等都有被进一步拓展和多样化的可能，以期从传统家具的多个"点"逐步折射出传统器物乃至传统文化的"面"。

（2）针对传统官帽椅现代美学的感性意象研究，为传统家具设计元素的挖掘探索了新的方式，后续研究可依此方式丰富实验的意象，扩大实验样本的种类，细分实验样本的设计元素，进而建立多样化意象需求下的传统家具设计元素图谱，从定量层面为当代设计师提供参考和依据。

（3）研究的结论将为家具理论研究者提供针对传统家具现代化的研究方法、模式和对象等方面的参考，为家具设计者提供基于传统设计思想的灵感来源，也为家具制作者提供利用传统优势解决现代家具难题的途径。

（4）在"传承的流变"部分中，由于缺乏若干相关资料的验证，针对中国现代家具设计原理传承的表现和研究存在允许范围内的推测部分。其研究的主要依据为家具在功能、结构和形式设计上是否与传统家具的设计原理存在共通性。

（5）在针对"东西方家具"的感性意象研究中，"浑厚的"意象研究精度相对较低。经受测人员回访和样本回查，其原因可能是受测人员对该词汇的理解差异较大，以及该词汇只涉及部分而未能涵盖"东西方家具"中所有作品的意象。

综上所述，传统家具的现代化研究应本着与现代生活需求相结合的目的展开，从现代家具影响因素展开的传统回顾方式是较为有效的，包括现代生产和加工工艺、现代材料与技术、现代审美、现代空间特性，等等。本书所提出的新模式和新方法都可依具体需要被进一步拓展，结论也可作为后续研究的基础和参考。

附录一　采访摘要

　　与"东西方家具"设计师和制作者访谈语录如下：

　　1）与方海

　　（1）"很多人都不理解我们的家具（"东西方家具"），其实它是一种文化家具，里面有我这个本身受过中国文化熏陶的，又被西方感染过的这种文化；有库大师（约里奥·库卡波罗）北欧设计的文化；还有'印氏'（印氏家具厂）的传统红木家具制作文化。"

　　（2）"这扇门（成都天府国际社区教堂大门）就是在做传统与现代的结合。这种结合不一定要体现在形式上，材料也一样能做。大门受力的部位选用红木材料，要结合着'印氏'（印氏家具厂）的榫卯做，让它达到牢固的基础目的。大门的门面采用竹集成材，这种人造板材有足够宽的幅面，很适合做这种大尺度的门面。另外，竹材轻，又能够减少大门的自重。"

　　（3）"多去看看国外设计师是怎么做的，我们很多是在模仿，但只是表面效果。他们的精华部分我们没学到。像这个房顶，就是仿西方设计师的，但一下雨就漏水。"

　　（4）"要涉猎不同类型的书，每一种都能给你不同的启发。"

　　（5）"传统家具是很复杂的，它的每一个部件都是有道理的，不会无缘无故扶手短了或长了，或者靠背矮啊，等等。你要透过形式去看它隐藏的本质究竟是什么，到底是什么诞生了这种形式，而不会是其他的。"

　　（6）"跟库大师（库卡波罗）交流很久，也看过他的很多作品，才发现要达到库大师这种设计水平，真的不容易。"

　　（7）"国外的家具设计师很多都是木匠出身，他自己就懂怎么样让这件椅子更牢固，怎么才能处理得形式更完美，或者通过什么方式能满足他需要的功能。我们的设计师这方面的经验太少了。"

（8）"你要学到好的东西,首先要让自己用到好的(家具),我收藏了好多件西方设计师的经典作品,你亲身感受,才知道什么叫好,怎样才能好。"

2) 与库卡波罗

（1）"传统怎样与现代结合的问题是个很复杂且几乎没有答案的问题,我只是在不断尝试和应用。将传统形式简化的方式只是一种手法,而原则是保留传统的 ID,即传统的象征符号,如'梅兰竹菊'的图案、POP 的色彩,等等。"

（2）"中国传统的榫卯结构很成熟且能够解决很多现代家具中的结构问题,而印大师(印洪强)也是这样做的,但这取决于人工,如果改为机器操作,将不会有这样的效果。因此,榫卯结构的批量化还是存在加工的精度问题的。另外,在生态材料的选择上,我很看好速生林的竹材,我们已经淘汰了实木材料的做法,太不环保了。芬兰设计也很钟爱竹材且具有历史,但在中国还是新事物,需要推广。"

（3）"这就是一个历史的学校,一座博物馆,应当大力推广。"当看到因为修建现代化的电影院而拆除了一座著名的古建筑时,库大师(库卡波罗)痛心疾首,甚是可惜:"这是一个很糟糕的做法。"

（4）"经常有人问我,你是怎样做设计的,我想说的是我只是做了我所需要的,功能是设计的根本,把你需要的用简单的方式表达出来,我的设计就是这样产生的。"

（5）"这是我为孙子设计的椅子,可以随着他的成长改变高度,很实用,我只是按自己想的来做。"

3) 与印氏家具厂

（1）"雕刻有着中国自己的传统,如谐音、忌讳等。我认为中国传统雕刻图案是讲究对称和工整的,而西方的雕刻图案是随性和洒脱的。"

（2）"库大师(库卡波罗)第一次给我的设计图标示的十分详细,甚至有具体的结构制作示意。但这些结构的最初构想在我的强烈建议下基本都被否定了,我认为那样的结构强度太弱,造出的椅子不经用。我说我能用中国的榫卯结构完善强度并且详细讲给他听,库大师(库卡波罗)听后很欣喜,就同意我这么做了,我想这也是他找到我的原因吧。"

（3）"我问他(库卡波罗),你们的连接结构有多少年历史了,他说有 700 年了,我说我们的榫卯可有几千年的历史了。"

（4）"椅子前后腿上端与扶手联结的部分,第一次与库大师(库卡波罗)探讨的时候,他建议用小料胶黏,一方面这是欧洲的做法,另一方面也可以充分利用余料;但我建议用一木连做,原因是强度更好,同时,一木连做的开料方式只要得当,并不会浪费材料,反而节省了单独做小料的人工,且符合要求的小料也是不好找的。我说我们一木连做的方法已经有几千年的历史了,充分证明了它在结构上的优越性。最终,库大师(库卡波罗)同意了我的做法,而事实也证明这种决定是正确的。"

（5）"我觉得一件好的设计是需要好的技术来支撑的,否则就丧失了好设计的意义,不能实现的设计只能是空谈。库大师(库卡波罗)的椅子具有优良的功能性,特别是人体工程学这部分,需要精密的尺寸和结构来实现,再加上他的椅子设计一向简单到极致,若不能用足够的强度加以保证,很容易松动。"

（6）"我认为家具设计师需要经常与结构设计师进行沟通，才能从根本上保证好设计的实施，技术本身也是一种品位，能够提升设计的内涵。谁都不想买一件只能看却不耐用的家具。"

（7）"库大师（库卡波罗）的设计是帮你保持一种最佳状态的坐姿，因此你感觉十分舒服，你不会想到要前倾或者后仰，因为那样做的话反而让你觉得不适，其实这也是维持椅子使用寿命的很好的方法，是从设计上的考虑。"

附录二　传统官帽椅线型的感性意象研究样本及线型元素分类

1）官帽椅样本

样本 1	样本 2	样本 3	样本 4
样本 5	样本 6	样本 7	样本 8
样本 9	样本 10	样本 11	样本 12
样本 13	样本 14	样本 15	样本 16
样本 17	样本 18	样本 19	样本 20

2) 官帽椅样本的线型元素分类

样本 1   样本 2

样本 3   样本 4

样本 5   样本 6

样本 7   样本 8

样本 9   样本 10

样本 11   样本 12

样本 13   样本 14

样本 15   样本 16

样本 17			样本 18		
样本 19			样本 20		

竹"龙椅"	竹靠背椅	竹扶手休闲椅一	竹扶手休闲椅二
竹短扶手休闲椅一	竹短扶手休闲椅二	竹短扶手休闲椅三	红木"中式椅"

红木摇椅	红木躺椅	竹躺椅带竹脚凳
竹三人"龙椅"		竹三人扶手椅
竹三人沙发		竹单人休闲沙发

竹软包躺椅	竹软包休闲椅	竹软包工作椅	竹软包旋转工作椅

竹儿童椅	竹吧椅	竹凳	竹书架（两组）
竹茶几	红木"中国几"	竹茶几	竹工作桌

附录四 "东西方家具"参与展览和设计项目一览表

1)"东西方家具"参加国内外展览项目

(1) 2003 年芬兰赫尔辛基—瑞典斯德哥尔摩库卡波罗—方海中国现代竹家具巡回展；

(2) 2004 年中国深圳—香港国际家具博览会；

(3) 2005 年意大利米兰库卡波罗—方海中国现代竹家具特展；

(4) 2006 年,法国巴黎库卡波罗—方海中国现代竹家具作品展；

(5) 2007 年,北京中央美术学院"为坐而设计"家具展；

(6) 2008 年,芬兰赫尔辛基—瑞典斯德哥尔摩—西班牙巴塞罗那—日本东京—美国纽约库卡波罗设计生涯 50 周年回顾展；

(7) 2009 年芬兰赫尔辛基家具和室内设计(Habitare)欧洲当代生态设计展；

(8) 2010 年芬兰赫尔辛基家具和室内设计(Habitare)欧洲当代生态设计展；

(9) 2011 年芬兰赫尔辛基家具和室内设计(Habitare)欧洲当代生态设计展；

(10) 2012 年芬兰赫尔辛基家具和室内设计(Habitare)欧洲当代生态设计展；

(11) 2013 中国当代家具设计邀请展。

2)"东西方家具"参与完成的国内外设计项目

(1) 2004 年深圳家具研究开发院；

(2) 2004 年江南大学设计学院；

(3) 2005 年北京大学建筑学研究中心；

(4) 2005 年同济大学建筑与城市规划学院；

(5) 2006 年清华大学美术学院；

(6) 2006 年芬兰赫尔辛基萨米宁建筑设计事务所总部办公室；

(7) 2006 年芬兰库卡波罗设计事务所；

(8) 2007 年芬兰赫尔辛基芬兰设计协会；

(9) 2007 年瑞典皇家艺术与设计大学应用设计系；

(10) 2008 年意大利米兰雅克·图善特博物馆；

(11) 2008 年芬兰阿尔托大学设计学院；

(12) 2009 年上海联创国际建筑设计院；

(13) 2010 年芬兰萨米宁建筑事务所上海办公室；

(14) 2010 年北京西山方海设计工作室；

(15) 2011 年成都天府国际社区楼盘展示中心；

(16) 2011 年成都天府国际社区别墅样板房；

(17) 2012 年无锡大剧院；

(18) 2012 年广东工业大学艺术设计学院；

(19) 2013 年芬兰赫尔辛基创意设计事务所；

(20) 2013 年成都天府国际社区体育会所；

(21) 2014 年成都天府国际社区教堂；

(22) 2014 年广东工业大学库卡波罗艺术馆。

样本 1	样本 2	样本 3
样本 4	样本 5	样本 6
样本 7	样本 8	样本 9
样本 10	样本 11	样本 12
样本 13	样本 14	样本 15

① "力量"(稳固)、"功能"(实用)和"美"在《建筑十书》中的拉丁原文为:Firmitas, Utilitas and Venustas。詹姆斯•波斯韦尔(James Postell)在《家具设计》(*Furniture Design*)中将其依次翻译为 Firmess, Commodity and Delight。

② 摘自格罗皮乌斯 1937 年在美国《建筑报道》上发表的文章。

③ 克雷格•克鲁纳斯认为,"中国工匠即使在制作装饰华丽的'洛可可式'家具时,也深知现代人所谓的'功能主义'内容。因此,许多中国古典家具也能够与现代的室内环境达到和谐统一"。

④ 引自笔者对约里奥•库卡波罗的采访内容,参见附录一。

⑤ 宋张端义《贵耳集》里有:"因秦师垣宰国忌所,偃仰,片时坠巾。京伊吴渊奉承时相,出意撰制荷叶托首四十柄,载赴国忌所,遗匠者顷刻添上。凡宰执侍从皆用之。遂号太师样。"

⑥ 参见[战国]墨翟《墨子》十三卷第四十九篇《鲁问》。

⑦ 李渔(1611—1680 年),初名仙侣,后改名渔,字谪凡,号笠翁。明末清初文学家、戏曲家。其《闲情偶寄》一书涉猎了古人生活的多个领域,也包括他在建筑园林和家具设计方面的独到见解。

⑧ 这款"套四"几与约瑟夫•霍夫曼(Josef Hoffmann)在 1900 年设计的"套几"(Nesting Tables)十分相似。

⑨ 参见《庄子•外篇•骈拇》。

⑩ 参见《河南程氏文集》卷九。

⑪ 参见[南宋]朱熹《朱文公文集•答黄道夫》。

⑫ 参见[北宋]张载《正蒙•参两篇》。

⑬ 参见[宋]黎靖德《朱子语类》卷九八,卷九五。

⑭ 原文主要强调"明式家具",它是线条美的极致体现。但本书的线条美存在于范围更广的其他传统家具中,举例不特别针对明式家具,可参见绪论中的"研究对象"。

⑮ 参见《朱子语类》卷六二。

⑯ "一阴一阳之谓道"出自《易经·系辞》。德克·卜德,美国学者,1974—1977 年应李约瑟邀请到英国剑桥大学从事与《中国科学技术史》有关的汉学研究。

⑰ 参见《韩非子·解老》。

⑱ 引自书中由胡德生撰写的前言:"中国古典家具的科学实用价值。"

⑲ SD 法,Semantic Differential 的简称,这种方法一方面通过寻找与研究目的相关的意象语汇来描述研究对象的意象风格,同时使用多对相对、反义的意象形容词对从不同角度或维度来量度"意象"这个模糊的心理概念,建立 5 点、7 点或者 9 点心理学量表来表示不同维度的连续的心理变化量。

⑳ 参见[唐]徐坚《初学记·通俗文》。

㉑ 参见[汉]刘熙《释名·释床帐》。

㉒ 参见[明]高濂《遵生八笺》。

㉓ 参见[明]王圻,王思义《三才图会》器用十二卷。

㉔ 翁同文在《中国坐椅习俗》一书中提到:"凡《高僧传》中谓僧坐胡床,实指绳床,因绳床来自西域国家,原亦可称西胡之床也。"

㉕ 参见[北宋]陶谷《清异录》卷下。

㉖ 参见[清]陈元龙《格致镜原》卷五十三。

㉗ 参见[唐]义净《南海寄归内法传》卷一。

㉘ 翁同文认为,"由于绳床的世俗化,以不同材料所制有靠背似绳床的坐具亦相继出现。品类既然不一,概括性的通称如'倚床''倚子'也随之发生,后来并谐'倚子'之音,又称'椅子',兼行并用。由于此等情形,故此初唐末经盛唐至中唐凡一百数十年间,实为中国坐椅发展之枢纽性重要时期"。

㉙ "本元文化"在书中也称为"本原文化",是人类最初的文化形态之一。张道一认为"本元文化"论的提出对民间美术历史地位的重塑具有重要意义。

㉚ 参见《匡几图》营造学社刊印本。

㉛ 由上海木码设计机构的创办人侯正光提出。

㉜ 取自"花落春犹在"的"春在"二字,是对传统文化融入现代生活的美好希冀。设计师陈仁毅具有丰富的中国艺术品经营和中式家具的制作经验,这使得春在中国古典家具公司的家具成为美学与实用的结合体。其产品包括有咏竹、赞直、大观、清品、质地、浑天、新境、贞观、人间等系列。

㉝ "关系自然,取半舍满"可能是对"半木"品牌意义的一种概括。吕永中认为"半"代表一种关系论,即如何在诸多关系——人与人、人与自然、人与社会中把握一个"半"的调性;"木"则可认为是对待人与物关系的一种态度。他认为真正的中国设计,应该去寻觅那些能够代表东方人思维或者生活方式的元素,而不仅仅局限于中式符号的应用,这会禁锢人们对传统的想象。

㉞ 此椅之所以名为"钱椅",在于其俯视面所呈现出的外圆内方的铜钱轮廓。当光线从上部撒下时,椅子铜钱样的投影似乎在述说着设计者那"然则我内直而外曲,成而上比"的意境。

㉟ 由"移情作具"品牌创始人黄竞设计。"领贤椅"展示着香港的"大排档"文化。

㊱ 优再社家具制造有限公司的家具(U+家具)寻求一种富有"中国气质"的家具,它强调家具的实用美和形式美,并在其中倾注对传统的敬意。设计师沈宝宏更关注传统美学精神价值中的精髓,而不是对"中国元素"的简单提取和应用。U+家具的简约造型不只是文人精神的体现,

也是完美功能与合理结构的体现。这与"一体化设计"整体观不谋而合。面对传统家具，他也不会钟情于某一特定朝代的作品，宋和汉乃至战国时期的器具美都是他频频留恋的。

㊲ DOMO Nature 创立于 2004 年，设计师于红权和赖亚楠希望将自然、和谐、美感和独立个性的创造与功能结合起来，同时体现出东方文化精神和文人情怀。在 2013 年同济大学当代家具展上，赖亚楠在其演讲中强调了"一体化的系统整合性设计理念"，主要为家具与空间的一体化设计。这一理念也是传统家具发展的主线之一，可参见前章所述。

㊳ 因建筑和室内设计而声名鹊起的集美组团队在原创家具方面也有不俗的实践成果。该团队领军人物林学明的"方格系列"和"八脚系列"、陈向京的"明式系列"以及曾芷君的"简系列"等家具设计，都普遍建立在"以人为本，自然而然，自居而居"的理念和风格上。设计师试图将东方美学理论和现代简约进行融合。

㊴ 木美家具有限公司致力于将中式设计与用户的实际需求相结合，倡导"耐用"和"耐看"且能够传承的好作品。

㊵ 早期的"东西方系列"主要指"龙椅"系列，在设计范围扩展之后，"东西方家具"成为所有产品的总称。

㊶ 引自对约里奥·库卡波罗的采访，2011 年 3 月 31 日于江阴。

㊷ 引自佩卡·萨米宁在"循环——中国当代家具设计展"上的演讲内容。

㊸ 引自对印洪强的采访内容，2011 年 4 月 3 日于江阴。

㊹ 古斯塔夫·艾克在书中的研究对象以花梨（硬木）家具为主。他认为，"中国家具虽然历经了各个时代的风格变迁，但直到一个传统将要结束的时期，还始终保持其构造特征和精真简练的遗风"。

㊺ 劳伦斯·西科曼认为，"它（硬木家具）的基本结构直接源于古代，这主要因为它拥有简练、厚拙、精致、典雅的特征，使得我们从艺术形式和文化底蕴上都联想到一种古典类型"。

㊻ 胡景初提出："对于红木家具，我们应当提取其设计品味，当然木材的应用对设计的辅助是不言而喻的，但我们能找到适应于生态材料的设计方法，关键是设计品味。"

[1]　濮安国. 明清家具鉴赏[M]. 杭州：西泠印社出版社，2004：3-4，15-16，142-143.

[2]　周浩明，方海. 现代家具设计大师约里奥·库卡波罗[M]. 南京：东南大学出版社，2002：177-178.

[3]　原研哉. 设计中的设计[M]. 革和，纪江红，译. 桂林：广西师范大学出版社，2010：15.

[4]　张德祥. 继承与感恩[J]. 收藏家，2012(9)：104-105.

[5]　陈增弼. 艾克与明式家具[J]. 建筑学报，1992(3)：58-60.

[6]　Muga Patriciade, Dachs Sandra, Hintze Laura Garcia. Charles and Ray Eames：Objects and Furniture Design[M]. Barcelona：Ediciones Poligrafa, 2007：13.

[7]　伯恩哈德·E. 布尔德克. 产品设计——历史、理论与实务[M]. 胡飞，译. 北京：中国建筑工业出版社，2006：16.

[8]　James Postell. Furniture Design[M]. New Jersey：John Wiley & Sons, 2007：107，78-79.

[9]　百度百科. 一体化[EB/OL]. (2013-12-05). http://baike. baidu. com.

[10]　尼古拉·第弗利. 西方视觉艺术史：19世纪艺术[M]. 怀宇，译. 长春：吉林美术出版社，2002：116-117.

[11]　柳冠中. 事理学论纲[M]. 长沙：中南大学出版社，2006：7，63.

[12]　许柏鸣. 明式家具的视觉艺术及其文化内涵[J]. 家具，2000(6)：48-51.

[13]　陈增弼. 明式家具的功能与造型[J]. 文物，1981(3)：83-90.

[14]　桂宇晖. 包豪斯与中国设计艺术的关系研究[M]. 武汉：华中师范大学出版社，2009：117.

[15]　林作新. 中国传统家具的现代化[J]. 家具与环境，2002(1)：4-11.

[16] 佚名. 温家宝总理批示要高度重视工业设计[EB/OL]. (2007 - 07 - 03). http://www. si-po. gov. cn.

[17] 张志超. 习近平寄语广东工业设计城:望下次来时有 8 千名设计师[EB/OL]. (2012 - 12 - 12). http://news. cntv. cn.

[18] 金元浦. 文化产业在中国梦中大有作为[EB/OL]. (2013 - 06 - 17). http://www. china-wenhui. net.

[19] Wendy Siuyi Wong. Detachment and unification: A Chinese graphic design history in greater China since 1979[J]. Design Issues, 2001,17(4):51 - 71.

[20] 周宪. 中国当代审美文化研究[M]. 北京:北京大学出版社,1997:123 - 130,63,73,236.

[21] 许柏鸣. 当今中国家具设计的现实与思考[J]. 家具与室内装饰,2009(8):14 - 15.

[22] 克雷格·克鲁纳斯. 英国维多利亚阿伯特博物馆藏中国家具[M]. 丁逸筠,译. 上海:上海辞书出版社,2009:95,12,21.

[23] 中国古典家具学会. 中国古典家具博物馆图录[M]. 芝加哥:美国中华艺文基金会,1996.

[24] 《大师》编辑部. 沃尔特·格罗皮乌斯[M]. 武汉:华中科技大学出版社,2007:12,60.

[25] 王琥. 设计史鉴:中国传统设计文化研究(文化篇)[M]. 南京:江苏美术出版社,2010:87.

[26] 文震亨. 长物志[M]. 汪有源,胡天寿,译注. 2 版. 重庆:重庆出版社,2010:3("器具卷""几榻卷""位置卷""室庐卷").

[27] 胡德生. 胡德生谈明清家具[M]. 长春:吉林科学技术出版社,1998:106,1 - 4.

[28] 胡景初,方海,彭亮. 世界现代家具发展史[M]. 北京:中央编译出版社,2005:469,412 - 413,92 - 93.

[29] 张福昌. 现代设计概论[M]. 武汉:华中科技大学出版社,2007:127,57.

[30] 闻人军. 考工记译注[M]. 上海:上海古籍出版社,2008.

[31] Craig Clunas. Chinese Furniture[M]. London:Art Media Resources,1997:103 - 104.

[32] Mark D Hansen. Engineering design for safety[J]. American Society of Safety Engineers, 1993,38(10):36 - 39.

[33] 刘辉. 陈增弼先生谈明式家具[J]. 家具,2009(S1):18 - 23.

[34] 方海. 现代家具设计中的"中国主义"[M]. 北京:中国建筑工业出版社,2007:3,8,58 - 59, 10 - 11,27.

[35] 小原二郎. 什么是人体工程学[M]. 罗筠筠,樊美筠,译. 北京:三联书店,1990:97.

[36] 濮安国. 明式家具[M]. 济南:山东科学技术出版社,1998:37.

[37] 李匡义. 资暇集[M]. 北京:中华书局,1985.

[38] 施大光,中国艺术教育促进会. 中国古典家具价值汇考:椅卷[M]. 沈阳:辽海出版社,2003.

[39] 李文彬,朱守林. 建筑室内与家具设计人体工程学[M]. 北京:中国林业出版社,2002:146.

[40] 朱宝力. 椅子连帮棍的源流与演变[EB/OL]. (2009 - 06 - 12). http://www. 365f. com.

[41] 王世襄. 明式家具研究[M]. 袁荃猷,制图. 北京:三联书店,2010:325 - 327,380,230,134 - 142,246.

[42] Robert Hatfield Ellsworth. Chinese Furniture[M]. Chicago：Art Media Resources，1998：12-37.

[43] 金伯宏. 最初的坐具[J]. 文物天地，2011(243)：99-101.

[44] 阿尔文·R. 蒂利,亨利·德赖弗斯事务所. 人体工程学图解——设计中的人体因素[M]. 朱涛,译. 北京:中国建筑工业出版社,1998:44.

[45] 邱志涛. 大明境界:明式家具的智慧与价值观研究[M]. 长沙:湖南人民出版社,2008:73-74.

[46] 路玉章. 传统古家具制作技艺[M]. 北京:中国建筑工业出版社,2007:15.

[47] 菲奥纳·贝克,基斯·贝克. 20世纪家具[M]. 彭雁,詹凯,译. 北京:中国青年出版社,2002:102,11-12.

[48] 李渔. 闲情偶寄[M]. 沈勇,译注. 北京:中国社会出版社,2005:"器玩部".

[49] 阿·恩·切列帕赫娜. 现代家具的美学[M]. 杨拔群,尤太广,译. 北京:轻工业出版社,1987:33-34.

[50] 唐昱. 朴实无华和组合多变的宋代家具[J]. 家具,1995(5):22.

[51] 埃尔斯沃思. 对中国家具的一些深入思考[J]. 香港陶瓷装饰协会会刊,1980(5):11-12.

[52] 韩继中. 唐代家具的初步研究[J]. 文博,1985(2):47-51.

[53] 濮安国. 中国红木家具[M]. 杭州:浙江摄影出版社,1996:16-17,36-37.

[54] 薛坤. 传统家具结构的力学性能研究[J]. 家具与室内装饰,2012(11):18-19.

[55] 金兹堡. 风格与时代[M]. 陈志华,译. 西安:陕西师范大学出版社,2004:69.

[56] 赵广超,马健聪,陈汉威. 国家艺术:一章"木椅"[M]. 北京:三联书店,2008:95,75,62.

[57] 蔡易安. 清代广式家具[M]. 上海:上海书店出版社,2001:71,68,76.

[58] 大卫·瑞兹曼. 现代设计史[M]. 王栩宇,等译. 北京:中国人民大学出版社,2007:191,230,140,36-37.

[59] 梅尔文·J. 瓦霍维亚(Mevin J Wachowiak). 中国家具研究新方向[J]. 亚洲艺术,1991(6):39.

[60] 唐昱. 中国古代家具里的"新技术"[J]. 家具与室内装饰,2000(1):16-17.

[61] 唐昱. 精美的秦汉漆木家具与折叠家具[J]. 家具,1995(3):23-24.

[62] 田自秉. 论工艺思维[M]//中央工艺美术学院委员会. 装饰艺术文萃. 北京:北京工艺美术出版社,1991:15.

[63] 《大师》编辑部. 弗兰克·劳埃德·赖特[M]. 武汉:华中科技大学出版社,2007:31.

[64] 刘刚. 圣匠本无心,刚柔自成体——明清柜橱二式探微[J]. 文物天地,2011(11):101-107.

[65] Harun Kaygan. Global design history[J]. Journal of Design History, 2013, 26(1):128-130.

[66] Abendroth Uta. World Design：The Best in Classic and Contemporary Furniture, Fashion, Graphics and More[M]. San Francisco：Chronicle Books, 2000:370,74-75.

[67] 宗白华. 艺境[M]. 北京:北京大学出版社,1987:276.

[68] 李砚祖."以天合天":庄子的设计思想评析[J].南京艺术学院学报(美术与设计版),2009
(1):15-20.

[69] 宗白华.美从何处寻[M].南京:江苏教育出版社,2005:35-39,50-52,47-48.

[70] Kelly Hoppen, Batten Bill, Campbell Alexandra. East Meets West: Global Design for
Contemporary Interiors[M]. London: Conran Octopus, 1997:9.

[71] Yuan Li. Everything old is new again: Classical Chinese furniture[J]. China Today, 2011
(11):38-41.

[72] 朱铭,荆雷.设计史(上)[M].济南:山东美术出版社,1995:247.

[73] 陈正夫,何植靖.试论程朱理学的特点、历史地位和历史作用[M]//中国哲学史学会,浙江
省社会科学研究所.论宋明理学.杭州:浙江人民出版社,1983:314-327.

[74] 姚瀛艇.试论理学的形成[M]//中国哲学史学会,浙江省社会科学研究所.论宋明理学.杭
州:浙江人民出版社,1983:1-13.

[75] 张立文.略论宋明理学[M]//中国哲学史学会,浙江省社会科学研究所.论宋明理学.杭
州:浙江人民出版社,1983:14-36.

[76] 史树青,秦佳,郑建唐,等.中国艺术品收藏鉴赏百科全书(5):家具卷[M].北京:北京出版
社,2005:7.

[77] 古斯塔夫·艾克.中国花梨家具图考[M].薛吟,译.北京:地震出版社,1991:16-23,
13,33.

[78] 吴功正.宋代理学对美学思维的影响[J].东南大学学报(哲学社会科学版),2010,12(3):
81-86.

[79] 侣同壮.庄子的"古典新义"与中国美学的现代建构[M].广州:暨南大学出版社,2013:
218-219.

[80] 马未都.天价二十年——形,文人气质[J].华夏地理,2007(5):71-76.

[81] David Pye. The Natural Aesthetics of Design[M]. New York: Van Nostr and Reinhold,
1978:96-100.

[82] 米鸿宾.大易识阶[M].北京:新世界出版社,2007:27.

[83] 刘长林.中国系统思维——文化基因探视[M].北京:社会科学文献出版社,2008:
298-304.

[84] 李泽厚.美的历程[M].北京:文物出版社,1981:28,40-43.

[85] 李伟华.中国书法艺术对明式家具的影响研究[D]:[博士学位论文].南京:南京林业大
学,2005.

[86] 贡布里希.艺术发展史:艺术的故事[M].天津:天津人民美术出版社,2006:78.

[87] 罗伯特·克雷.设计之美[M].尹弢,译.济南:山东画报出版社,2010:216,117.

[88] 李德永.由周敦颐"太极说"展开的哲学争论[M]//中国哲学史学会,浙江省社会科学研究
所.论宋明理学.杭州:浙江人民出版社,1983.

[89] 李约瑟.中国科学技术史(第二卷):科学思想史[M].何兆武,等译.北京:科学出版社,
1990:296-305,76.

[90]　东野.家具设计中的虚实关系[J].家具,1987(4):21-28.

[91]　李敏秀,李克忠,戴向东.苏式家具中的明式家具细部解析[J].西北林学院学报,2010,25
(2):167-172.

[92]　陈增弼.明式家具的造型美[J].家具,1983(3):16-17.

[93]　Charles Travis. Bauhaus dream-house, modernity and globalization[J]. Planning Perspectives, 2012,27(2):338-340.

[94]　杨耀.明式家具研究[M].2版.北京:中国建筑工业出版社,2002.

[95]　胡德生.红木家具——一段至尊奢华的历史[J].生命世界,2012(7):22-29.

[96]　深圳拓璞家具设计公司研究中心.家具新产品开发战略的探析[J].家具,2010(4):
29-31.

[97]　胡文彦,于淑岩.家具与建筑[M].石家庄:河北美术出版社,2002:220.

[98]　玛格丽特·曼德丽:西方人眼中的中国传统家具[J].许美琪,译.家具,2011(5):62-65.

[99]　吴智慧.家具的文化特性及其构成要素与设计表现[J].艺术百家,2009(2):100-106.

[100]　胡德生.从敦煌壁画看传统家具(上)[J].商品与质量,2011(51):80-87.

[101]　董伯信.中国古代家具综览[M].合肥:安徽科学技术出版社,2004:2.

[102]　王世襄.明式家具珍赏[M].北京:文物出版社,1985:20-21.

[103]　杨鸿勋.杨鸿勋建筑考古学论文集(增订版)[M].北京:清华大学出版社,2008:49-50.

[104]　Naomi. Modern architecture and design:An alternative history[J]. Leonardo-Journal of the Intern Society for the Arts Sciences and Technology, 1984,17(3):221.

[105]　胡文彦.中国历代家具[M].哈尔滨:黑龙江人民出版社,1988:4.

[106]　崔咏雪.中国家具史:坐具篇[M].台北:明文书局,1986:12,60,81-82,106-113.

[107]　张岱年,方克立.中国文化概论[M].北京:北京师范大学出版社,2004:121.

[108]　翁同文.中国坐椅习俗[M].北京:海豚出版社,2011:4,74-80.

[109]　曾维华.论胡床及其对中原地区的影响[J].学术月刊,2002(7):75-83.

[110]　胡德生.中国古代的家具[M].北京:商务印书馆,1997:84-85.

[111]　胡文彦,于淑岩.家具与佛教[M].石家庄:河北美术出版社,2002:23.

[112]　张道一.张道一论民艺[M].济南:山东美术出版社,2008:54.

[113]　孙长初.中国古代设计艺术思想论纲[M].重庆:重庆大学出版社,2010:198-199.

[114]　刘传生.大漆家具[M].北京:故宫出版社,2013:15.

[115]　何晓道.江南明清椅子[M].南京:江苏美术出版社,2013:6-7.

[116]　Nancy Berliner, Sarah Handler. Friends of the House:Furniture from China's Towns and Villages[Z]. Salem, Mass:Peabody Essex Museum Collections, 1995:29.

[117]　马书.明清制造[M].北京:中国建筑工业出版社,2007:10.

[118]　陈增弼.北方民间家具初论[J].室内设计与装修,1997(4):24-26.

[119]　唐昱.走向工业化的中国现代家具及其未来[J].家具,1996(6):21-22.

[120]　关松荫,李敬纪.广州木家具发展动向的分析[J].家具,1987(5):18-22.

[121]　徐新年.传统组合式家具功能的两重性[J].家具,1989,2(48):11-14.

[122] 唐昱.路——浙沪家具企业考察见闻[J].家具,1989(6):19-20.

[123] 唐昱.现代家具特征论[J].装饰,1987(1):48-49.

[124] 井炳炎,吴涤荣,王涌高.家具制作技术及图例[M].南京:江苏科学技术出版社,
     1981:25.

[125] 王家瑞,刘士孝.板式家具生产技术[M].北京:轻工业出版社,1986:1,46-49,151.

[126] 高祥柏.浅谈家具结构的发展趋势[J].林业科技,1983(1):31-34.

[127] 曹铁磊.可拆装扶手椅出口意大利[J].家具,1988(6):34.

[128] 姚浩然.RTA家具——世界家具的主流[EB/OL].(2001-01-08).天天家具网.

[129] 张晶元,庞景荣.系列拆装柜类家具[J].家具与环境,1989(4):16-22.

[130] 王玉龙.家具造型审美价值初探(上)[J].家具,1989,5(51):13-14.

[131] 佚名.世界家具生产向中国转移[J].广东建筑装饰,1997(5):6.

[132] 许美琪.中国家具业需要文化的自觉[J].家具与室内装饰,2012(11):11-12.

[133] 唐昱.'94全国家具展览订货会见闻[J].家具世界,1994(1):45.

[134] 过伟敏,张福昌.工业设计在家具设计领域中的应用——第三讲:我国工业设计的现状
     [J].家具,1996(3):26-29.

[135] 王澈清.九十年代家具发展探讨[J].家具与环境,1991(2):2-4.

[136] 苏东润.中国家具应该有自己的设计[J].家具与室内装饰,1997(6):18-19.

[137] 柳淑宜.从展会看中国家具设计的发展方向[J].家具与室内装饰,2000(6):6-7.

[138] 叶翠仙.中国家具的现代与传统[J].家具与室内装饰,1999(4):6-8.

[139] 林作新.谈谈中国的家具业[J].北京木材工业,1998(4):1-6.

[140] 胡景初.迎接家具设计的春天[J].家具与室内装饰,2000(1):14-15.

[141] 胡景初.中国家具设计进展[EB/OL].(2003-12-31).http://www.365f.com/jjsj/xx_de-
     sc.asp? name=491.

[142] 彭亮.中国现代家具品牌文化的开拓者——联邦家具集团[J].家具,2003(4):63-69.

[143] 佚名."联邦椅"和"官帽椅"参展米兰[EB/OL].(2012-05-25).http://www.365f.com/
     news/news_desc.asp? name=28675.

[144] 李书才.灵活组合,多变适用——谈90年代住宅家具发展趋势[J].家具与环境,1991
     (1):5.

[145] Snyder Tim. Space-Saving home design: Make your house feel bigger[J]. Mother Earth
     News, 2013(8/9):56-60.

[146] 张恭昌.九十年代家具设计与制造的新动向——第六讲:板式家具的结构设计和连接方
     法[J].家具,1993(6):17-19.

[147] 傅元宏.彩色流行家具[M].杭州:浙江科学技术出版社,1998.

[148] 许美琪.岁月回眸——观中国馆看家具业发展[J].家具,2010(4):15-16.

[149] 唐昱.家具走向工业设计[J].家具,1989(3):13-15.

[150] 胡景初.九十年代家具设计与制造的新动向——第二讲:家具设计的新思潮[J].家具,
     1993(2):19-20.

[151]　许柏鸣. 根系现代,魂归传统(上)——论中华家具发展之路[J]. 家具,1999(2):38－39

[152]　胡景初. 家具创新技法探讨(上)[J]. 家具,1991(2):11－13.

[153]　彭亮. 明清风韵的现代演绎——三有家具品牌案例剖析[J]. 家具与室内装饰,2003(2):64－69.

[154]　深圳拓璞家具设计公司研究中心. 家具新产品开发战略的探析[J]. 家具,2010(4):29－31.

[155]　王润林. 2007—2008 年:世界家具业演绎中国元素的精彩大年[J]. 家具与室内装饰,2008(1):9－12.

[156]　刘文金. 对中国传统家具现代化研究的思考[J]. 郑州轻工业学院学报(社会科学版),2002,3(3):61－65.

[157]　佚名. 中国家具设计师原创设计作品展[J]. 家具,2004(5):33－35.

[158]　佚名. 当代中国需要什么样的家具设计[J]. 家具,2006,5(153):18－22.

[159]　戴向东. “源自中国”——中国原创家具宣言[J]. 家具与室内装饰,2006(10):38－43.

[160]　戴向东. “坐下来”中国当代坐具展亮相 2012 米兰设计周[J]. 家具与室内装饰,2012(7):66－71.

[161]　王润林. 中国家具行业设计理念的现状及发展趋势(上)[J]. 家具与室内装饰,2005(12):1－4.

[162]　张国勤,张强. 联邦家具的世界版图——访中国联邦集团董事局主席杜泽桦[J]. 中小企业科技,2007(3):40－43.

[163]　傅红. 曲美和众——访北京曲美家具公司总经理赵瑞海[J]. 科技与企业,1997(2):29－30.

[164]　方舟. 曲美家具与国际设计文化接轨[J]. 家具与室内装饰,1999(6):24－27.

[165]　刘辉. 用心 50 年,笑看东风渐——从永兴工艺家具到青木堂现代东方家具的践行[J]. 家具,2010(3):36－43.

[166]　东方. “坐下来”中国当代坐具设计展作品荟萃(七)[J]. 家具与室内装饰,2013(2):26－29.

[167]　张天星. 浅谈中国家具设计中的“新古典”[J]. 家具与室内装饰,2012(12):58－63.

[168]　朱小杰. 让设计展示材质美[J]. 房材与应用,2003,31(2):7.

[169]　戴向东. 著名设计师朱小杰谈设计与生活[J]. 家具与室内装饰,2010(2):20－25.

[170]　朱小杰. “玫瑰椅”[EB/OL]. [2016－04－22]. http://www. zhuxiaojie. com.

[171]　佚名. “领贤椅”[EB/OL]. [2016－04－22]. http://www. 移情作具. com.

[172]　彭亮. 集美组——中国原创家具设计的新突破[J]. 家具,2005(2):67－71.

[173]　Barnwell Maurice. Design, Creativity and Culture:An Orientation to Design[M]. London:Black Dog Publishing, 2011:144.

[174]　利布尔(Leeble),周浩明,方海. 印氏家具的芬兰设计[J]. 设计,2011(1):70－73.

[175]　李吉庆,林皎皎,傅宝姬,等. 实木家具与竹集成材家具典型结构与加工比较分析[J]. 福建农林大学学报(哲学社会科学版),2009,12(5):106－108.

[176]　Jing Nan, Fang Hai. Laminated bamboo and the design applications[M]//JingGuo. Advanced Materials Design and Mechanics. Germany:Trans Tech Publications, 2012:

99 - 102.

[177] 方海,景楠.专业化改善生活质量:以芬兰当代设计三杰为例——《建筑与家具》连载(八) [J].家具与室内装饰,2012(2):50 - 53.

[178] 史蒂芬·贝利,特伦斯·康兰.设计的智慧:百年设计经典[M].唐莹,译.大连:大连理工 大学出版社,2011:195.

[179] 方海.20 世纪西方家具设计流变[M].北京:中国建筑工业出版社,2001:97 - 101, 45 - 46.

[180] 方海.现代设计与中国家具的未来——设计大师约里奥·库卡波罗访谈录[J].家具与室 内装饰,2004(1):13—16.

[181] Advertising Agency. Eco Design 09 Special Exhibition[Z]. Finland, 2009:59,33.

[182] 方海,景楠.建筑与家具一体化带来愉悦与效率:深圳家具研发院的尝试——《建筑与家 具》连载(十)[J].家具与室内装饰,2012(5):14 - 16.

[183] 濮安国.开创红木家具的新时代[N].解放日报,2008 - 06 - 13.

[184] 曾坚,朱立珊.北欧现代家具[M].北京:中国轻工业出版社,2002.

[185] 莱斯利·皮娜.家具史:公元前 3000—2000 年[M].吴智慧,吕九芳,等编译.北京:中国 林业出版社,2008:71,307 - 308.

[186] Jerryll Habegger, Joseph H Osman. Sourcebook of Modern Furniture[M]. 3rd ed. New York: W. W. Norton & Company, 2005:156.

[187] 方海.艾洛·阿尼奥[M].罗萍嘉,译.北京:中国建筑工业出版社,2002:7 - 13.

[188] 许美琪.椅子:设计的多样性和连接的本质[EB/OL]. (2001 - 12 - 12). http://www. 365f. com/hygc/ hygc_desc. asp? name=292.

[189] 禾木.从所指/能指到能指/所指——论拉康对索绪尔二元论的批判[J].现代哲学,2005 (2):95 - 101.

[190] 刘海翔.欧洲大地的中国风[M].深圳:海天出版社,2005:157,56,83 - 90,196,68 - 70.

[191] 拉尔夫·迈耶.最新英汉美术名词与技法辞典[M].清华园 B558 小组,译.北京:中央编 译出版社,2008.

[192] 袁宣萍.十七至十八世纪欧洲的中国风设计[M].北京:文物出版社,2006:52 - 64,244.

[193] 张绪山.三世纪以前希腊—罗马世界与中国在欧亚草原之路上的交流[J].清华大学学报 (哲学社会科学版),2000,15(5):67 - 94.

[194] 何芳川,万明.古代中西文化交流史话[M].北京:商务印书馆,1998:38 - 39.

[195] Stacey Sloboda. Chinoiserie: Commerce and Critical Ornament in Eighteenth-Century Britain[M]. Manchester: Manchester University Press, 2014:143 - 172.

[196] Florence de Dampierre. Walls: The Best of Decorative Treatments[M]. Milan: Rizzoli, 2011: 98 - 121.

[197] Clunas Craig. Chinese Export Art and Design[M]. London: Victoria and Albert Museum, 1987:59.

[198] Oliver Impey. Chinoiserie: The Impact of Oriental Styles on Western Art and Decoration

[M]. New York：Scribner's，1977：53.

[199]　洪再新. 传通与归属：十八世纪欧洲于中国美术交流叙要[J]. 新美术，1987(4)：24 - 30.

[200]　方海. 从古典漆家具看中国家具的世界地位和作用（上）[J]. 家具与室内装饰，2002(6)：66 - 73.

[201]　姜维群. 民国家具的鉴赏与收藏[M]. 天津：百花文艺出版社，2004：32.

[202]　大成. 民国家具价值汇典[M]. 北京：紫禁城出版社，2007：1.

[203]　约翰·派尔. 世界室内设计史[M]. 刘先觉，陈守琳，等译. 2 版. 北京：中国建筑工业出版社，2007：267.

[204]　王受之. 世界现代设计史[M]. 北京：中国青年出版社，2002：57，314.

[205]　劳伦斯·西克曼. 中国古典家具[J]. 东方陶瓷协会学报，1977(2)：1.

[206]　Maggie Taft. Scandinavian design：Alternative histories[J]. Journal of Design History，2013，26(3)：339 - 342.

[207]　Anon. HansWegner[EB/OL]. [2016 - 04 - 25]. http://www. mariakillam. com.

[208]　百度百科. 新中式[EB/OL]. [2016 - 04 - 25]. http://baike. Baidu. com.

[209]　刘文金，唐立华. 当代家具设计理论研究[M]. 北京：中国林业出版社，2007：89.

[210]　胡景初. 对开发深色名贵硬木家具的思考[J]. 家具与室内装饰，2009(8)：11 - 13.

[211]　张天星. 现代家具设计中的"新中式"与"新东方"[J]. 家具与室内装饰，2012(9)：50 - 56.

[212]　许美琪. 中国传统家具风格的断流和现代风格的构建[J]. 家具，2003(6)：53 - 56.

[213]　Sharon Leece，Michael Freeman. China Style[M]. Hong Kong：Periplus Editions Ltd.，2002：89 - 106.

[214]　吴明光. 明概念家具设计[J]. 家具与室内装饰，1999(6)：17.

[215]　吴明光. 中国家具文化的反馈[EB/OL]. (2000 - 03 - 20). http://www. 365f. com/jjsj/xx_desc. asp? name=20.

[216]　刘党生，梁立银. 新中式：中国家具的创新之路[EB/OL]. (2012 - 09 - 30). http://www. gd. chinanews. com.

[217]　王周. 品牌传奇，缔造经典——红古轩十五周年感恩回馈序幕开启[J]. 家具与室内装饰，2012(11)：111.

[218]　永飞. "设计创新"谱写新篇章——深圳市景初家具设计有限公司成立十周年[J]. 家具与室内设计，2010(1)：106.

[219]　吴功正. 明代赏玩及其文化、美学批判[J]. 南京大学学报（哲学·人文科学·社会科学版），2008，45(3)：114 - 122.

[220]　黄成. 髹饰录图说[M]. 扬明，注. 长北，译注. 济南：山东画报出版社，2007.

[221]　孙丽. 传统文化的现代吟唱——室内设计中的中式新古典风格设计[J]. 艺术百家，2010，26(Z2)：153 - 154，184.

[222]　许美琪. 中国传统家具的继承与创新——中国首届红木家具发展研讨会述评[J]. 家具，2002(1)：65 - 66.

[223]　胡景初. 《红木》国家标准执行情况的意见综述[J]. 家具与室内装饰，2004(1)：20 - 21.

图1.1 源自:许美琪.2013 年国际家具业展望[J].家具,2013,34(1):100-101.

图1.2,图1.3 源自:笔者绘制.

图2.1 源自:赵广超,马健聪,陈汉威.国家艺术:一章"木椅"[M].北京:三联书店,2008:112;陈增弼.明朝家具的功能和风格[Z].中国古典家具学会,1991(秋);濮安国.明式家具[M].济南:山东科学技术出版社,1998:39.

图2.2 源自:马科斯·弗拉克斯.中国古典家具私房观点[M].刘蕴芳,译.北京:中华书局,2012.

图2.3 源自:马书.明清制造[M].北京:中国建筑工业出版社,2007:33.

图2.4 源自:《家具设计资料集》;古斯塔夫·艾克.中国花梨家具图考[M].薛吟,译.北京:地震出版社,1991;陈增弼.明朝家具的功能和风格[Z].中国古典家具学会,1991(秋).

图2.5 源自:Nancy Berliner,Sarah Handler. Friends of the House:Furniture from China's Towns and Villages[Z]. Salem, Mass:Peabody Essex Museum Collections,1995:29.

图2.6 源自:施大光,中国艺术教育促进会.中国古典家具价值汇考:桌卷[M].沈阳:辽海出版社,2003:115.

图2.7 源自:笔者整理绘制.

图2.8 源自:赵广超,马健聪,陈汉威.国家艺术:一章"木椅"[M].北京:三联书店,2008:46.

图2.9 源自:濮安国.中国红木家具[M].杭州:浙江摄影出版社,1996.

图2.10 源自:濮安国.明式家具[M].济南:山东科学技术出版社,1998:39.

图2.11 源自:中国国家博物馆,中国文物信息咨询中心,文化部恭王府管理中心.简约·华美:明清家具精粹[M].北京:中国社会科学出版社,2007:46.

图2.12 源自:田家青.明清家具鉴赏与研究[M].北京:文物

出版社,2003:8-9.

图 2.13 源自:唐昱.中国古代家具里的"新技术"[J].家具与室内装饰,2000(1):16-17;李宗山.
中国家具史图说(画册)[M].武汉:湖北美术出版社,2001:44.

图 2.14 源自:唐昱.精美的秦汉漆木家具与折叠家具[J].家具,1995(3):23-24.

图 2.15 源自:Wang Shixiang. Ming Shi Jiaju Zhen Shang[M]. HK:Joint Publishing Co.,1985:
72.

图 2.16 源自:赵广超,马健聪,陈汉威.国家艺术:一章"木椅"[M].北京:三联书店,2008:88.

图 2.17 源自:杨耀.明式家具研究[M].2版.北京:中国建筑工业出版社,2002:50.

图 2.18 源自:朱家溍.明清家具(上)[M].上海:上海科学技术出版社,2002:42.

图 2.19 源自:伍嘉恩.伍嘉恩谈家具:明式家具二十年经眼录之七:椅类(续二)[J].紫禁城,2009
(3):66-73.

图 2.20 源自:李敏秀,李克忠,戴向东.苏式家具中的明式家具细部解析[J].西北林学院学报,
2010,25(2):167-172.

图 2.21 源自:陈增弼.明式家具的造型美[J].家具,1983(3):16-17.

图 2.22 源自:笔者绘制.

图 3.1 源自:"国立"故宫博物院编辑委员会.画中家具特展[Z].林杰人,崔学国,摄影.台北:"国
立"故宫博物院,1996:72.

图 3.2 源自:佚名.敦煌壁画(1):魏晋南北朝[M].南京:江苏美术出版社,1998:35.

图 3.3 源自:濮安国.明清家具鉴赏[M].杭州:西泠印社出版社,2004:109.

图 3.4 源自:佚名.敦煌壁画(1):唐代[M].南京:江苏美术出版社,1998:40.

图 3.5 源自:"国立"历史博物馆编辑委员会.风华再现:明清家具收藏展[Z].台北:"国立"历史博
物馆,1999:44.

图 3.6 源自:佚名.敦煌壁画(1):魏晋南北朝[M].南京:江苏美术出版社,1998:39.

图 3.7 源自:笔者根据林福厚.中外建筑与家具风格[M].北京:中国建筑工业出版社,2007绘制.

图 3.8 源自:赵广超,马健聪,陈汉威.国家艺术:一章"木椅"[M].北京:三联书店,2008:99.

图 3.9 源自:杨鸿勋.杨鸿勋建筑考古学论文集(增订版)[M].北京:清华大学出版社,2008.

图 3.10 源自:李宗山.中国家具史图说(画册)[M].武汉:湖北美术出版社,2001:83.

图 3.11 源自:"国立"故宫博物院编辑委员会.画中家具特展[Z].林杰人,崔学国,摄影.台北:"国
立"故宫博物院,1996:38.

图 3.12 源自:[明]王圻、王思义《三才图会》器用十二卷.

图 3.13 源自:欧阳琳,史苇湘,史敦宇.敦煌壁画线描集[M].上海:上海书店出版社,1995:210.

图 3.14 源自:佚名.敦煌壁画(1):魏晋南北朝[M].南京:江苏美术出版社,1998:46.

图 3.15 源自:Marylin Martin Rhie. Early buddhist art of China and central Asia[J]. BRILL,
2010(3):12-18.

图 3.16 源自:胡文彦,于淑岩.家具与佛教[M].石家庄:河北美术出版社,2002:23.

图 3.17 源自:王连海,白小华.民间家具(图集)[M].武汉:湖北美术出版社,2002:32.

图 3.18 至图 3.20 源自:笔者拍摄或绘制.

图 4.1 至图 4.3 源自:笔者绘制;上海市家具研究所.上海新颖家具[M].上海:上海科学技术出版社,1983:108,43,91.

图 4.4 源自:张晶元,庞景荣.系列拆装柜类家具[J].家具与环境,1989(4):16-22.

图 4.5 源自:杨强,尤齐钧.上海家具博览[M].上海:上海科学技术出版社,1989:17.

图 4.6 源自:胡景初,柳淑宜.家具设计与制作[M].长沙:湖南科学技术出版社,1983:217;靳振华.木器家具图集[M].太原:山西人民出版社,1980:6.

图 4.7 源自:笔者绘制.

图 4.8、图 4.9 源自:笔者绘制;上海市家具研究所.上海新颖家具[M].上海:上海科学技术出版社,1983:108;杨强,尤齐钧.上海家具博览[M].上海:上海科学技术出版社,1989:17.

图 5.1 源自:彭亮.中国现代家具品牌文化的开拓者——联邦家具集团[J].家具,2003(4):63-69.

图 5.2 源自:唐开军.最新流行家具设计技术[M].武汉:湖北科学技术出版社,2000:82.

图 5.3 源自:胡景初.家具创新技法探讨(上)[J].家具,1992(3):11-13.

图 6.1 源自:刘辉.用心 50 年,笑看东风渐——从永兴工艺家具到青木堂现代东方家具的践行[J].家具,2010(3):36-43.

图 6.2、图 6.3 源自:http://www.zhuxiaojie.com.

图 7.1 源自:印氏家具厂.

图 7.2 至图 7.6 源自:笔者拍摄.

图 7.7、图 7.8 源自:方海.

图 7.9、图 7.10 源自:方海提供,付扬绘制.

图 7.11 至图 7.14 源自:笔者拍摄.

图 7.15 源自:印氏家具厂提供,作者绘制;付扬绘制.

图 7.16 至图 7.18 源自:笔者拍摄.

图 7.19 源自:http://www.designophy.com.

图 7.20 源自:方海.20 世纪主流家具设计大师的思想及其作品(八)[EB/OL].(2003-06-03).http://www.365f.com.

图 7.21 源自:http://www.architonic.com.

图 7.22 源自:http://www.mathsson.se.

图 7.23 源自:印氏家具厂提供,笔者绘制.

图 7.24、图 7.25 源自:笔者绘制;笔者拍摄和分析.

图 7.26、图 7.27 源自:方海,罗萍嘉.北欧现代设计的旗帜:昂蒂·诺米斯耐米[M].北京:中国建筑工业出版社,2002.

图 7.28 源自:印氏家具厂.

图 7.29 源自:笔者绘制和分析.

图 7.30、图 7.31 源自:James Postell. Furniture Design[M]. New Jersey:John Wiley & Sons,2007.

图 7.32 源自:印氏家具厂.

图 7.33 源自：方海.艾洛·阿尼奥[M].罗萍嘉,译.北京：中国建筑工业出版社,2002.

图 7.34 源自：周浩明,方海.现代家具设计大师约里奥·库卡波罗[M].南京：东南大学出版社,2002.

图 7.35 至图 7.48 源自：印氏家具厂；笔者拍摄或绘制.

图 8.1 源自：Clunas Craig. Chinese Export Art and Design[M]. London：Victoria and Albert Museum,1987：12.

图 8.2 源自：刘明倩,刘志伟.18—19 世纪羊城风物：英国维多利亚阿伯特博物院藏广州外销画[M].程美宝,刘明倩,译.上海：上海古籍出版社,2003：284.

图 8.3 源自：Claret Rubira José. Classical European Furniture Design（Volume One）[M]. New York：Gramercy Pub. Co.，1989：181.

图 8.4 源自：Oliver Impey. Chinoiserie：The Impact of Oriental Styles on Western Art and Decoration[M]. New York：Scribner's，1977：145.

图 8.5 源自：朱家溍.明清家具（上）[M].上海：上海科学技术出版社,2002：209.

图 8.6 源自：Clunas Craig. Chinese Export Art and Design[M]. London：Victoria and Albert Museum,1987：85.

图 8.7 源自：Claret Rubira José. Classical European Furniture Design（Volume One）[M]. New York：Gramercy Pub. Co.，1989：100.

图 8.8 源自：蔡易安.清代广式家具[M].上海：上海书店出版社,2001：31.

图 8.9 源自：大成.民国家具价值汇典[M].北京：紫禁城出版社,2007.

图 8.10 源自：莱斯利·皮娜.家具史：公元前 3000—2000 年[M].吴智慧,吕九芳,编译.北京：中国林业出版社,2008：82,77.

图 8.11 源自：James Postell. Furniture Design[M]. New Jersey：John Wiley & Sons，2007：70.

图 8.12 源自：方海.现代家具设计中的"中国主义"[M].北京：中国建筑工业出版社,2007：237.

图 8.13 源自：http：//www. mariakillam. com；http：//www. danish-furniture. com.

图 8.14 源自：http：//www. wksu. org.

图 8.15 源自：http：//www. victimdesign. it.

图 8.16 源自：http：//www. tribu-design. com.

图 8.17 源自：香港科讯国际出版有限公司.米兰家具 SHOW[M].大连：大连理工大学出版社,2009：96.

图 8.18 源自：笔者拍摄.

图 8.19 源自：http：//www. news. xinhuanet. com.

图 8.20 源自：东方.家具背后的故事（六）——朱小杰世博中国馆家具设计创意[J].家具与室内装饰,2010(4)：13-15.

图 8.21 源自：吴明光.明概念家具设计[J].家具与室内装饰,1999(6)：17.

图 8.22 源自：http：//www. hongguxuan. cn.

表 1.1 至表 1.3 源自:笔者整理绘制.

表 2.1 源自:笔者根据马书. 明清制造[M]. 北京:中国建筑工业出版社,2007:17;濮安国. 明清家具鉴赏[M]. 杭州:西泠印社出版社,2004:87;濮安国. 明式家具[M]. 济南:山东科学技术出版社,1998;Fang Hai. Chinesism in Modern Furniture Design:The Chair As an Example[M]. Helsinki:University of Art and Design Helsinki,2004:255 整理绘制.

表 2.2 源自:笔者根据伍嘉恩. 伍嘉恩谈家具:明式家具二十年经眼录之五:椅类[J]. 紫禁城,2009(5):72 - 87;王世襄. 明式家具珍赏[M]. 北京:文物出版社,1985:91;朱家溍. 明清家具(上)[M]. 上海:上海科学技术出版社,2002:35 整理绘制.

表 2.3 源自:笔者根据施大光,中国艺术教育促进会. 中国古典家具价值汇考:椅卷[M]. 沈阳:辽海出版社,2003:2,110;濮安国. 明清家具鉴赏[M]. 杭州:西泠印社出版社,2004:49;Nancy Berliner,Sarah Handler. Friends of the House:Furniture from China's Towns and Villages[Z]. Salem,Mass:Peabody Essex Museum Collections,1995:55 整理绘制.

表 2.4 源自:笔者整理绘制.

表 2.5 源自:笔者根据朱家溍. 明清家具(上)[M]. 上海:上海科学技术出版社,2002:217;笔者拍摄;李宗山. 中国家具史图说(画册)[M]. 武汉:湖北美术出版社,2001:140 整理绘制.

表 2.6 源自:笔者根据中国国家博物馆,中国文物信息咨询中心,文化部恭王府管理中心. 简约·华美:明清家具精粹[M]. 北京:中国社会科学出版社,2007:143 - 144;笔者拍摄;田家青. 明清家具鉴赏与研究[M]. 北京:文物出版社,2003:66;濮安国. 明清家具鉴赏[M]. 杭州:西泠印社出版社,2004:28;刘明倩,刘志伟. 18—19 世纪羊城风物:英国维多利亚阿伯特博物院藏广州外销画

[M].程美宝,刘明倩,译.上海:上海古籍出版社,2003:170 整理绘制.

表2.7 源自:笔者拍摄;笔者根据濮安国.中国红木家具[M].杭州:浙江摄影出版社,1996;刘建龙.明清家具(下)[M].上海:上海人民美术出版社,2004:121 整理绘制.

表2.8 源自:笔者根据王世襄.明式家具研究[M].袁荃猷,制图.北京:三联书店,2008:238-250 整理绘制.

表2.9 源自:笔者根据董伯信.中国古代家具综览[M].合肥:安徽科学技术出版社,2004:66-67 整理绘制.

表2.10 源自:笔者根据唐昱.中国古代家具里的"新技术"[J].家具与室内装饰,2000(1):16-17;王世襄.明式家具研究[M].袁荃猷,制图.北京:三联书店,2008:398;伍嘉恩.伍嘉恩谈家具:明式家具二十年经眼录之十五:其他类(续一)[J].紫禁城,2009(11):68-79;王世襄.明式家具珍赏[M].北京:文物出版社,1985:250-251;王连海,白小华.民间家具(图集)[M].武汉:湖北美术出版社,2002:50;朱家溍.明清家具(上)[M].上海:上海科学技术出版社,2002:105 整理绘制.

表2.11 源自:笔者根据刘建龙.明清家具(下)[M].上海:上海人民美术出版社,2004:121;施大光,中国艺术教育促进会.中国古典家具价值汇考:桌卷[M].沈阳:辽海出版社,2003:43,64;伍嘉恩.伍嘉恩谈家具:明式家具二十年经眼录之六:椅类(续一)[J].紫禁城,2009(2):62-67;马书.明清制造[M].北京:中国建筑工业出版社,2007:160;古斯塔夫·艾克.中国花梨家具图考[M].薛吟,译.北京:地震出版社,1991:120;朱家溍.明清家具(上)[M].上海:上海科学技术出版社,2002:80 整理绘制.

表2.12 源自:笔者根据 Nancy Berliner, Sarah Handler. Friends of the House: Furniture from China's Towns and Villages[Z]. Salem, Mass: Peabody Essex Museum Collections, 1995:75,77;朱家溍.明清家具(上)[M].上海:上海科学技术出版社,2002:35 整理绘制.

表2.13 源自:笔者根据杨耀.明式家具研究[M].2版.北京:中国建筑工业出版社,2002:103;马书.明清制造[M].北京:中国建筑工业出版社,2007:17;马科斯·弗拉克斯.中国古典家具私房观点[M].刘蕴芳,译.北京:中华书局,2012;胡德生,宋永吉.古典家具收藏入门百科[M].长春:吉林出版集团有限责任公司,2006:279;施大光,中国艺术教育促进会.中国古典家具价值汇考:柜卷[M].沈阳:辽海出版社,2003:62;刘传生.大漆家具[M].北京:故宫出版社,2013:214-215 整理绘制.

表2.14 源自:笔者根据杨耀.明式家具研究[M].2版.北京:中国建筑工业出版社,2002:104;古斯塔夫·艾克.中国花梨家具图考[M].薛吟,译.北京:地震出版社,1991:133;胡德生,宋永吉.古典家具收藏入门百科[M].长春:吉林出版集团有限责任公司,2006:74,68 整理绘制.

表2.15 至表2.19 源自:笔者实验、分析和整理绘制.

表3.1 源自:笔者根据濮安国.中国红木家具[M].杭州:浙江摄影出版社,1996(出土于江苏江阴的北宋时期孙四娘子墓);出土于河北巨鹿,南京博物馆收藏;邵晓峰.中国宋代家具:研究与图像集成[M].南京:东南大学出版社,2010:268(北宋李公麟[传]《孝经图》);濮安国.中国红木家具[M].杭州:浙江摄影出版社,1996(江苏常州武进地区出土)整理绘制.

表3.2 源自:笔者根据邵晓峰.中国宋代家具:研究与图像集成[M].南京:东南大学出版社,

2010:223,355(山西汾阳金墓壁画;宋佚名《蚕织图》);杨耀. 明式家具研究[M]. 2 版. 北京: 中国建筑工业出版社,2002:113 整理绘制.

表 3.3 源自:笔者根据 Nancy Berliner, Sarah Handler. Friends of the House: Furniture from China's Towns and Villages[Z]. Salem, Mass: Peabody Essex Museum Collections, 1995: 55;王连海,白小华. 民间家具(图集)[M]. 武汉:湖北美术出版社,2002:81;何晓道. 江南明清椅子[M]. 南京:江苏美术出版社,2013 整理绘制.

表 4.1 源自:笔者根据浙江省二轻局家具工业公司. 浙江家具展览图集[Z]. 杭州:浙江省二轻局家具工业公司,1979:31(杭州工农木器厂);笔者拍摄整理绘制.

表 4.2 源自:笔者根据王酉,等. 时兴家具图集[M]. 石家庄:河北科学技术出版社,1986:131;"国立"历史博物馆编辑委员会. 风华再现:明清家具收藏展[Z]. 台北:"国立"历史博物馆,1999: 161 整理绘制.

表 4.3 源自:笔者根据浙江省家具研究所. 浙江获奖家具图集[M]. 杭州:浙江科学技术出版社, 1985:101;温州家具厂制作;笔者拍摄整理绘制.

表 4.4 源自:笔者根据上海市家具研究所. 上海新颖家具[M]. 上海:上海科学技术出版社,1983: 105;《匡几图》(营造学社刊印本)整理绘制.

表 4.5 源自:笔者根据胡景初,柳淑宜. 家具设计与制作[M]. 长沙:湖南科学技术出版社,1983: 197;王世襄. 明式家具研究[M]. 袁荃猷,制图. 北京:三联书店,2010:241 整理绘制.

表 4.6 源自:笔者根据曹铁磊. 可拆装扶手椅出口意大利[J]. 家具,1988(6):34;"国立"历史博物馆编辑委员会. 风华再现:明清家具收藏展[Z]. 台北:"国立"历史博物馆,1999:141 整理绘制.

表 4.7 源自:笔者根据浙江省二轻局家具工业公司. 浙江家具展览图集[Z]. 杭州:浙江省二轻局家具工业公司,1979:156;王世襄. 明式家具珍赏[M]. 北京:文物出版社,1985:121 整理绘制.

表 4.8 源自:笔者根据上海市家具研究所. 上海新颖家具[M]. 上海:上海科学技术出版社,1983: 121;王世襄. 明式家具研究[M]. 袁荃猷,制图. 北京:三联书店,2010:263 整理绘制.

表 4.9 源自:笔者根据王世襄. 明式家具珍赏[M]. 北京:文物出版社,1985:61;浙江省二轻局家具工业公司. 浙江家具展览图集[Z]. 杭州:浙江省二轻局家具工业公司,1979:29,38;濮安国. 明清家具鉴赏[M]. 杭州:西泠印社出版社,2004:87 整理绘制.

表 4.10 源自:笔者根据上海市家具研究所. 上海新颖家具[M]. 上海:上海科学技术出版社, 1983:3,44,34,39;郑州市家具研究所. 家具图谱[M]. 郑州:河南科学技术出版社,1981:94;康海飞. 家具设计经典图集[M]. 天津:天津大学出版社,1998:134;大成. 民国家具价值汇典[M]. 北京:紫禁城出版社,2007 整理绘制.

表 4.11 源自:笔者根据杨强,尤齐钧. 上海家具博览[M]. 上海:上海科学技术出版社,1989:12, 122;井炳炎. 家具制作技术及图例[M]. 南京:江苏科学技术出版社,1981:93,106 整理绘制.

表 4.12 源自:笔者根据郑州市家具研究所. 家具图谱[M]. 郑州:河南科学技术出版社,1981:97; 浙江省家具研究所. 浙江获奖家具图集[M]. 杭州:浙江科学技术出版社,1985:117 整理绘制.

表 4.13 源自:笔者根据浙江省家具研究所.浙江获奖家具图集[M].杭州:浙江科学技术出版社,1985:34,30;靳振华.木器家具图集[M].太原:山西人民出版社,1980:29,87,74 整理绘制.

表 5.1 源自:笔者根据康海飞,伏毓敏,黄英.全国通用家具制作图集[M].上海:上海科学技术出版社,1998;施大光,中国艺术教育促进会.中国古典家具价值汇考:柜卷[M].沈阳:辽海出版社,2003:113 整理绘制.

表 5.2 源自:笔者根据康海飞,伏毓敏,黄英.全国通用家具制作图集[M].上海:上海科学技术出版社,1998;王世襄.明式家具珍赏[M].北京:文物出版社,1985:204 - 205 整理绘制.

表 5.3 源自:笔者根据康海飞,伏毓敏,黄英.全国通用家具制作图集[M].上海:上海科学技术出版社,1998;杨耀.明式家具研究[M].2 版.北京:中国建筑工业出版社,2002:62,106 整理绘制.

表 5.4 源自:笔者根据康海飞,伏毓敏,黄英.全国通用家具制作图集[M].上海:上海科学技术出版社,1998;《民间智慧:竹家具》整理绘制.

表 5.5 源自:笔者根据赵荣铨,吴亚芳.现代东方精美家具(摄影集)[M].合肥:安徽科学技术出版社,1995:62;伍嘉恩.伍嘉恩谈家具:明式家具二十年经眼录之五:椅类[J].紫禁城,2009(5):72 - 87;康海飞,伏毓敏,黄英.全国通用家具制作图集[M].上海:上海科学技术出版社,1998;伍嘉恩.伍嘉恩谈家具:明式家具二十年经眼录之十三:箱、橱、柜格类(续二)[J].紫禁城,2009(9):54 - 67 整理绘制.

表 5.6 源自:笔者根据 http://home.focus.cn;《家具》编辑部.实用家具图精选[M].上海:上海科学技术出版社,1990;康海飞,伏毓敏,黄英.全国通用家具制作图集[M].上海:上海科学技术出版社,1998 整理绘制.

表 5.7、表 5.8 源自:笔者根据康海飞,伏毓敏,黄英.全国通用家具制作图集[M].上海:上海科学技术出版社,1998 整理绘制.

表 6.1 源自:笔者根据 http://www.landbond.com;何晓道.江南明清椅子[M].南京:江苏美术出版社,2013;朱家溍.明清家具(上)[M].上海:上海科学技术出版社,2002:44 整理绘制.

表 6.2 源自:笔者根据 http://www.qumei.com;伍嘉恩.伍嘉恩谈家具:明式家具二十年经眼录之五:椅类[J].紫禁城,2009(5):72 - 87 整理绘制.

表 6.3 源自:笔者根据 http://www.yungshingfurniture.com;何晓道.江南明清椅子[M].南京:江苏美术出版社,2013 整理绘制.

表 6.4 源自:笔者根据 http://www.more-less.com.cn;濮安国.明清家具鉴赏[M].杭州:西泠印社出版社,2004:87;王世襄.明式家具珍赏[M].北京:文物出版社,1985:73 - 74;东方."坐下来"中国当代坐具设计展作品荟萃(七)[J].家具与室内装饰,2013(2):26 - 29;施大光,中国艺术教育促进会.中国古典家具价值汇考:椅卷[M].沈阳:辽海出版社,2003:150,214;http://www.chunzaidesign.com 整理绘制.

表 6.5 源自:笔者拍摄;笔者根据王世襄.明式家具研究[M].袁荃猷,制图.北京:三联书店,2010:236 整理绘制.

表 6.6 源自:笔者根据 http://www.roling.cn;施大光,中国艺术教育促进会.中国古典家具价值汇考:桌卷[M].沈阳:辽海出版社,2003:23,46;http://www.banmoo.cn;http://www.nipic. com 整理绘制.

表 6.7 源自:笔者根据耶爱第尔家居设计有限公司的创始人叶宇轩设计;http://www. roling. cn;笔者拍摄;东方."坐下来"中国当代坐具设计展作品荟萃(一)[J]. 家具与室内装饰,2012 (8):92 - 93;http://www. yungshingfurniture. com;http://www. zhuxiaojie. com;http:// www. chunzaidesign. com;http://www. newsdays. com. cn 整理绘制.

表 6.8 源自:笔者根据 http://www. newsdays. com. cn;http://www. qumei. com;明了.塑造理想 的形态——沈宝宏谈 U$^+$[J]. 家具,2012(5):36 - 41;http://www. domonature. com 整理 绘制.

表 6.9 源自:笔者根据 http://www. banmoo. cn;曾芷君.简系列——广东集美组家具设计作品 (四)[J]. 家具与室内装饰,2005(12):28 - 31;http://www. chunzaidesign. com;http:// www. thruwood. com;http://www. maxmarko. com 整理绘制.

表 6.10 源自:笔者根据拍摄、实验、分析整理绘制.

表 7.1 至表 7.10 源自:笔者根据拍摄、实验、分析整理绘制.

表 8.1 源自:笔者根据拍摄、实验、分析整理绘制.

致谢

　　本书是在我的博士学位论文《设计原理传承视域下的中国现代家具研究》基础上完成的。我要特别感谢导师方海教授在我论文撰写过程中所给予的耐心指导,感谢他教导我如何提高理论水平,感谢他带我领略"东西方家具"的魅力并鼓励我对该系列家具展开系统而深入的研究。方海教授也是一位平易近人、可敬可爱的益友,感谢他给予我积极向上的生活态度,教我如何面对困境和迷茫。与此同时,我要感谢顾平教授,他热心地为我解答了选题的困惑,与他的交谈每次都令我受益匪浅。我还要感谢过伟敏教授、王安霞教授、李世国教授、张凌浩教授和杨茂川教授给予我十分重要的选题建议,感谢辛向阳教授在我论文内容修改时所提出的宝贵意见。我要感谢黄颖博士在学习和生活中对我的关怀和帮助,感谢陈雨博士和研究生办公室的王俊老师对我学业中困惑的及时解答。

　　论文的顺利撰写离不开众多校外人士的帮助,我要感谢印氏家具厂的制作者们。印洪强老先生笃实的学习和工作精神深深地感染了我,感谢他毫无保留地向我讲解了数十年来的家具制作经验和感悟。还要感谢印洪强老先生的夫人、儿子印峰先生和儿媳张华女士,他们在我调研期间尽心地给我安排食宿,常令我感激备至。我要感谢约里奥·库卡波罗大师,他对我的每一个疑问都给予耐心和充分的回答,成为我研究中有力的佐证。感谢库卡波罗大师的夫人伊尔梅丽女士,她慈祥而谦和,为我讲述了很多有关芬兰和设计的有趣故事。感谢瑞典皇家艺术与设计大学的威沙·洪科宁(Vesa Honkonen)教授,他向我讲述了对家具设计的理解和感悟,特别是对材料的选用。我要感谢兰州理工大学的苏建宁教授、张书涛博士对我研究的帮助。感谢清华大学的周浩明教授和北京大学的李溪老师在我论文撰写过程中所给予的建议。感谢北京君馨阁家具有限公司的袁剑君先生、兰州大庆木器厂的黄风洲先生、甘肃青城罗家大院的工作人员和永登红城感恩寺的哈华盛会长等,感谢他们为我提供资料搜集和实物调研的机会和场所。

最后,我要感谢在物质和精神上长期以来给予我支持和关怀的父母,我多年求学在外,耳畔时常响起他们的教诲与叮嘱。感谢我的小妹景杉在我遭遇困境时带给我的安慰和鼓励,感谢我的爱人刘鹏为支持我的学业所奉献的一切。他们都将是我继续学术之路的重要动力。

景楠

2016 年 3 月于兰州理工大学设计艺术学院